红外物理与系统

宣克为 刘艳阳 赵 鹏 等 编著

国防工业出版社

·北京·

内容简介

本书在现有红外物理教材的基本理论框架上，深度融入不同类型的典型红外系统，既注重夯实基础，又关注到系统体系。本书讲解了红外物理的基本概念及基本理论，选取具有代表性的典型红外系统，对其组成结构、工作原理和性能分析等进行了详细论述，同时结合科研案例给出红外系统的系统分析与设计。

本书叙述由浅入深、循序渐进，内容全面系统，重点突出。

本书可供高等学校电子科学与技术、光学工程、仪器科学与技术、兵器科学与技术等学科博士、硕士研究生使用，也可供相关专业的科技工作者学习参考。

图书在版编目（CIP）数据

红外物理与系统 / 宦克为等编著. —北京：国防工业出版社，2023.9
ISBN 978-7-118-13056-0

Ⅰ.①红… Ⅱ.①宦… Ⅲ.①红外物理—教材
Ⅳ.①TN211

中国国家版本馆 CIP 数据核字（2023）第 178337 号

※

国防工业出版社出版发行
（北京市海淀区紫竹院南路 23 号　邮政编码 100048）
北京虎彩文化传播有限公司印刷
新华书店经售

*

开本 787×1092　1/16　印张 17¾　字数 405 千字
2023 年 9 月第 1 版第 1 次印刷　印数 1—1000 册　定价 148.00 元

（本书如有印装错误，我社负责调换）

国防书店：(010) 88540777　　　书店传真：(010) 88540776
发行业务：(010) 88540717　　　发行传真：(010) 88540762

前　言

红外技术是一门广泛地应用于军事和经济建设领域的现代科学技术，对人类社会产生越来越重要的影响，涉及红外技术的相关内容也逐渐延伸到更多的专业。红外物理是从能量角度研究光学波段电磁波规律的科学知识，主要论述红外辐射的计算、测量及其应用的原理和方法，是红外技术的理论基础；红外系统是将红外物理、光学元件、红外探测器、信息检测与处理、信号显示与控制等技术融为一身，是人们感知和认识光学信息的主要工具，是目前红外技术发展的最高阶段和表现形式。随着红外技术的进步和发展，各种类型的红外系统不断涌现，其功能持续完善，应用领域大幅拓宽，已经在军事、工业、农业、医疗、科学等领域得到了广泛应用。红外物理为红外系统的发展提供了理论基础和实验依据，二者是紧密联系、相互促进的。

为了使读者掌握红外技术的基础知识、基本原理，并了解红外技术的发展水平，结合多年来的科研和教学体会，编写了本书。全书分为两大部分，共计8章，是作者根据多年的教学经验和科研实践，按照新形势下教材改革的精神，结合"红外物理与系统"的发展现状及趋势编写，将"课程思政""理工融合"的思想贯穿其中，内容充实、重点突出、通俗易懂、便于教学。本书第一部分讲解了红外辐射的基本概念、光度学与辐射度学的基本理论、热辐射的基本定律、红外辐射源的基本特性和应用、红外辐射在大气中传输规律等；第二部分通过将功能类似的红外探测系统进行整合，选取具有代表性的典型红外系统（包括红外测温系统、红外热成像系统、红外搜索跟踪系统等），对其组成结构、工作原理和性能分析等进行了详细论述，同时结合科研案例给出红外系统的系统分析与设计。

本书第1~4章由宦克为、刘艳阳、曹嘉冀、韩雪艳、母一宁共同编著；第5~8章由赵鹏、李野、江晟、陈卫军共同编著；同时感谢盛东旭、薛超、王妞、于水、张晓峰、文鹏、曾小松等硕士研究生在出版校稿等方面的帮助。

本书在编写过程中得到了国防工业出版社各位老师的支持和帮助，谨向他们表示诚挚的感谢。同时，在本书编写过程中，参考了大量的文献资料，在此向所有同仁深表谢意。

红外物理与系统涉及的技术领域十分广泛，综合性非常强，其正处于高速发展阶段，作者虽竭尽所能，但因水平有限，书中难免有一些不妥之处，恳请读者批评指正。

编著者
2023年5月

目　录

第 1 章　辐射度学和光度学基础 1
 1.1　红外辐射的基本概念 2
 1.2　描述辐射场的基本物理量 4
  1.2.1　立体角及其意义 4
  1.2.2　辐射量 7
 1.3　光谱辐射量与光子辐射量 10
  1.3.1　光谱辐射量 10
  1.3.2　光子辐射量 11
 1.4　光度量 13
  1.4.1　光谱光视效能和光谱光视效率 13
  1.4.2　光通量 15
  1.4.3　发光强度 16
  1.4.4　光出射度 16
  1.4.5　光亮度 16
  1.4.6　光照度 16
 1.5　朗伯余弦定律和漫辐射源的辐射特性 17
  1.5.1　漫辐射源及朗伯余弦定律 17
  1.5.2　漫辐射源的辐射特性 18
 1.6　辐射量的基本规律及计算 19
  1.6.1　距离平方反比定律 19
  1.6.2　立体角投影定律 21
  1.6.3　Talbot 定律 22
  1.6.4　Sumpner 定理 22
 1.7　辐射量计算举例 23
  1.7.1　圆盘的辐射特性及计算 23
  1.7.2　球面的辐射特性及计算 23
  1.7.3　点源产生的辐射照度 25
  1.7.4　小面源产生的辐射照度 25
  1.7.5　扩展源产生的辐射照度 26
 1.8　辐射的反射、吸收和透射 29
  1.8.1　反射、吸收和透射的基本概念 29

  1.8.2 朗伯定律和朗伯-比耳定律 ………………………………………………… 31
 小结 …………………………………………………………………………………………… 34
 习题 …………………………………………………………………………………………… 34

第2章 热辐射的基本规律 …………………………………………………………………… 36
 2.1 基尔霍夫定律 …………………………………………………………………………… 37
 2.2 黑体及其辐射定律 ……………………………………………………………………… 39
  2.2.1 黑体 ……………………………………………………………………………… 39
  2.2.2 普朗克公式 ……………………………………………………………………… 40
  2.2.3 维恩位移定律 …………………………………………………………………… 41
  2.2.4 斯蒂芬-玻耳兹曼定律 …………………………………………………………… 41
 2.3 黑体辐射的计算 ………………………………………………………………………… 42
  2.3.1 黑体辐射函数表 ………………………………………………………………… 43
  2.3.2 计算举例 ………………………………………………………………………… 47
 2.4 发射率和实际物体的辐射 ……………………………………………………………… 48
  2.4.1 各种发射率的定义 ……………………………………………………………… 48
  2.4.2 物体发射率的一般变化规律 …………………………………………………… 50
 2.5 辐射效率和辐射对比度 ………………………………………………………………… 51
  2.5.1 辐射效率 ………………………………………………………………………… 51
  2.5.2 辐射对比度 ……………………………………………………………………… 52
 小结 …………………………………………………………………………………………… 54
 习题 …………………………………………………………………………………………… 54

第3章 红外辐射源 ……………………………………………………………………………… 56
 3.1 红外辐射源的作用和分类 ……………………………………………………………… 56
  3.1.1 标准辐射源 ……………………………………………………………………… 58
  3.1.2 军事应用辐射源 ………………………………………………………………… 58
  3.1.3 工业应用辐射源 ………………………………………………………………… 58
  3.1.4 激光辐射源 ……………………………………………………………………… 58
  3.1.5 同步辐射源 ……………………………………………………………………… 59
  3.1.6 红外微辐射源 …………………………………………………………………… 59
 3.2 自然辐射源 ……………………………………………………………………………… 59
  3.2.1 太阳辐射 ………………………………………………………………………… 59
  3.2.2 地面辐射 ………………………………………………………………………… 60
  3.2.3 天空辐射 ………………………………………………………………………… 62
  3.2.4 人体辐射 ………………………………………………………………………… 64
  3.2.5 月球及其他星球辐射 …………………………………………………………… 65
 3.3 人工辐射源 ……………………………………………………………………………… 66
  3.3.1 空腔辐射理论 …………………………………………………………………… 66
  3.3.2 黑体辐射源 ……………………………………………………………………… 72

3.3.3 其他类型辐射源 ·· 74
3.4 辐射源的应用 ··· 84
3.4.1 军事应用的辐射源 ·· 84
3.4.2 工业应用的辐射源 ·· 90
3.4.3 激光辐射源 ··· 92
小结 ·· 103
习题 ·· 103

第4章 红外辐射在大气中的传输 ·· 105
4.1 地球大气的基本组成和气象条件 ··· 106
4.1.1 大气的基本组成 ··· 106
4.1.2 大气的气象条件 ··· 107
4.2 大气中的主要吸收气体和主要散射粒子 ··· 108
4.2.1 水蒸气 ·· 108
4.2.2 二氧化碳 ··· 110
4.2.3 臭氧 ··· 110
4.2.4 大气中的主要散射粒子 ·· 111
4.3 大气的吸收衰减 ·· 112
4.3.1 大气的选择吸收 ··· 112
4.3.2 表格法计算大气的吸收 ·· 113
4.4 大气的散射衰减 ·· 116
4.4.1 气象视程与视距方程式 ·· 116
4.4.2 测量 λ_0 处视程的原理 ·· 118
4.4.3 利用 λ_0 处的视程求任意波长处的光谱散射系数 ······························ 119
4.5 大气透射率的计算 ··· 119
4.6 红外大气传输模型 ··· 120
4.6.1 雾天气条件下红外传感器所接收的红外辐射能 ······························ 120
4.6.2 红外辐射大气衰减模型 ·· 121
4.6.3 改进的红外辐射大气衰减模型 ·· 121
4.6.4 路径辐射模型 ·· 123
4.7 大气红外辐射传输计算软件介绍 ··· 124
4.7.1 LOWTRAN 软件功能简介 ··· 125
4.7.2 MODTRAN 软件功能简介 ·· 127
4.7.3 CART 软件功能简介 ·· 131
小结 ·· 136
习题 ·· 136

第5章 红外辐射测温系统 ·· 137
5.1 红外辐射测温的基本原理 ·· 137
5.1.1 定律和公式 ··· 137

	5.1.2	3种表观温度及其测量方法	138
	5.1.3	3种测温方法的比较	141
	5.1.4	测温仪器的基本要求	142
5.2	全辐射测温仪		143
	5.2.1	简单的全辐射测温仪	143
	5.2.2	环境温度影响的补偿	144
	5.2.3	目标发射率影响的校正	148
	5.2.4	测量距离的影响	148
5.3	亮度测温仪		149
	5.3.1	系统的设计分析	149
	5.3.2	仪器的结构及性能	150
5.4	双波段测温仪		151
	5.4.1	探测器工作波段的选择	151
	5.4.2	光学系统、调制盘及滤光片	152
	5.4.3	电子处理系统	153
5.5	红外探测器的特性参数		153
	5.5.1	响应度	153
	5.5.2	噪声等效功率和探测率	154
	5.5.3	时间常数	154
	5.5.4	光谱响应	155
	5.5.5	红外探测器的性能极限	156
	5.5.6	系统设计中需要的其他探测器特性	157
	5.5.7	红外探测器的其他特征数据	158
5.6	红外探测器使用的制冷器		160
	5.6.1	开式循环制冷器	160
	5.6.2	闭式循环制冷器	161
	5.6.3	固态制冷器	161
小结			162
习题			162

第6章 红外热成像系统 ··· 163

6.1	红外热成像系统的组成及工作原理		163
	6.1.1	组成和工作原理	163
	6.1.2	基本技术参数	164
6.2	扫描方式和扫描机构		166
	6.2.1	两种基本扫描方式	166
	6.2.2	扫描机构	167
6.3	几种常用的光机扫描方案		168
	6.3.1	旋转反射镜鼓及摆镜的扫描结构	168
	6.3.2	摆镜及反射镜鼓行扫描	168

        6.3.3 折射棱镜帧扫描、平行光束反射镜鼓行扫描 ………………………… 169
        6.3.4 两个折射棱镜扫描 …………………………………………………… 169
        6.3.5 平行光束扫描机构的前置望远系统 …………………………………… 170
    6.4 摄像方式 ……………………………………………………………………… 171
        6.4.1 并联扫描摄像方式 ……………………………………………………… 172
        6.4.2 串联扫描摄像方式 ……………………………………………………… 173
        6.4.3 两种基本摄像方式的比较 ……………………………………………… 176
    6.5 信号处理及显示 ……………………………………………………………… 176
        6.5.1 温度信号的处理 ………………………………………………………… 176
        6.5.2 各种显示模式 …………………………………………………………… 178
    6.6 凝视型红外热成像系统 ……………………………………………………… 179
        6.6.1 基本原理 ………………………………………………………………… 179
        6.6.2 系统结构 ………………………………………………………………… 179
        6.6.3 主要性能参数 …………………………………………………………… 180
    6.7 红外前视仪 …………………………………………………………………… 182
        6.7.1 系统结构 ………………………………………………………………… 182
        6.7.2 性能情况 ………………………………………………………………… 184
        6.7.3 主要性能参数 …………………………………………………………… 184
    6.8 手持式热像仪 ………………………………………………………………… 185
        6.8.1 基本原理 ………………………………………………………………… 186
        6.8.2 系统结构 ………………………………………………………………… 186
        6.8.3 主要性能参数 …………………………………………………………… 187
    6.9 红外热成像系统的综合性能参数 …………………………………………… 187
        6.9.1 分辨率参数 ……………………………………………………………… 188
        6.9.2 响应参数 ………………………………………………………………… 192
        6.9.3 噪声参数 ………………………………………………………………… 199
        6.9.4 主要图像质量参数 ……………………………………………………… 203
        6.9.5 几何参数 ………………………………………………………………… 206
        6.9.6 准确度参数 ……………………………………………………………… 207
    小结 ………………………………………………………………………………… 211
    习题 ………………………………………………………………………………… 211

第7章 红外跟踪及搜索系统 …………………………………………………… 213
    7.1 红外跟踪系统的组成及其工作原理 ………………………………………… 213
        7.1.1 基本组成 ………………………………………………………………… 213
        7.1.2 工作原理 ………………………………………………………………… 214
    7.2 对导引装置跟踪系统的基本要求 …………………………………………… 215
        7.2.1 跟踪范围 ………………………………………………………………… 215
        7.2.2 跟踪角速度和角加速度 ………………………………………………… 215
        7.2.3 跟踪精度 ………………………………………………………………… 215

	7.2.4 对系统误差特性的要求	215
7.3	坐标变换器	216
	7.3.1 坐标变换器的主要作用	216
	7.3.2 坐标变换器的工作原理	216
7.4	陀螺系统的跟踪原理	218
	7.4.1 陀螺及其特性	218
	7.4.2 陀螺系统的跟踪原理	219
7.5	红外导弹及其导引装置	220
	7.5.1 空-空导弹的组成	220
	7.5.2 红外导弹的导引装置	221
7.6	成像跟踪系统	223
	7.6.1 基本组成	224
	7.6.2 工作原理	224
7.7	导弹的红外对抗	225
	7.7.1 飞机对红外导弹的对抗	225
	7.7.2 红外导弹的反对抗	228
7.8	红外跟踪搜索系统	230
	7.8.1 红外跟踪搜索系统的任务、组成和工作原理	230
	7.8.2 红外搜索系统的基本参量	231
	7.8.3 红外搜索信号产生器	232
7.9	行扫描搜索系统	236
	7.9.1 工作原理	236
	7.9.2 扫描参量	237
	7.9.3 系统的分辨率	240
7.10	其他扫描方式的搜索系统	240
	7.10.1 圆锥-旋转扫描系统	240
	7.10.2 螺旋线扫描系统	240
7.11	红外搜索系统的探测概率和虚警概率	241
	7.11.1 影响探测概率和虚警概率的因素	242
	7.11.2 虚警时间	244
	7.11.3 探测概率和虚警概率的讨论	245
小结		246
习题		246
第8章	**红外系统的分析与设计**	**247**
8.1	红外系统的作用距离	247
	8.1.1 系统噪声为探测器噪声限的红外系统作用距离	247
	8.1.2 系统噪声为背景噪声限的红外系统作用距离	250
8.2	扩展源情况下系统的信噪比方程	251
8.3	搜索系统和跟踪系统的作用距离方程	252

8.3.1　搜索系统的作用距离方程 ··· 252
8.3.2　调制盘型跟踪系统的作用距离方程 ································· 253
8.4　测温仪器的温度方程 ··· 254
8.4.1　点源情况的温度方程 ··· 254
8.4.2　扩展源情况的温度方程 ··· 254
8.5　红外系统总体设计的主要内容 ··· 255
8.5.1　红外系统的总体指标 ·· 255
8.5.2　红外系统的结构类型设计 ··· 256
8.5.3　红外系统的工作波段、探测器及其制冷装置设计 ············· 256
8.5.4　红外系统中光学系统部分设计 ·· 258
8.5.5　红外系统中信号调制部分设计 ·· 260
8.5.6　红外系统中信号处理部分设计 ·· 262
8.6　红外热成像系统的总体设计 ·· 263
8.6.1　根据使用要求确定总体指标 ··· 263
8.6.2　根据技术指标确定总体设计方案 ······································ 264
8.7　红外搜索系统的总体设计 ·· 269
8.7.1　总体技术指标的确定 ·· 269
8.7.2　系统的总体设计 ··· 269
小结 ·· 271
习题 ·· 271
参考文献 ··· 273

第1章　辐射度学和光度学基础

本章主要介绍光度学与辐射度学的基本概念及基本理论，包括立体角、辐射强度、辐射出射度、辐射亮度、辐射照度、光亮度、光强度、光出射度及光照度等；同时以例题形式给出辐射量之间、光度量之间以及辐射量和光度量之间的相互转化。另外，还讲解了朗伯辐射源的基本规律以及辐射的反射、透射等。

学习目标：
掌握辐射度学的基本物理量及相互之间的转化；掌握辐射度学与光度学的基本关系；掌握辐射量计算的基本规律；掌握辐射反射、吸收和透射的基本概念及应用。

本章要点：
1. 辐射量与光度量的基本概念（立体角、强度、亮度、照度等）；
2. 辐射计算的基本规律（距离平方反比定律、立体角投影定律等）；
3. 简单物理模型的辐射量计算（圆盘、球面、半球面等）；
4. 辐射反射、吸收和透射的基本概念及应用。

在辐射度学和光度学中，测量对象都是光学辐射，但是由于所依据的评价标准不同，常用的光度量和辐射度量也不同。随着光学辐射在各领域的广泛应用，辐射测量的重要性也与日俱增。

光学是研究光的传播以及光和物质相互作用的科学。按照研究手段来划分，光学一般分为几何光学、物理光学和量子光学三大类。几何光学是以光线在均匀介质中的直线传播规律为基础，研究光的反射、折射及成像原理，是为设计各种光学仪器而发展起来的一门专业学科。物理光学是在证明了光是一种电磁波以后，研究光的干涉、衍射和偏振等光的波动性规律的科学。量子光学通常是在分子或原子的尺度上研究光与物质的相互作用。在量子光学中引入了一个重要概念，即"光子"，这种微粒同时具有波动和粒子两种特性：既具有一定的频率，又具有动量和动能，它承载了光的能量，揭示了光的波粒二相性。

光既然是一种传播着的能量，如何度量和定量研究这种能量呢？辐射度学和光度学的任务就是对光能进行定量的研究。辐射度学起源于物理学上对物体热辐射特性的研究。有关绝对黑体辐射特性的研究成果奠定了辐射测量的基础。随着光学辐射在工业、农业、军事和科学研究等方面的应用日益广泛，辐射测量的重要性也与日俱增。因此，辐射测量技术得到很大发展，并逐渐渗透到光度技术中去。使光度技术从以目视法占统治的状态，逐渐过渡到使用各种光电和热电接收器的物理方法，大大改善了测量精度和提高了工作效率。另外，在辐射度技术中，也借用了光度学的表达方法来描述辐射源和辐照场的各种辐射度特性，而建立起与光度学相似的理论体系。光度学和辐射度学的应用主要有以下3个方面。

（1）光源的光度和辐射度特性的测量。用作人工照明的光源，需要测量其各种光度特性，如总光通量、发光强度的空间分布、发光体的亮度等，作为生产厂控制产品质量和照明工程设计的依据。现代光源已远远超出了传统上用作照明的范围，而越来越广泛地用于各种工农业生产过程、医疗保健、科学研究、空间技术等方面；而现代照明也不单纯是提供一定数量的可见光，还要求具有一定的显色特性，并提供或限制某些红外和紫外辐射。因此，还要求测量光源的各种辐射度特性，如总的辐射功率、辐射的光谱组成、辐射强度的空间分布、辐射亮度等。根据光谱组成计算其色度特性和显色指数作为评价光源品质、适用范围和实际应用的依据。对光照场和辐照场的光照度、辐射照度和光亮度的分布的测量，也是实际工作中广泛应用的一个方面。

（2）材料和媒质的光度和辐射度特性的测量在光学工业、照明工程、遥感技术、色度学和大气光学等领域有重要的应用。各种材料、样板及若干种工农业产品，需要测定它们在各种几何条件下的积分的和光谱的反射比或透射比。在各种条件下大气对光学辐射的传输特性的测量，这些都必须利用光度和辐射度技术。

（3）各种光学辐射探测器如太阳能电池、硅光电二极管、光电管、光电倍增管、热电偶、热电堆以及各种光敏和热敏元件，广泛用于光学辐射的探测、测量仪器、控制系统和换能装置等方面，也需要用光度和辐射度技术测定它们的积分灵敏度、光谱灵敏度及响应的线性等特性，为合理有效的使用提供依据。

需要强调的是，虽然辐射度学和光度学的研究对象都是非相干的光辐射，而且它们的传播都遵循几何光学原理，即光是沿直线传播，辐射的波动性不会使辐射能的空间分布偏离几何光线。但是，由于光度学中包含了人眼特性，因此研究规律只限于可见光范围，而辐射度学的规律则适用于从紫外到红外波段，有些规律适用于整个电磁波。辐射量是纯物理量，光度量则是通过对人眼进行测试和统计得出的，所以各种辐射量的计算和测量显然不能用光度量，必须用不受人们主观视觉限制、建立在物理测量基础上的辐射度量。

在实际应用中，辐射量和光度量的名称基本一致，例如强度、亮度、照度等，而且一般都用相同的符号表示，注意不要混淆。通常在同时使用的时候，以符号的下标来区分辐射量和光度量，大部分文献中，以下标 e 或不用下标表示辐射量，以下标 v 表示光度量。

红外物理就是从光是一种能量的角度出发，定量地讨论光辐射的计算和测量问题。

1.1 红外辐射的基本概念

众所周知，从波长很短的宇宙射线到波长很长的无线电波都是不同波长的电磁波，或称为电磁辐射。以前的物理知识说明光也是电磁波，可见光的波长为 $0.38\sim0.78\mu m$，人眼能够看到的颜色依次是紫、蓝、青、绿、黄、橙、红等，位于红色光以外的电磁辐射称为"红外"，波长为 $0.78\sim1000\mu m$，同理，比紫色光波长短的部分称为"紫外"，波长为 $0.01\sim0.38\mu m$，如图 1.1 所示。

红外辐射是人眼看不见的光线，通常人们又把红外辐射称为红外光、红外线，是指波长在 $0.75\sim1000\mu m$ 的电磁波，是英国科学家赫歇尔（Herschel）在 1800 年发现的。绝对零度以上的物体都在不停地向外辐射一定波长的电磁波，由热力学第三定律可知：绝对零度不能达到，所以自然界中所有物体的绝对温度都不等于零，都存在辐射且其峰值波长为 λ。温度从零下几十摄氏度的物体直到约 6000K 的太阳，辐射的波长在可见光到远红外之间，而大部分物体的辐射都在红外波段。维恩（Wien）位移定律 $\lambda T = b$ 能够很好地说明这一问题，其中 T 是绝对温度，b 是常数。

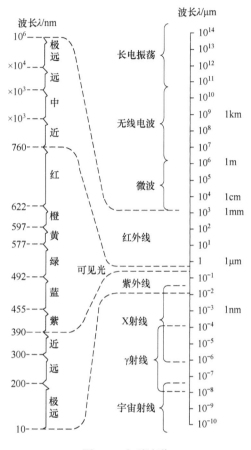

图 1.1 电磁波谱

在物质内部，电子、原子、分子都在不断地运动，有很多可能的运动状态。这些状态都是稳定的，各具有一定的能量，通常用"能级"来表示这些状态。在正常情况下，物质总是处在能量最低的基态能级上。如果有外界的刺激或干扰，把适当的能量传递给电子、原子或分子，后者就可以改变运动状态，进入能量较高的激发态能级。但是，电子、原子或分子在激发态停留的时间很短，很快就回复到能量较低的能级中去，把多余的能量释放出来。这个时候就会发射电磁波，发射出来的电磁波的频率为

$$v = (E_1 - E_2)/h \tag{1-1}$$

式中　h——普朗克常数，$h = 6.626 \times 10^{-34} \text{J} \cdot \text{s}$；

　　　E_1 和 E_2——能级 1 和能级 2 的能量。

辐射是来自于物质的，而任何物体都包含着极大数目的原子或分子，每个原子或分子都有很多能级，从高能级跃迁到低能级都会发射光子，实际发射出来的电磁波就是这些大量光子的总和。各个原子或分子发射光子的过程基本上是互相独立的，光子发射的时间有先有后。光子发射时，原子或分子在空间的取向有各种可能，因而光子可向各个方向发射，其电磁场振动也可有各种方向，再加上物体内各能级之间的相互影响，两能级之间的能量差会有极小的变动。所有这些因素的联合作用，使所发射出来的辐射包含着各种频率。

采用适当办法，可迫使某两个能级之间的光子发射过程都发生在同一时间向同一方向，这就能得到频带非常狭窄、方向性极好、强度很高的光，这就是激光。在无线电波和微波范围内，利用电子在真空里的运动产生电磁波，迫使所有电子作相同的运动态的改变，就可以发射出单一频率的、偏振的相干辐射。辐射是从物体内部发射出来的，但在辐射的过程中会消耗能量，故必须从外界给以扰动，给以能量。这个过程称为激励，激光器中又称为泵浦源。激励的方法有多种，其中与红外辐射关系最为密切的是加热。

电磁波谱划分为许多不同名称的波段。主要是根据它们的产生方法、传播方式、测量技术和应用范围的不同而自然划分的，但划分的方法则因学科或技术领域不同而异。红外辐射波段的划分方法则根据红外辐射的产生机理、应用范围和不同的研究方向而不同，但各有各的道理。

在光谱学中，根据红外辐射产生的机理不同把红外辐射划分成 3 个区域，它们各对应着分子跃迁的不同状态。目前，在光谱学中，划分波段的方法尚不统一。一般分别以 0.75～3μm、3～40μm 和 40～1000μm 作为近红外、中红外和远红外波段。近红外区对应原子能级之间的跃迁和分子振动泛频区的振动光谱带；中红外区对应分子转动能级和振动能级之间的跃迁；远红外区对应分子转动能级之间的跃迁。近红外是可以用玻璃作为透射材料和用硫化铅探测器进行检测的波段。中红外原来是以棱镜作为色散元件的波段，但后来都采用光栅作为色散元件，40μm 这个界限不再有意义。但是，40μm 又是石英能让红外辐射透过的起始波长，故仍可作为中红外波段与远红外波段的界限。在远红外波段的长波端，传统的几何光学和微波传输技术都不适用，需要发展新的技术。新技术适用的波段也可能是一个新名称的波段。此外，远红外波段内出现激光，以辐射源是否具有相干性作为远红外与微波划界的标准已不适用。因而暂以 1000μm 作为远红外波段的界限，把波长为 1～3mm 的电磁波称为短毫米波。

在红外技术领域中，红外辐射波段的划分如表 1.1 所列。

表 1.1 红外辐射波段的划分

波　段	近红外	中红外	远红外	极远红外
波长/μm	0.75～0.3	3～6	6～15	15～1000

上述划分方法是在前 3 个波段中，每一个波段都至少包含一个大气窗口。大气窗口，是指大气中能够透过红外辐射的波段，除这些窗口之外，红外辐射在大气中基本上不能传播或传播距离很近。由于大气对红外辐射的吸收，只留下 3 个"窗口"，即 1～3μm、3～5μm、8～13μm，可以通过红外辐射。因而在军事应用上，分别称这 3 个波段为近红外、中红外、远红外波段。

1.2 描述辐射场的基本物理量

1.2.1 立体角及其意义

立体角是一个物体对特定点的三维空间的角度，是一个几何量。在光辐射测量中，很多描述辐射场特性的基本物理量都要用到立体角。例如，在描述一个辐射源在空间的辐射特性时，常用亮度这个物理量，是指单位面积的发光面在其法线方向上单位立体角范围内辐射的辐射功率，一般的激光器发射的激光束的在空间所占的立体角的数量级只有约 10^{-6}sr。普通光源发光（如电灯光）是朝向空间各个可能的方向，它的发光立体角为整个空间。相比之下，普通光源的发光立体角是激光器的 $4\pi/(10^{-3})^2 = 1.26\times10^7$ 倍，达到百万倍量级。因此，激光束可以把很高的能量集中在非常小的立体角空间内发射出去，这也是激光光源与普通光源相比为何具有高亮度特性的原因。对于天然辐射源——太阳，常用太阳常数来描述太阳的亮度，指平均日地距离时，在地球大气层上界垂直于太阳辐射的单位表面积上所接受的太阳辐射能。近年来，通过各种先进手段测得的太阳常数的标准值 $1353W/m^2$。太阳辐射出的能量是地球获得的 20 亿倍，也就是大约 $3.826\times10^{26}W$。大体上讲，激光可以达到比太阳光的亮度还高 100 万亿倍的亮度，而普通光源的亮度则比太阳光还低。

既然任意光源发射的光能量都是辐射在它周围的一定空间内，因此，在进行有关光辐射的讨论和计算时，也将是一个立体空间问题。与平面角度相似，我们可把整个空间以某一点为中心划分成若干立体角。

1. 立体角的定义

定义：一个任意形状锥面所包含的空间称为立体角，用符号 Ω 表示，单位是 sr（球面度）。

如图 1.2 所示，ΔA 是半径为 R 的球面的一部分，ΔA 的边缘各点对球心 O 连线所包围的那部分空间称为立体角。立体角的数值为部分球面面积 ΔA 与球半径平方之比，即

$$\Omega = \frac{\Delta A}{R^2} \tag{1-2}$$

单位立体角 Ω 以 O 为球心、R 为半径作球，若立体角 Ω 截出的球面部分的面积为 R^2，则此球面部分所对应的立体角称为一个单位立体角，或 1sr。

对于一个给定顶点 O 和一个随意方向的微小面积 dS，它们对应的立体角为

$$d\Omega = \frac{dS\cos\theta}{R^2} \tag{1-3}$$

式中　θ——dS 与投影面积 dA 的夹角；

R——O 点到 dS 中心的距离，如图 1.3 所示。

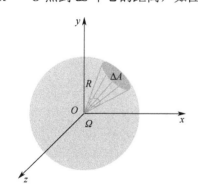
图 1.2　立体角的定义

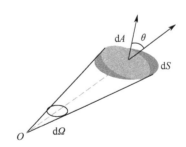
图 1.3　任意方向球面的立体角

2. 立体角的计算

[例 1]　球面所对应的立体角，如图 1.4 所示。全球的面积 $S=4\pi R^2$，根据定义，球面所对应的立体角为

$$\Omega = \frac{4\pi R^2}{R^2} = 4\pi$$

全球所对应的立体角是整个空间，又称为 4π 空间。同理，半球所对应的立体角为 2π 空间。

[**例2**] 球冠所对应的立体角，如图 1.5 所示。球冠面积为 $S = 2\pi R \cdot CD = 2\pi(1-\cos\alpha)R^2$
球冠所对应的立体角为

$$\Omega = \frac{2\pi(1-\cos\theta)R^2}{R^2} = 4\pi\sin\frac{\alpha}{2} \tag{1-4}$$

当 α 很小时，可用小平面代替球面，5° 以下时误差不大于 1%。

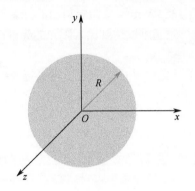

图 1.4 球面对应的立体角

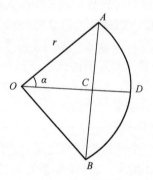

图 1.5 球冠所对应的立体角

[**例3**] 球台侧面所对应的立体角，如图 1.6 所示。根据球冠面积计算公式，球台侧面的面积为大球面积减去小球面积，即

$$S = 2\pi R^2(\cos\alpha_1 - \cos\alpha_2)$$

球台所对应的立体角为

$$\Omega = 2\pi(\cos\alpha_1 - \cos\alpha_2) \tag{1-5}$$

立体角还可以用球坐标表示，图 1.7 中微小面积元可以近似用矩形的面积表示，即

$$dS = r^2 \sin\theta \cdot d\theta \cdot d\phi$$

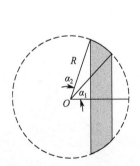

图 1.6 球台侧面的立体角

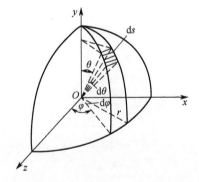

图 1.7 用球坐标表示立体角

则 dS 对应的立体角为

$$d\Omega = \sin\theta \cdot d\theta \cdot d\phi \tag{1-6}$$

计算某一个立体角时，在一定范围内积分即可

$$\Omega = \int d\Omega$$

例如，求整个球面的立体角，可以对 θ 和 ϕ 积分：

$$\Omega = \int d\Omega = \int_0^{2\pi} d\phi \int_0^{\pi} \sin\theta d\theta = 4\pi$$

球冠的立体角为

$$\Omega = \int d\Omega = \int_0^{2\pi} d\phi \int_0^{\alpha} \sin\theta d\theta = 2\pi(1-\cos\alpha) = 4\pi\sin^2\frac{\alpha}{2}$$

球台的立体角为

$$\Omega = \int d\Omega = \int_0^{2\pi} d\phi \int_{\alpha_1}^{\alpha_2} \sin\theta d\theta = 2\pi(\cos\alpha_1 - \cos\alpha_2)$$

1.2.2 辐射量

通常，把以电磁波形式传播的能量称为辐射能，用 Q 表示，单位为 J（焦耳），即

$$Q = h\nu \tag{1-7}$$

式中　h——普朗克常数；

ν——光的频率（ν 与光速 c、波长 λ 之间都是可换算的）。

辐射能即可以表示辐射源发出的电磁波的能量，也可以表示被辐射表面接收到的电磁波的能量，也就是辐射功率。辐射功率以及由它派生出来的几个辐射度学中的物理量，属于基本物理量。它们的量值都可以用专门的红外辐射计在离开辐射源一定的距离上进行测量，所以其他辐射量都是由辐射功率（或称为辐射通量）Φ 定义的。

辐射通量 Φ：单位时间内通过某一面积的光辐射能量，单位是 W（瓦），即

$$\Phi = \frac{dQ}{dt} \tag{1-8}$$

式中：Q 为辐射能量。Φ 与功率意义相同，所以在很多文献中辐射能量与辐射功率 P 是混用的。

1. 辐射强度

辐射强度是描述点辐射源特性的辐射量。辐射源尺寸的大小是相对的，如果辐射源与观测点之间距离大于辐射源最大尺寸 10 倍时，可当作点源处理，忽略其物理尺寸，在光路图上只是一个点，否则称为扩展源或面源。

若点辐射源在小立体角 $\Delta\Omega$ 内的辐射功率为 $\Delta\Phi$，则 $\Delta\Phi$ 与 $\Delta\Omega$ 之比的极限值定义为该点源的辐射强度，用符号 I 表示，即

$$I = \lim_{\Delta\Omega \to 0} \frac{\Delta\Phi}{\Delta\Omega} = \frac{\partial\Phi}{\partial\Omega} \tag{1-9}$$

其物理意义是点辐射源在某一方向上的辐射强度，指辐射源在包含该方向的单位立体角内所发出的辐射通量，单位是 W/sr（瓦/球面度），如图 1.8 所示。

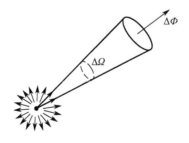

图 1.8　辐射强度的定义

点辐射源在整个空间发出的辐射通量，是辐射强度对整个空间立体角的积分，即

$$\Phi = \int_{\Omega} I d\Omega \tag{1-10}$$

对于各向同性的辐射源，I 是常数，由式（1-10）得 $\Phi = 4\pi I$。

2. 辐射出射度

辐射出射度简称辐出度，是描述扩展源辐射特性的量。辐射源单位表面积向半球空间（2π 立体角）内发射的辐射功率称为辐射出射度，用 M 表示。

如图 1.9 所示，若面积为 A 的扩展源上围绕 x 点的一个小面元 ΔA，向半球空间内发射的辐射功率为 $\Delta \Phi$，则 $\Delta \Phi$ 与 ΔA 之比的极限就是该扩展源在 x 点的辐射出射度，即

$$M = \lim_{\Delta A \to 0}\left(\frac{\Delta \Phi}{\Delta A}\right) = \frac{\partial \Phi}{\partial A} \tag{1-11}$$

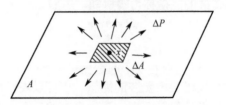

图 1.9 辐射出射度的定义

辐射出射度是扩展源所发射的辐射功率在源表面分布特性的描述。或者说，它是辐射功率在某一点附近的面密度的度量。按定义，辐射出射度的单位是 W/m^2。

对于发射不均匀的辐射源表面，表面上各点附近将有不同的辐射出射度。一般地讲，辐射出射度 M 是源表面是位置 x 的函数。辐射出射度 M 对源发射表面积 A 的积分，就是该辐射源发射的总辐射功率，即

$$\Phi = \int_A M \mathrm{d}A \tag{1-12}$$

如果辐射源表面的辐射出射度 M 为常数，则它所发射的辐射功率为 $\Phi = MA$。

3. 辐射亮度

辐射亮度简称辐亮度，是描述扩展源辐射特性的量。由前面定义可知，辐射强度 I 可以描述点源在空间不同方向上的辐射功率分布，而辐射出射度 M 可以描述扩展源在源表面不同位置上的辐射功率分布。为了描述扩展源所发射的辐射功率在源表面不同位置上沿空间不同方向的分布特性，特别引入辐射亮度的概念。其描述如下：辐射源在某一个方向上的辐射亮度是指在该方向上的单位投影面积向单位立体角中发射的辐射功率，用 L 表示。

如图 1.10 所示，若在扩展源表面上某点 x 附近取一小面元 ΔA，该面积向半球空间发射的辐射功率为 $\Delta \Phi$。如果进一步考虑，在与面元 ΔA 的法线夹角为 θ 的方向上取一个小立体角元 $\Delta \Omega$，那么，从面元 ΔA 向立体角元 $\Delta \Omega$ 内发射的辐射通量是二级小量 $\Delta(\Delta \Phi) = \Delta^2 \Phi$。由于从 ΔA 向 θ 方向发射的辐射（也就是在 θ 方向观察到来自 ΔA 的辐射），在 θ 方向上看到的面元 ΔA 的有效面积，即投影面积是 $\Delta A_\theta = \Delta A \cos\theta$，所以，在 θ 方向的立体角元 $\Delta \Omega$ 内发出的辐射，就等效于从辐射源的投影面积 ΔA_θ 上发出的辐射。因此，在 θ 方向观测到的辐射源表面上位置 x 处的辐射亮度，就是 $\Delta^2 \Phi$ 比 ΔA_θ 与 $\Delta \Omega$ 之积的极限值，即

$$L = \lim_{\substack{\Delta A \to 0 \\ \Delta \Omega \to 0}}\left(\frac{\Delta^2 \Phi}{\Delta A_\theta \Delta \Omega}\right) = \frac{\partial^2 \Phi}{\partial A_\theta \partial \Omega} = \frac{\partial^2 \Phi}{\partial A \partial \Omega \cos\theta} \tag{1-13}$$

这个定义表明：辐射亮度是扩展源辐射功率在空间分布特性的描述，辐射亮度的单位是 $W/(m^2 \cdot sr)$。

一般来说，辐射亮度的大小应该与源面上的位置 x 及方向 θ 有关。

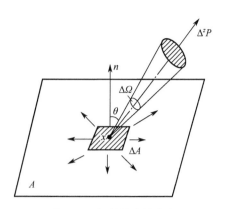

图 1.10 辐射量度的定义

既然辐射亮度 L 和辐射出射度 M 都是表征辐射功率在表面上的分布特性,而 M 是单位面积向半球空间发射的辐射功率,L 是单位表观面积向特定方向上的单位立体角发射的辐射功率,所以我们可以推出两者之间的相互关系。

由式（1-13）可知,源面上的小面元 $\mathrm{d}A$,在 θ 方向上的小立体角元 $\mathrm{d}\Omega$ 内发射的辐射功率为 $\mathrm{d}^2\Phi = L\cos\theta\mathrm{d}\Omega\mathrm{d}A$,所以,$\mathrm{d}A$ 向半球空间发射的辐射功率可以通过对立体角积分得到,即

$$\mathrm{d}\Phi = \int_{\text{半球空间}} \mathrm{d}^2\Phi = \int_{2\pi\text{半球空间}} L\cos\theta\mathrm{d}\Omega\mathrm{d}A$$

根据 M 的定义式（1-11）,我们就得到 L 与 M 的关系式,为

$$M = \frac{\mathrm{d}\Phi}{\mathrm{d}A} = \int_{2\pi\text{半球表面}} L\cos\theta\mathrm{d}\Omega \tag{1-14}$$

在实际测量辐射亮度时,总是用遮光板或光学装置将测量限制在扩展源的一小块面元 ΔA 上。在这种情况下,由于小面元 ΔA 比较小,就可以确定处于某一个 θ 方向上的探测器表面对 ΔA 中心所张的立体角元 Ω。此时,用测得的辐射功率 $\Delta(\Delta\Phi(\theta))$ 除以被测小面积元 ΔA 在该方向上的投影面积 $\Delta A\cos\theta$ 和探测器表面对 ΔA 中心所张的立体角元 $\Delta\Omega$,便可得到辐射亮度 L。从理论上讲,将在立体角元 $\Delta\Omega$ 内所测得的辐射功率 $\Delta(\Delta\Phi)$,除以立体角元 $\Delta\Omega$,就是辐射强度 I。

在定义辐射强度时特别强调,辐射强度是描述点源辐射空间角分布特性的物理量。同时指出,只有当辐射源面积（严格讲,应该是空间尺度）比较小时,才可将其看成是点源。此时,将这类辐射源称为小面源或微面源。可以说,小面源是具有一定尺度的"点源",它是联系理想点源和实际面源的一个重要概念。对于小面源而言,它既有点源特性的辐射强度,又有面源的辐射亮度。

对于上述所测量的小面积元 ΔA,有

$$L = \frac{\partial}{\partial A\cos\theta}\left(\frac{\partial\Phi}{\partial\Omega}\right) = \frac{\partial I}{\partial A\cos\theta} \tag{1-15}$$

和

$$I = \int_{\Delta A} L\mathrm{d}A\cos\theta \tag{1-16}$$

如果小面源的辐射亮度 L 不随位置变化（由于小面源 ΔA 面积较小,通常可以不考虑 L 随 ΔA 上位置的变化）,则小面源的辐射强度为

$$I = L\Delta A\cos\theta \tag{1-17}$$

即小面源在空间某一个方向上的辐射强度等于该面源的辐射亮度乘以小面源在该方向上的投

影面积（或表观面积）。

4. 辐射照度

以上讨论的各辐射量都是用来描述辐射源特性的量。对一个受照表面接收辐射的分布情况，就不能用上述各辐射量来描述了。为了描述一个物体表面被辐照的程度，在辐射度学中，引入辐射照度的概念。

被照表面的单位体积上接收到的辐射功率称为该被照射处的辐射照度。辐射照度简称为辐照度，用 E 表示。如图 1.11 所示，若在被照表面上围绕 x 点取小面元 ΔA，投射到 ΔA 上的辐射功率为 $\Delta \Phi$，则表面上 x 点处的辐射照度为

$$E = \lim_{\Delta A \to 0} \left(\frac{\Delta P}{\Delta A} \right) = \frac{\partial \Phi}{\partial A} \tag{1-18}$$

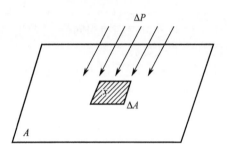

图 1.11 辐射照度的定义

辐射照度的数值是投射到表面上每单位面积的辐射功率，辐射照度的单位是 W/m^2。

一般来说，辐射照度与 x 点在被照面上的位置有关，而且与辐射源的特性及相对位置有关。

辐射照度和辐射出射度具有同样的单位，它们的定义式相似，但应注意它们的差别。辐射出射度描述辐射源的特性，它包括了辐射源向整个半球空间发射的辐射功率；辐射照度描述被照表面的特性，它可以是由一个或数个辐射源投射的辐射功率，也可以是来自指定方向的一个立体角中投射来的辐射功率。

1.3 光谱辐射量与光子辐射量

前面叙述的 6 个辐射量只考虑了辐射源的辐射的空间分布特征，如辐射源的面辐射功率密度和空间的角度分布特征等，并没有考虑辐射源辐射的功率或辐射能在光谱波长范围上的分布特征。任何电磁辐射都是有波长特征的，因此波长分布也应该是描述辐射量的一个参数。而且在红外物理和红外技术中也往往需要考虑这些辐射量的光谱特性。所以对某一特定波长的单色辐射或某一波段的辐射做出相应定义是非常必要的。

1.3.1 光谱辐射量

实际上，我们上述考虑的辐射量，在没有具体说明波长特性时，认为这些辐射是包含所有波长的全光谱辐射，即波长 λ 从 $0 \sim \infty$，因此把它们称为全辐射量。

辐射源的辐射往往是由许多单色辐射组成，很多场合我们关心辐射源在某一特定波长附近的光谱辐射特性。

光谱辐射功率：辐射源在 $\lambda+\Delta\lambda$ 波长间隔内发出的辐射功率，称为在波长 λ 处的光谱辐射功率（或单色辐射功率）Φ_λ，单位是 W/m（瓦/米）。定义式为

$$\Phi_\lambda = \lim_{\Delta\lambda \to 0} \frac{\Delta \Phi}{\Delta \lambda} = \frac{\partial \Phi}{\partial \lambda} \tag{1-19}$$

严格地讲，单色辐射通量和光谱辐射通量不同，其区别在于"单色辐射通量"比"光谱辐射通量"的波长范围更小一些。注意光谱辐射通量的单位是 W/m，不是辐射通量的单位 W，而是辐射通量与波长的比值，描述的是某一波长或波段的光谱辐射特性，它表征在指定波长 λ 处单位波长间隔内的辐射功率。

从光谱辐射功率的定义式可得，在波长 λ 处的小波长间隔 $d\lambda$ 内的辐射功率为

$$d\Phi = \Phi_\lambda d\lambda \tag{1-20}$$

只要 $d\lambda$ 足够小，此式中的 $d\Phi$ 就可以称为波长为 λ 的单色辐射功率。将式（1-20）从 λ_1 到 λ_2 积分，即可得到在光谱带 $\lambda_1 \sim \lambda_2$ 之间的辐射功率：

$$\Phi_{\Delta\lambda} = \int_{\lambda_1}^{\lambda_2} \Phi_\lambda d\lambda \tag{1-21}$$

如果 $\lambda_1=0$，而 $\lambda_2=\infty$，就得到全辐射功率，即

$$\Phi = \int_0^\infty \Phi_\lambda d\lambda \tag{1-22}$$

与光谱辐射功率的定义相类似，其他光谱辐射量的定义如下。

光谱辐射强度为

$$I_\lambda = \lim_{\Delta\lambda \to 0} \left(\frac{\Delta I}{\Delta \lambda} \right) = \frac{\partial I}{\partial \lambda} \tag{1-23}$$

光谱辐射出射度为

$$M_\lambda = \lim_{\Delta\lambda \to 0} \left(\frac{\Delta M}{\Delta \lambda} \right) = \frac{\partial M}{\partial \lambda} \tag{1-24}$$

光谱辐射亮度为

$$L_\lambda = \lim_{\Delta\lambda \to 0} \left(\frac{\Delta L}{\Delta \lambda} \right) = \frac{\partial L}{\partial \lambda} \tag{1-25}$$

光谱辐射照度为

$$E_\lambda = \lim_{\Delta\lambda \to 0} \left(\frac{\Delta E}{\Delta \lambda} \right) = \frac{\partial E}{\partial \lambda} \tag{1-26}$$

只要以各光谱辐射量取代式（1-20）中的 Φ，就能得到相应的单色辐射量；利用式（1-21）作类似的代换，就能得到相应的波段辐射量；利用式（1-22）作类似的代换，就能得到相应的全辐射量。今后遇到"光谱……"的字样，就表示是与波长有关的参数，有时称"单色……"。

1.3.2 光子辐射量

光谱辐射量是描述辐射源在某波长处单位波长间隔内的辐射特性，是 λ 的函数。光子辐射量是利用辐射源在单位时间间隔内传输（发送或接收）的光子数来描述辐射特性的物理量。引入光子辐射量的目的是研究某些问题时比较方便。例如，常用的光电探测器按探测机理分类，可分为光子探测器和热探测器两大类，其中的光子探测器，对于入射辐射的响应，往往不是考虑它入射辐射的功率，而是考虑它每秒钟接收到的光子数目。因此，描述这类探测器的性能和与其有关的辐射量时，通常采用每秒接收（或发射、传输）的光子数代替辐射功率

来定义各辐射量。

光子数：光子数是指由辐射源发出的光子数量，用 N_P 表示，是无量纲量的。

我们可以从光谱辐射能 Q_λ 推导出光子数的表达式为

$$dN_P = \frac{Q_\nu}{h\nu} d\nu \tag{1-27}$$

$$N_P = \int dN_P = \frac{1}{h} \int \frac{Q_\nu}{\nu} d\nu \tag{1-28}$$

式中　ν——频率；

　　　h——普朗克常数。

光子通量 Φ_P 是指单位时间内发送、传输或接收的光子数，单位为 1/s（1/秒）。

$$\Phi_P = \frac{\partial N_P}{\partial t}$$

因为辐射量都是由通量定义的，于是产生了用光子通量表示的光子辐射量。

1. 光子辐射强度

光子辐射强度是光源在给定方向上的单位立体角内所发射的光子通量，用 I_P 表示，即

$$I_P = \frac{\partial \Phi_P}{\partial \Omega} \tag{1-29}$$

式中：I_P 的单位是 1/（s·sr）。

2. 光子辐射亮度

辐射源在给定方向上的光子辐射亮度是指在该方向上的单位投影面积向单位立体角中发射的光子通量，用 L_P 表示。

在辐射源表面或辐射路径的某一点上，离开、到达或通过该点附近面元并在给定方向上的立体角元传播的光子通量除以该立体角元和面元在该方向上的投影面积的商为光子辐射亮度，即

$$L_P = \frac{\partial^2 \Phi_P}{\partial \Omega \partial A \cos\theta} \tag{1-30}$$

式中：L_P 的单位是 1/（s·m²·sr）。

3. 光子辐射出射度

辐射源单位表面积向半球空间 2π 内发射的光子通量，称为光子辐射出射度，用 M_P 表示，即

$$M_P = \frac{\partial \Phi_P}{\partial A} = \int_{2\pi} L_P \cos\theta d\Omega \tag{1-31}$$

式中：M_P 的单位是 1/（s·m²）。

4. 光子辐射照度

光子辐射照度是指被照表面上某一点附近，单位面积上接收到的光子通量，用 E_P 表示，即

$$E_P = \frac{\partial \Phi_P}{\partial A} \tag{1-32}$$

式中：E_P 的单位是 1/（s·m²）。

另外，与光子辐射照度相关的还有一个物理量是光子曝光量，指表面上一点附近单位面积上接收到的光子数，用 H_P 表示，即

$$H_P = \frac{\partial N_P}{\partial A} = \int E_P dt$$

因此,光子曝光量也可以表述为光子照度与照射时间的乘积。

1.4 光度量

以上所讲的辐射量是客观存在的物理现象,不论人们是否看到。那么,众所周知在可见光范围内有很多规律和定义、单位等,与上述理论有何关系呢?这就是光度量的内容。

光度量是辐射量对人眼视觉的刺激值,是具有"标准人眼"视觉响应特性的人眼对所接收到的辐射量的度量。这样,光度学除了包括辐射能客观物理量的度量外,还应考虑人眼视觉机理的生理和感觉印象等心理因素。评定辐射能对人眼引起视觉刺激值的基础是辐射的光谱光视效能 $K(\lambda)$,即人眼对不同波长的光的光能产生光感觉的效率。有了 $K(\lambda)$ 就可定义光通量等一些光度量了。

1.4.1 光谱光视效能和光谱光视效率

光视效能 K 定义为光通量 Φ_v 与辐射通量 Φ_e 之比,即

$$K = \frac{\Phi_v}{\Phi_e} \tag{1-33}$$

即人眼对不同波长的辐射产生光感觉的效率。由于人眼对不同波长的光的视觉响应不同,因此,即使辐射通量 Φ_v 不变,光通量 Φ_e 也随着波长不同而变化。所以,K 是个比例,但不是常数,K 是随波长变化的。于是人们又定义了光谱光视效能。

$$K(\lambda) = \frac{\Phi_{v\lambda}}{\Phi_{e\lambda}} \tag{1-34}$$

式中　$\Phi_{v\lambda}$——在波长 λ 处的光通量;

　　　$\Phi_{e\lambda}$——在波长 λ 处的辐射通量。

实验表明,光谱光视效能的最大值 K_m 在波长 555nm 处,一些国家的实验室测得平均光谱光视效能的最大值为 $K_m = 683$lm/W,即同样的辐射能量在该波长上引起的光辐射量最大(效率最高或对人眼的刺激最大)。那么,如何表达人眼对辐射的感觉程度呢?引出光视效率的概念:

$$V = \frac{K}{K_m} \tag{1-35}$$

其物理意义是以光视效能最大处的波长为基准来衡量其波长处引起的视觉。

因为在相同的辐射能量下,看到的亮度不同。即随着光的光谱成分的变化(波长 λ 不同),V 值也在变化,如图 1.12 所示,因此定义了光谱光视效率(视在函数),即

$$V(\lambda) = \frac{K(\lambda)}{K_m} \tag{1-36}$$

光视效率与光谱光视效率的关系为

$$V = \int V(\lambda) d\lambda = \frac{1}{K_m} \cdot \frac{\int \Phi_{v\lambda} d\lambda}{\int \Phi_{e\lambda} d\lambda} = \frac{\int V(\lambda) \Phi_{e\lambda} d\lambda}{\int \Phi_{e\lambda} d\lambda} \tag{1-37}$$

人眼视网膜上分布有很多感光细胞,它们吸收入射光后产生视觉信号。当光强变化时,视觉的恢复需要一定的时间。例如从亮环境进入暗环境要达到完全适应大约需要 30min。因此,将亮适应的视觉称为明视觉(或亮视觉及白昼视觉),将暗适应的视觉称为暗视觉(或微

光视觉)。明视觉一般指人眼已适应在亮度为几个尼特(nit,1nit = cd/m², 光亮度单位)以上的环境;暗适应一般指眼睛已适应在亮度为百分之几尼特以下的很低的亮度水平,如果亮度处于明视觉和暗视觉所对应的亮度水平之间,则称为介视觉。通常明视觉和暗视觉的光谱光视效率分别用 $V(\lambda)$ 和 $V'(\lambda)$ 表示,如图 1.12 所示。

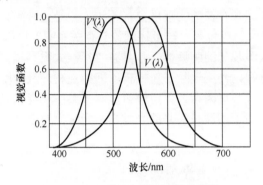

图 1.12 人眼的光谱光视效率曲线

不同人的视觉特性是有差别的。1924 年,国际照明委员会(CIE)根据几组科学家对 200 多名观察者测定的结果,推荐了一个标准的明视觉函数,从 400~750nm 每隔 10nm 用表格的形式给出,若将其画成曲线,则结果如图 1.12 所示,是一条有一中心波长,两边大致对称的光滑的钟形曲线。这个视觉函数所代表的观察者称为 CIE 标准观察者。表 1.2 所列是经过内插和外推的称以 5nm 为间隔的标准的 $V(\lambda)$ 函数值。在大多数情况下,用这个表列值来进行的各种光度计算,可达到足够高的精度。

表 1.2 光亮度单位换算表

光亮度单位、名称和符号	尼特 (Nit) nt	熙提 (Stilb) sb	阿熙提 (Apostilb) asb	朗伯 (Lambert) L	毫朗伯 (M-lambert) mL	英尺朗伯 (Footlambert) fL	烛光/英尺² (Candle/ft²) Cd/ft²	烛光/英寸² (Candle/in²) Cd/in²
1 nt(cd/m² 或 lm/sr·m²)	1	10^{-1}	3.1416	3.142×10^{-4}	3.142×10^{-1}	2.919×10^{-1}	9.290×10^{-2}	6.450×10^{-4}
1sb(cd/cm²)	10^4	1	3.142×10^4	3.1416	3.142×10^3	2.919×10^3	9.290×10^2	6.450
1asb(1/π cd/cm²)	3.183×10^{-1}	3.183×10^{-5}	1	10^{-4}	10^{-1}	9.920×10^{-2}	2.957×10^{-2}	2.050×10^{-4}
1L(1/π cd/cm²)	3.183×10^3	3.183×10^{-1}	10^4	1	10^3	9.920×10^2	2.957×10^2	2.050
1mL	3.183	3.183×10^{-4}	10	10^{-3}	1	9.290×10^{-1}	2.957×10^{-1}	2.050×10^{-3}
1fL(1/π cd/ft²)	3.426	3.426×10^{-4}	1.076×10	1.076×10^{-3}	1.076	1	3.183×10^{-1}	2.210×10^{-3}
cd/ft²	1.076×10	1.076×10^{-3}	3.382×10	3.382×10^{-3}	3.382	3.1416	1	6.940×10^{-3}
cd/in²	1.550×10^3	1.550×10^{-1}	4.870×10^3	4.870×10^{-1}	4.870×10^2	4.520×10^2	1.440×10^2	1

图 1.12 给出了 $V'(\lambda)$ 的函数曲线和数值。这是 1951 年由国际照明委员会公布的暗视觉函数的标准值,并经内插而得到的,峰值波长为 507nm。

有了 $V(\lambda)$ 和 $V'(\lambda)$ 便可借助下面关系式,通过光谱辐射量的测定来计算光度量或光谱光度量,其关系式分别为

$$X_{v\lambda} = K_m V(\lambda) X_{e\lambda} \tag{1-38}$$

$$X_v = \int X_{v\lambda} d\lambda = K_m \int V(\lambda) X_{e\lambda} d\lambda \qquad (1\text{-}39)$$

式中　X_v——光度量；

　　　$X_{v\lambda}$——光谱光度量；

　　　$X_{e\lambda}$——光谱辐射量。

1.4.2　光通量

如前所述，光通量表示用"标准人眼"来评价的光辐射通量，由式（1-37）可知，光通量的表达式，对于明视觉，有

$$\Phi_v = K_m \int_{380nm}^{780nm} V(\lambda) \Phi_{e\lambda} d\lambda \qquad (1\text{-}40)$$

对于暗视觉，有

$$\Phi_v' = K_m' \int_{380nm}^{780nm} V'(\lambda) \Phi_{e\lambda} d\lambda \qquad (1\text{-}41)$$

在标准明视觉函数 $V(\lambda)$ 的峰值波长 555nm 处的光谱光效能 K_m 值，是一个重要的常数。这个值经过各国的测定和理论计算，确定为 683lm/W，并且指出这个值是 555nm 的单色光的光效率，即每瓦光功率发出 683lm 的可见光。

对于明视觉，由于峰值波长在 555nm 处，因此它自然就是最大光谱光效能值，即

$$K_m = 683 \text{lm/W}$$

对于暗视觉，$\lambda=555$nm，所对应的 $V'(555)=0.402$，而峰值波长为 507nm，即 $V'(507)=1.000$，所以暗视觉的最大光谱光效率为

$$K_m' = 683 \times \frac{1.000}{0.402} = 1699 \text{lm/W}$$

国际计量委员会将其标准化为

$$K_m' = 1700 \text{lm/W}$$

由式（1-40）和式（1-41）可知，从辐射通量变换到光通量一般没有简单的关系，这是因为光谱光视效率 $V(\lambda)$ 没有简单的函数关系，因而，积分值只能用图解法或离散数值法计算。例如，对线光谱，其光通量为

$$\Phi_v = \sum_{\lambda_i=380nm}^{780nm} 683 V(\lambda_i) \Phi_{e\lambda}(\lambda_i) \Delta\lambda \qquad (1\text{-}42)$$

由于在可见光谱范围之外，$V(\lambda)$ 和 $V'(\lambda)$ 的值为零，因此，在此范围内不管光辐射功率有多大，对光通量的贡献均为零，即"看不见"。

这里，光通量是以一个特殊的单位：流明（lm）来表示的。光通量的大小是反映某一个光源所发出的光辐射引起人眼的光亮感觉的能力的大小。

1W 的辐射通量相当的流明数随波长的不同而异。在红外区和紫外区，与 1W 相当的流明数为零。而在 $\lambda=555$nm 处，光谱光视效能最大，即 $K_m=683$lm/W，并规定 $V(555)=1$，则 1W 相当于 683lm。对于其他波长，1W 的辐射通量相当于 683 $V(\lambda)$lm。例如，对于 650nm 的红光而言，$V(\lambda)=0.1070$，所以 1W 的辐射通量就相当于 $0.1070\times683=73.08$lm。相反，对于 $\lambda=555$nm 时，由于 $V(555)=1$，要得到 1lm 的光通量，需要的辐射通量的值最小，为 1/683W，即为 1.46×10^{-3}W。一般说来，不能从光通量直接变到辐射通量，除非光通量的光谱分布已知，且所研究的全部波长在光谱的可见区。

1.4.3 发光强度

点光源在包含给定方向上的单位立体角内所发出的光通量，称为该点光源在该给定方向上的发光强度，用 I_v 表示，即

$$I_v = \frac{\partial \Phi_v}{\partial \Omega} \tag{1-43}$$

发光强度在数值上等于在单位立体角内所发出的光通量。因此，在 MKS 单位制中，它的单位是 lm/sr。但是，在国际单位制（SI）中，发光强度单位是基本单位之一，单位名称为坎德拉，简写成"坎"，是 Candela 的译音，简写成 cd。

1.4.4 光出射度

因扩展源有一定面积，不同于点光源，不能向下或向内辐射，所以扩展源单位面积向 2π 空间发出的全部光通量称为光出射度，用 M_v 表示，即

$$M_v = \frac{\partial \Phi_v}{\partial A} \tag{1-44}$$

式中：A 为扩展源面积，光出射度的单位是 lm/m^2（流明每平方米）。

1.4.5 光亮度

光源在给定方向上的光亮度 L_v 是指在该方向上的单位投影面积向单位立体角中所发出的光通量。在与面元 dA 法线成 θ 角的方向上，如果面元 dA 在该方向上的立体角元 $d\Omega$ 内发出的光通量为 $d^2\Phi_v$，则其光亮度为

$$L_v = \frac{\partial^2 \Phi_v}{\partial \Omega \partial A \cos \theta} \tag{1-45}$$

注意，发光强度的定义，光亮度又可表示为

$$L_v = \frac{\partial I_v}{\partial A \cos \theta} \tag{1-46}$$

即在给定方向上的光亮度也就是该方向上单位投影面积上的发光强度，光亮度称为亮度。

在国际单位制中，光亮度的单位是坎德拉每平方米（cd/m^2）。过去，人们曾采用过不同的光亮度单位，这些单位之间的换算关系如表 1.2 所列。

1.4.6 光照度

被照表面的单位面积上接收到的光通量称为该被照表面的光照度，用 E_v 表示，有

$$E_v = \frac{\partial \Phi_v}{\partial A} \tag{1-47}$$

光照度的 SI 单位是勒克斯（lx）。光照度还有以下单位：在 SI 和 MKS 制中是勒可斯（$1lx=1lm/m^2$），在 CGS 制中是辐透（$1ph=1lm/cm^2$），在英制中是英尺烛光（$1fc=1lm/ft^2$）。光照度也简称为照度。常用的光照度单位之间的换算关系如表 1.3 所列。

为了对照度的大小有一个基本的概念，如表 1.4 所示给出了常见物体的照度值供参考。

至此我们介绍了光度学和辐射度学中的基本物理量，这些物理量从表达式归纳如表 1.5 所列。

实际上辐射量的表示方法还不止以上几组，还有用波数、频率等表示的。不同用途时选用合适的表示方法。

表1.3 光照度单位换算表

光照度单位	英尺烛光（fcd）	勒克斯（lx）	辐透（ph）	毫辐透（mph）	流明/单位面积
1 英尺烛光/fcd	1	1.076×10	1.080×10⁻³	1.076	1lm/ft²
1 勒克斯/lx	9.290×10⁻²	1	10⁻⁴	10⁻¹	1lm/m²
1 辐透/ph	9.290×10²	10⁴	1	10³	1lm/cm²
1 毫辐透/mph	9.290×10⁻¹	10	10⁻³	1	10³lm/cm²

表1.4 常见物体的照度 （单位：lx）

夜空在地面产生的照度	3×10⁻⁴
满月在天顶时产生的照度	0.2
辨认方向所需的照度	1
晴朗夏天室内的照度	100～500
太阳直射的照度	10000

表1.5 光度学和辐射度学中的基本物理量一览表

物理量	辐射量	光谱辐射量	光子辐射量	光度量
通量	$d\Phi = \dfrac{dQ}{dt}$	$\Phi_\lambda = \dfrac{\partial \Phi}{\partial \lambda}$	$\Phi_p = \dfrac{\partial N_p}{\partial t}$	$\Phi_v = K_m \int_{380nm}^{780nm} V(\lambda)\Phi_{e\lambda} d\lambda$
强度	$I = \dfrac{\partial \Phi}{\partial \Omega}$	$I_\lambda = \dfrac{\partial I}{\partial \lambda}$	$I_p = \dfrac{\partial \Phi_p}{\partial \Omega}$	$I_v = \dfrac{\partial \Phi_v}{\partial \Omega}$
亮度	$L = \dfrac{\partial^2 \Phi}{\partial A \partial \Omega \cos\theta}$	$L_\lambda = \dfrac{\partial L}{\partial \lambda}$	$L_p = \dfrac{\partial^2 \Phi_p}{\partial \Omega \partial A \cos\theta}$	$L_v = \dfrac{\partial^2 \Phi_v}{\partial A \partial \Omega \cos\theta}$
出射度	$M = \dfrac{\partial \Phi}{\partial A}$	$M_\lambda = \dfrac{\partial M}{\partial \lambda}$	$M_p = \dfrac{\partial \Phi_p}{\partial A}$	$M_v = \dfrac{\partial \Phi_v}{\partial A}$
照度	$E = \dfrac{\partial \Phi}{\partial A}$	$E_\lambda = \dfrac{\partial E}{\partial \lambda}$	$E_p = \dfrac{\partial \Phi_p}{\partial A}$	$E_v = \dfrac{\partial \Phi_v}{\partial A}$

1.5 朗伯余弦定律和漫辐射源的辐射特性

1.5.1 漫辐射源及朗伯余弦定律

辐射亮度 L 与方向无关的辐射称为漫辐射，这种辐射源称为漫辐射源。例如太阳和荧光屏等。一般来说，除激光辐射源的辐射有较强的方向性外，红外辐射源大都不是定向发射辐射的，而且，它们所发射的辐射通量在空间的角分布并不均匀，往往有很复杂的角分布，这样，辐射量的计算通常就很麻烦了。例如，若不知道辐射亮度 L 与方向角 θ 的明显函数关系，则利用式（1-14）由 L 计算辐射出射度 M 是很复杂的。

对于一个磨得很光或镀得很好的反射镜，当有一束光入射到它上面时，反射的光线具有很好的方向性，只有恰好逆着反射光线的方向观察时，才感到十分耀眼，这种反射称为镜面反射。然而，对于一个表面粗糙的反射体（如毛玻璃），其反射的光线没有方向性，在各个方向观察时，感到没有什么差别，这种反射称为漫反射。对于理想的漫反射体，所反射的辐射功率的空间分布由下式描述：

$$\Delta^2 \Phi = B\cos\theta \cdot \Delta A \cdot \Delta \Omega \tag{1-48}$$

式中 B——常数；

θ——辐射法线与观察方向夹角；

ΔA——辐射源面积；

$\Delta \Omega$——辐射立体角。

这个辐射特性用语言描述为："理想漫反射源单位表面积向空间指定方向单位立体角内发射（或反射）的辐射功率和该指定方向与表面法线夹角的余弦成正比。"这就是朗伯余弦定律。具有这种特性的发射体（或反射体）称为余弦发射体（或余弦反射体）。

虽然朗伯余弦定律是一个理想化的概念，但是实际遇到的许多辐射源，在一定的范围内都十分接近于朗伯余弦定律的辐射规律。例如，第 2 章将讨论的黑体辐射，就精确地遵守朗伯余弦定律。大多数绝缘体材料表面，在相对于表面法线方向的观察角不超过 60° 时都遵守朗伯余弦定律。导电材料表面虽然有较大的差异，但在工程计算中，在相对于表面法线方向的观察角不超过 50° 时，也还能运用朗伯余弦定律。

由辐射亮度的定义知：

$$L = \frac{\Delta^2 \Phi}{\Delta A \cdot \Delta \Omega \cdot \cos\theta}$$

法向亮度为

$$L = \frac{I_0}{\Delta A \cdot \cos\theta} = \frac{I_0}{\Delta A}$$

θ 方向亮度为

$$L_\theta = \frac{I_\theta}{\Delta A \cdot \cos\theta}$$

因为漫辐射源各方向亮度相等，即 $L = L_\theta$，则

$$I_\theta = I_0 \cos\theta \tag{1-49}$$

式（1-49）是朗伯余弦定律的另一种形式，叙述为"各个方向上辐射亮度相等的发射表面，其辐射强度按余弦规律变化"。

1.5.2 漫辐射源的辐射特性

1. 各方向亮度相同但辐射强度不同

如图 1.13 所示，设面积 ΔA 很小的朗伯辐射源的辐射亮度为 L，该辐射源向空间某一方向与法线成 θ 角，$\Delta \Omega$ 立体角内辐射的功率为

$$\Delta P = L \Delta A \cos\theta \Delta \Omega \tag{1-50}$$

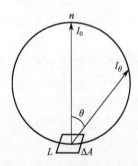

图 1.13 朗伯辐射源的特征

由于该辐射源面积很小，可以看成是小面源，可用辐射强度度量其辐射空间特性。因为该辐射源的辐射亮度在各个方向上相等，则与法线成 θ 角方向上的辐射强度为

$$I_\theta = \frac{\Delta \Phi}{\Delta \Omega} = L \Delta A \cos\theta = I_0 \cos\theta \tag{1-51}$$

式中 I_0 为其法线方向上的辐射强度，$I_0=L\Delta A$。

式（1-51）表明，各个方向上辐射亮度相等的小面源，在某一方向上的辐射强度等于这个面垂直方向上的辐射强度乘以方向角的余弦，就是朗伯余弦定律的最初形式。

式（1-51）可以描绘出小朗伯辐射源的辐射强度分布曲线，如图 1.13 所示，它是一个与发射面相切的整圆形。在实际应用中，为了确定一个辐射面或漫反射面接近理想朗伯面的程度，通常可以测量其辐射强度分布曲线。如果辐射强度分布曲线很接近图 1.13 所示的形状，就可以认为它是一个朗伯面。

2. 漫辐射源各辐射量之间关系

L 与 M 关系的普遍表示式由式（1-14）给出。在一般情况下，如果不知道 L 与方向角 θ 的明显函数关系，就无法由 L 计算出 M。但是，对于朗伯辐射源而言，L 与 θ 无关，于是式（1-14）可写为

$$M = L\int_{2\pi 球面度} \cos\theta \mathrm{d}\Omega \tag{1-52}$$

因为球坐标的立体角元 $\mathrm{d}\Omega = \sin\theta\mathrm{d}\theta\mathrm{d}\varphi$，所以有

$$M = L\int \cos\theta \mathrm{d}\Omega = L\int_0^{2\pi}\mathrm{d}\varphi\int_0^{\pi/2}\cos\theta\sin\theta\mathrm{d}\theta = \pi L \tag{1-53}$$

利用式（1-53），可使辐射量的计算大为简化。

3. 朗伯小面源的 I、L、M 的相互关系

对于朗伯小面源，由于 L 值为常数，利用小面源的辐射强度公式 $I=L\Delta A\cos\theta$ 有

$$I = L\cos\theta\Delta A \tag{1-54}$$

利用 $M = \pi L$，有如下关系：

$$I = L\cos\theta\Delta A = \frac{M}{\pi}\cos\theta\Delta A \tag{1-55}$$

或

$$L = \frac{M}{\pi} = \frac{I}{\Delta A\cos\theta} \tag{1-56}$$

$$M = \pi L = \frac{\pi I}{\Delta A\cos\theta} \tag{1-57}$$

对于朗伯小面源，可利用这些关系式简化运算。

1.6 辐射量的基本规律及计算

1.1 节给出了几个基本辐射量，本节介绍它们的一些规律和实际应用中的计算。

1.6.1 距离平方反比定律

描述点辐射源的辐射强度与其产生的照度 E 之间的关系的规律。

设点辐射源的辐射强度为 I，源到被照表面 P 点的距离为 d（P 点为小面元 $\mathrm{d}A$），小面元 $\mathrm{d}A$ 的法线与到辐射源之间的夹角为 θ，如图 1.14 所示，则点辐射源在 P 点产生的照度为

$$E = \frac{\mathrm{d}\Phi}{\mathrm{d}A} = I\frac{\mathrm{d}A\cos\theta}{\mathrm{d}Ad^2} = \frac{I}{d^2}\cos\theta \tag{1-58}$$

如 $\theta = 0$（垂直照射），则

$$E = \frac{I}{d^2} \tag{1-59}$$

这就是距离平方反比定律，是描述点辐射源在某点产生的照度的规律。描述为点辐射源在距离 d 处所产生的照度，与辐射源的辐射强度 I 成正比，与距离的平方成反比。

必须注意，被照的平面一定要垂直于辐射投射的方向，如果有一定的角度，则照度仍用式 (1-58) 描述，即必须乘以平面法线与射线之间的夹角的余弦，所以又称为照度的余弦法则，如图 1.15 所示。

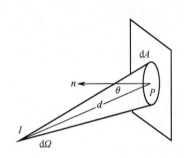

图 1.14　点辐射源产生的辐射照度

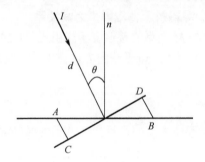

图 1.15　非垂直辐射示意图

从图 1.15 中可以看出，$CD = AB \cdot \cos\theta$，即垂直照射时落在 CD 上的光通量被分散开来落到较大的面积 AB 上，所以照度就减小了。源越倾斜，照射面积越大，照度就越小。从照度的定义

$$E = \frac{d\Phi}{dA}$$

可以看出，在通量不变的情况下，被照面积越大照度越小。

这个问题还可以从另一个方面来理解：点光源向空间发出的辐射能是球面波，如果在传输介质内没有损失（反射、散射和吸收），那么在给定方向上某一立体角内，不论辐射能传输多远，它的辐射通量是不变的。而照度随着距离的平方变化如图 1.16 所示。凡是能量源，只要是点源，都具有这种特性，如光源、声源等。

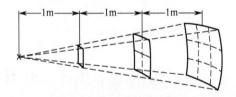

图 1.16　照度和平方的关系

[例 4] 测量一个白炽灯在 1m 处产生的照度为 10lm/m^2，求在 0.5m 处产生的照度是多少（图 1.17）？

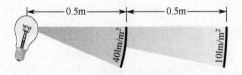

图 1.17　白炽灯产生的照度

解：根据距离平方反比定律：

$E_1 = (d_2/d_1)^2 \times E_2$

$E_{0.5\,\text{m}} = (1.0/0.5)^2 \times 10.0 = 40\text{lm/m}^2$

1.6.2 立体角投影定律

立体角投影定律是描述一个微小的面辐射源在所辐照平面上某点产生的照度的定律。如图 1.18 所示，小面源的辐射亮度为 L，小面源和被照面的面积分别为 ΔA_s 和 ΔA，两者相距为 l，θ_s 和 θ 分别为 ΔA_s 和 ΔA 的法线与 l 的夹角。小面源 ΔA_s 在 θ_s 方向的辐射强度为 $I = L\Delta A_s \cos\theta_s$，利用式（1-58），可写出 ΔA_s 在 ΔA 上所产生的辐射照度为

$$E = \frac{I\cos\theta}{l^2} = L \cdot \frac{\Delta A_s \cos\theta_s \cos\theta}{l^2} \tag{1-60}$$

因为 ΔA_s 对 ΔA 所张开的立体角 $\Delta\Omega_s = \Delta A_s \cos\theta_s / l^2$，所以有

$$E = L\Delta\Omega_s \cos\theta \tag{1-61}$$

式（1-61）称为立体角投影定理。即 ΔA_s 在 ΔA 上所产生的辐射照度等于 ΔA_s 的辐射亮度与 ΔA_s 对 ΔA 所张的立体角以及被照面 ΔA 的法线和 l 夹角的余弦三者的乘积。

当 $\theta_s = \theta = 0$ 时，即 ΔA_s 与 ΔA 互相平行且垂直于两者的连线时，$E = L\Delta\Omega_s$。若 l 一定，ΔA 的周界一定，则 ΔA_s 在 ΔA 上所产生的辐射照度与 ΔA_s 的形状无关，如图 1.19 所示。此定理可使许多具有复杂表面的辐射源所产生的辐射照度的计算变得较为简单。

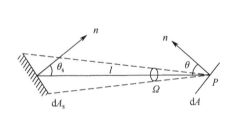

图 1.18 立体角投影定理

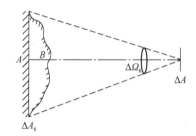

图 1.19 不同形状的辐射源对 ΔA 所产生的辐射照度

多个辐射源照射同一点时，照度相加。如图 1.20 所示。

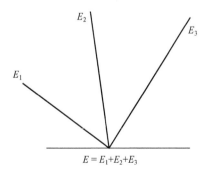

图 1.20 照度组合定律原理

如果有 N 个辐射源，I 相同，则被照点处的总照度为

$$E = I\sum_{i=1}^{N} \frac{\cos\theta_i}{d_i^2} \tag{1-62}$$

1.6.3 Talbot 定律

调制盘是红外技术中常用的装置,是一个齿轮式的圆盘,如图 1.21 所示。利用调制盘把投射到探测器上的辐射变为交变辐射,其作用是为了提取信息和抗干扰等,该定律描述辐射通过调制盘后辐射量的减小。

通过调制盘某辐射量,即

$$X = \frac{t}{t_{总}} X_0 \tag{1-63}$$

式中 t——辐射量通过调制盘开口的时间;

$t_{总}$——总的时间;

X_0——原来的辐射量;

$t/t_{总}$——衰减因子,$t/t_{总} = \theta/360°$,θ 为调制盘上总开口的角度。

由此看出,辐射量通过调制盘后总是减小的。有关调制盘方面的内容在红外系统课程中详述。

1.6.4 Sumpner 定理

在球形腔内,腔内壁面积元 dA_1 从另一面积元 dA_2 接收到辐射功率与 dA_1 在球面上的位置无关,即球内壁某一面积元辐射的能量均匀照射在球形腔内壁,称其为 Sumpner 定理。

球形腔体如图 1.22 所示。按辐射亮度的定义,dA_1 接收 dA_2 到发射功率为

$$d\Phi = L dA_1 dA_2 \frac{\cos^2\theta}{r^2}$$

由图 1.22 可知 $\cos\theta = (r/2)/R$,R 为球腔的半径,则

$$d\Phi = L dA_1 dA_2 \frac{1}{4R^2} \tag{1-64}$$

图 1.21 调制盘图

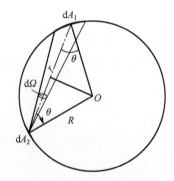

图 1.22 Sumpner 定理

因为 L、R 均为常数,所以 dA_1 接收 dA_1 的辐射功率 $d\Phi$ 与 dA_1 的位置无关。又因为腔内壁表面为朗伯面,有 $M = \pi L$,腔壁面积 $A = 4\pi R^2$,所以式(1-64)可改写为

$$d\Phi = \frac{M}{\pi} dA_1 dA_2 \frac{1}{4R^2} = \frac{M dA_1 dA_2}{A}$$

于是,dA_1 单位面积接收到辐射功率,即辐射照度为

$$\frac{d\Phi}{dA_1} = \frac{M dA_2}{A} = 常数 \tag{1-65}$$

这就证明了 dA_2 的辐射能量均匀地辐照在球形腔内壁。

将 dA_2 推广至部分球面积 ΔA_2，同样有 ΔA_2 在球内壁产生的辐射照度是均匀的。注意，在这个定理的讨论中，我们没有考虑辐射在球内壁上的多次反射。

1.7 辐射量计算举例

辐射量的计算通常有两类，一类是已知源的辐射特性，求在某处产生的照度；另一类是反过来，已知某处的照度，求辐射源的参数。都是在工程技术中经常用到的。

1.7.1 圆盘的辐射特性及计算

设圆盘的辐射亮度为 L，面积为 A，如图 1.23 所示。圆盘在与其法线成 θ 角的方向上的辐射强度为

$$I_\theta = LA\cos\theta = I_0\cos\theta \tag{1-66}$$

式中：$I_0=LA$，L 圆盘在其法线方向上的辐射强度。

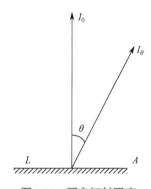

图 1.23 圆盘辐射照度

圆盘向半球空间发射的辐射功率为 Φ，按辐射亮度的定义，有

$$d\Phi = LA\cos\theta d\Omega$$

因为球坐标的 $d\Omega = \sin\theta d\theta d\varphi$，则

$$\Phi = LA\int_0^{2\pi}d\varphi\int_0^{2\pi}\cos\theta\sin\theta d\theta = \pi LA = \pi I_0 \tag{1-67}$$

也可按辐射强度的定义，可得

$$\Phi = \int_{2\pi} I_0 d\Omega = \int_{2\pi} I_0\cos\theta d\Omega = LA\int_0^{2\pi}d\varphi\int_0^{\pi/2}\cos\theta\sin\theta d\theta = \pi LA = \pi I_0$$

或按朗伯源的辐射规律 $M = \pi L$，同样可得

$$\Phi = MA = \pi LA = \pi I_0$$

由此可见，对于朗伯面，利用辐射出射度计算辐射功率最简单。

1.7.2 球面的辐射特性及计算

设球面的辐射亮度为 L，球半径为 R，球面积为 A，如图 1.24 所示，若球面在 $\theta = 0$ 方向上的辐射强度为 I_0，则在球面上所取得的小面源 $dA = R^2\sin\theta d\theta d\varphi$，在 $\theta = 0$ 方向上的辐射强度为在 $dI_0 = LdA\cos\theta = LR^2\sin\theta\cos\theta d\theta d\varphi$，则

$$I_0 = \int_{2\pi} dI_0 = LR^2 \int_0^{2\pi} d\varphi \int_0^{\pi/2} \cos\theta \sin\theta d\theta = \pi LR^2 \tag{1-68}$$

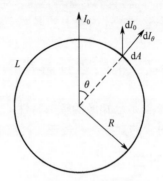

图 1.24　球面辐射强度

同样的计算可以求得球面在 θ 方向的辐射强度 $I_\theta = I_0 = \pi LR^2$。可见球面在各方向上的辐射强度相等。

球面向整个空间发射的辐射功率为

$$\Phi = \int_{4\pi} I_\theta d\Omega = \pi LR^2 \int_{4\pi} d\Omega = 4\pi^2 LR^2 = 4\pi I_0 \tag{1-69}$$

式中：I_0 为球面的辐射强度，$I_0 = \pi LR^2$。

下面分析半球面的辐射特性

设半球球面的辐射亮度为 L，球半径为 R，如图 1.25 所示，若球面在 $\theta = 0$ 方向上的辐射强度为 I_0，则

$$I_0 = \pi LR^2 \tag{1-70}$$

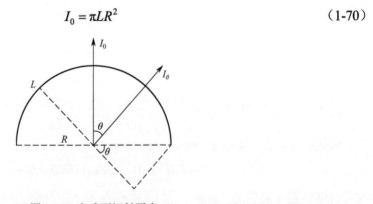

图 1.25　半球面辐射照度

半球球面在 θ 方向的辐射强度为

$$I_\theta = \frac{1}{2}\pi LR^2 (1+\cos\theta) \tag{1-71}$$

由此可见，半球球面在各方向上的辐射强度是不相等的。

半球球面向整个空间发射的辐射功率为

$$\Phi = \int_{4\pi} I_\theta d\Omega = \frac{1}{2}\pi LR^2 \int_0^{2\pi} d\varphi \int_0^{\pi} (1+\cos\theta)\sin\theta d\theta = 2\pi I_0 \tag{1-72}$$

以上的计算都是辐射亮度为常数的朗伯源的情况。对于非朗伯源，辐射亮度不为常数，而与方向有关。

1.7.3 点源产生的辐射照度

如图 1.26 所示,设点源的辐射强度为 I,它与被照面上 x 点处面积元 $\mathrm{d}A$ 的距离为 l,$\mathrm{d}A$ 的法线与 l 的夹角为 θ,则投射到 $\mathrm{d}A$ 上的辐射功率为 $\mathrm{d}\Phi = I\mathrm{d}\Omega = I\mathrm{d}A\cos\theta/l^2$,所以,点源在被照面上 x 点处产生的辐射照度为

$$E = \frac{\mathrm{d}\Phi}{\mathrm{d}A} = \frac{I\cos\theta}{l^2} \tag{1-73}$$

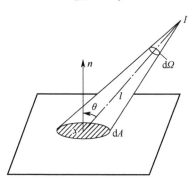

图 1.26 点源产生的辐射照度

式(1-73)即为照度与距离的平方反比定律。

1.7.4 小面源产生的辐射照度

如图 1.27 所示,设小面源的面积为 ΔA_s,辐射亮度为 L,被照面面积为 ΔA,ΔA_s 与 ΔA 相距为 l,ΔA_s 和 ΔA 的法线与 l 的夹角分别为 θ_s 和 θ。小面源 ΔA_s 的辐射强度为

$$I = L\cos\theta_\mathrm{s}\Delta A_\mathrm{s}$$

小面源产生的辐射照度为

$$E = \frac{I\cos\theta}{l^2} L\Delta A_\mathrm{s} \frac{\cos\theta_\mathrm{s}\cos\theta}{l^2} \tag{1-74}$$

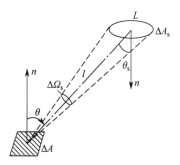

图 1.27 小面产生的辐射

式(1-74)也可以直接利用立体角投影定理计算小面源 ΔA_s 对被照点所张的立体角为 $\Delta\Omega_\mathrm{s} = \Delta A_\mathrm{s}\cos\theta_\mathrm{s}/l^2$,由立体角投影定理,有

$$E = L\Delta\Omega_\mathrm{s}\cos\theta = L\Delta A_\mathrm{s}\frac{\cos\theta_\mathrm{s}\cos\theta}{l^2} \tag{1-75}$$

应用以上公式时,要求小面积的线度比距离 l 要小得多。

1.7.5 扩展源产生的辐射照度

设有一个朗伯大面积扩展源(如在室外工作的红外装置面对的天空背景),其各处的辐射亮度均相同。我们来讨论在面积为 A_d 的探测器表面上的辐射照度。

如图 1.28 所示,设探测器半视场角为 θ_0,在探测器视场范围内(扩展源被看到的那部分)的辐射源面积为 $A_s = \pi R^2$,该辐射源与探测器之间的距离为 l,且辐射源表面与探测器表面平行,所以 $\theta_s = \theta_0$。

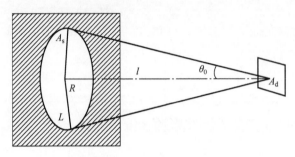

图 1.28 大面积扩展元产生的辐照度

利用角系数的概念,设两朗伯圆盘 A_1 与 A_2,相距为 l,A_1 很小,A_2 的半径为 R,则 A_2 对 A_1 的角系数为

$$F_{2\to 1} = \frac{A_1}{A_2} \cdot F_{1\to 2} = \frac{A_1}{A_2} \cdot \frac{R^2}{l^2 + R^2}$$

由上式可知,辐射源盘对探测器的角系数为

$$F_{s\to d} = \frac{A_d}{A_s} \frac{R^2}{l^2 + R^2} \tag{1-76}$$

于是,从辐射源 A_s 发出被 A_d 接受的辐射功率为

$$\Phi_{s\to d} = F_{s\to d} A_s \pi L = \frac{A_d}{A_s} \cdot A_s \pi L \cdot \frac{R^2}{l^2 + R^2} = A_d \pi L \cdot \frac{R^2}{l^2 + R^2} \tag{1-77}$$

则大面积扩展源在探测器表面上产生的辐射照度为

$$E = \frac{\Phi_{s\to d}}{A_d} = \pi L \frac{R^2}{l^2 + R^2} = \pi L \sin^2 \theta_0 \tag{1-78}$$

对朗伯辐射源,$M = \pi L$,式(1-78)可写为

$$E = M \sin^2 \theta_0 \tag{1-79}$$

由此可见,大面积扩展源在探测器上产生的辐射照度,与辐射源的辐出度或者辐射亮度成正比,与探测器的半视场角 θ_0 的正弦平方成正比。如果探测器视场角达到 π,辐射源面积又充满整个视场(如在室外工作的红外装置面对的天空背景),则在探测器表面上产生的辐射照度等于辐射源的辐出度,即当 $2\theta_0 = \pi$ 时,有

$$E = M \tag{1-80}$$

这是一个很重要的结论。

用互易定理求解,也可获得同样的结论:假设 A_d 的辐射亮度也为 L,则按互易定理有

$$\Phi_{s\to d} = \Phi_{d\to s}$$

即朗伯圆盘与接收面 A_d 之间相互传递的辐射功率相等,而 A_d 向朗伯圆盘发射的辐射功率为

$$\Phi_{d\to s} = \int_\Omega LA_d\cos\theta d\Omega = \int_0^{2\pi}d\varphi\int_0^{\Omega_0}LA_d\sin\theta\cos\theta d\theta = \pi LA_d\sin^2\theta_0$$

所以圆盘在 A_d 上产生的辐射照度为

$$E = \frac{\Phi_{s\to d}}{A_d} = \frac{\Phi_{d\to s}}{A_d} = \pi L\sin^2\theta_0$$

此结果与扩展源产生的辐照公式（1-78）相同。在某些情况下，实用互易定理可使计算大为简化。

下面我们利用以上结论讨论下将辐射源作为小面源（点源）的近似条件和误差。从图 1.28 可得

$$\sin^2\theta_0 = \frac{R^2}{l^2 + R^2}$$

包括在探测器视察范围内的辐射源面积为 $A_s=\pi R^2$，所以式（1-78）可改写为

$$E = L\frac{A_s}{l^2 + R^2} \tag{1-81}$$

若 A_s 小到可以近似为小面源（点源），则它在探测器上产生的辐射照度，可由（1-75）（此时 $\theta_s = \theta = 0$）可得

$$E_0 = L\frac{A_s}{l^2} \tag{1-82}$$

所以，从式（1-81）和式（1-82）得到将辐射源看作小面源（点源）的相对误差为

$$\frac{E_0 - E}{E} = \left(\frac{R}{L}\right)^2 = \tan^2\theta_0 \tag{1-83}$$

式中 E——精确计算给出的扩展源产生的辐射照度；

E_0——将扩展源当作小面源（点源）近似时得到的辐射照度。

如果 $(R/l) \leq 1/10$，即当 $l \geq 10R$（$\theta_0 \leq 5.7°$）时，有

$$\frac{E_0 - E}{E} \leq \frac{1}{100} \tag{1-84}$$

式（1-84）表明，如果辐射源的线度（最大尺寸）小于等于辐射源与被照面之间的距离的 10%，或者辐射源对探测器所张的半视场角 $\theta_0 \leq 5.7°$，可将扩展源作为小面源来进行计算，所得到的辐射照度与精确计算值的相对误差将小于 1%。

如果一个辐射亮度均匀、各方向相同的圆筒形辐射源的直径与其长度之比相对很小，可以把它看成一条细线辐射源，称为线辐射源。例如，日光灯、管状碘钨灯、能斯脱灯、硅碳棒和陶瓷远红外加热管灯均属于此类辐射源。

设线辐射源的长度为 l、半径为 R、辐射亮度为 L，如图 1.29 所示。则与线辐射源垂直方向上的辐射强度为 $I_0=2LRl$，与其法线成 α 角的方向上的辐射强度为 I_α，即

$$I_\alpha = I_0\cos\alpha \tag{1-85}$$

因为 θ 角与 α 角互为余角，所以有

$$I_\theta = I_0\sin\theta \tag{1-86}$$

下面我们计算线辐射源发出的总功率。为此，我们采用球坐标系，如图 1.29 所示。显然，由于辐射强度的对称性，I_α 仅与 θ 角（或 α 角）有关，而与 φ 角无关。首先在 θ 角方向上取一微小立体角 $d\Omega$，在该立体角中，线辐射源辐射的功率为

$$d\Phi = I_\theta d\Omega = I_\theta\sin\theta d\theta d\varphi$$

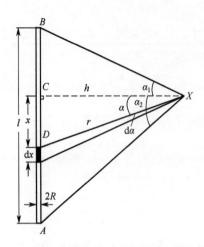

图 1.29 线源在平行平面上 X 点处的辐射照度

又因为 $I_\theta = I_0\sin\theta$,所以

$$d\Phi = I_0 \sin^2\theta d\theta d\varphi$$

线辐射源发出的总辐射功率为

$$\Phi = I_0 \int_0^{2\pi} d\varphi \int_0^{\pi} \sin^2\theta d\theta \pi^2 I_0 \tag{1-87}$$

直接利用辐射出射度计算可得

$$\Phi = 2\pi RlM = 2\pi^2 LRl = \pi^2 I_0 \tag{1-88}$$

下面讨论有限线状辐射源产生的辐射照度。如图 1.29 所示,AB 代表一个线辐射源,其辐射亮度为 L,长为 l,半径为 R,求在 X 点的辐射照度。

设单位长度上的最大辐射强度为 $I_l = I_0/l = 2LR$ 表示,X 点到线辐射源的垂直距离用 h 表示,XB、XA 与 XC 的夹角分别用 α_1 和 α_2 表示,借助这些量,我们可以得到 X 点的辐射照度公式。

首先计算线辐射源 AB 上一微小长度 dx 对 X 点所产生的辐射照度。设所考虑的 dx 位于图中距 C 点距离为 x 的 D 处,距离 DX 用 r 表示,dx 对 X 点的张角为 $d\alpha$。dx 在 DX 方向上的辐射强度为

$$dI_\alpha = I_l dx \cos\alpha$$

而 dx 在 X 点的辐射照度为

$$dE_\alpha = \frac{dI_\alpha}{r^2}\cos\alpha$$

式中:r 和 dx 可以借助于 h、α 来表示,即

$$r = \frac{a}{\cos\alpha}, x = h\tan\alpha$$

$$dx = \frac{h d\alpha}{\cos^2\alpha}$$

将上述各量代入上式,可得

$$dE_\alpha = I_l \frac{1}{h}\cos^2\alpha d\alpha \tag{1-89}$$

在 α_1 和 α_2 之间积分,可得线辐射源 AB 在 X 点的辐射照度为

$$E = \int dE_\alpha = I_l \frac{1}{h}\int_{\alpha_2}^{\alpha_1} \cos^2\alpha d\alpha = I_l \frac{1}{h}\frac{1}{4}[2|\alpha_2 - \alpha_1| + |\sin 2\alpha_1 - \sin 2\alpha_2|] \tag{1-90}$$

如果 X 点位于该线辐射源中心垂直向外的地方，此时 AB 对 X 点的张角为 2α。在这种情况下，式（1-90）中的 α_1 和 α_2 有相等的数值，但符号相反。所以有

$$E = \frac{I_l}{h}\frac{1}{2}(2\alpha + \sin 2\alpha) \quad (1\text{-}91)$$

因为 $\tan\alpha = l/2h$，所以因子 $(2\alpha+\sin 2\alpha)/2$ 可由 l 与 h 之比求得。

现在我们对式（1-91）的两种极端情况进行讨论。

第一种情况是 $h \gg l$。在这种情况下，可以把线辐射源 AB 看作是在 C 点的电源，其辐射强度为

$$I_0 = I_l l$$

所以，X 点的辐射照度为

$$E = \frac{I_0}{h^2} = \frac{I_l l}{h^2} \quad (1\text{-}92)$$

计算结果表明，当 $h/l=2$ 时，用式（1-92）代替式（1-91），所带来的相对误差是 4%。如果 $h/l \gg 2$，那么误差会更小。

第二种情况是 $h \ll l$。在这种情况下，$\alpha = \pi/2$，所以，式（1-91）可表示为

$$E = \frac{\pi}{2}\frac{I_l}{h} \quad (1\text{-}93)$$

计算结构表明，当 $h<l/4$ 时，用式（1-93）代替式（1-91）可以得出足够精确的结果。任何一个辐射源的辐射，都可用如下 3 个基本参数来描述：辐射源的总功率、辐射的空间分布和辐射的光谱分布。

总辐射功率 Φ 就是目标在各个方向上所发射的辐射功率的总和，也就是目标的辐射后强度 I 对整个发射立体角的积分。

辐射的空间分布表示辐射强度在空间的分布情况。

辐射的光谱分布表征物体发射的辐射能量在不同波段（或各光谱区域）中的数值。

一般情况下，任何目标的辐射都是由辐射源的固有辐射和它的反射辐射组成的。目标的固有辐射决定于它的表面温度、形状、尺寸和辐射表面的性能等。

1.8 辐射的反射、吸收和透射

为了突出辐射量的基本概念和计算方法，前面的讨论都没有考虑辐射在传输介质中的衰减。事实上，在距辐射源一定距离上，来自辐射源的辐射都要受到所在介质、光学元件等的表面反射、内部吸收、散射等过程的衰减，只有一部分辐射功率通过介质。为了描述辐射在介质中的衰减，本节将讨论一些相关的定律。

1.8.1 反射、吸收和透射的基本概念

由几何光学我们知道，当一束光从一种介质传播到另一种介质时，在两种介质的分界面上，入射光一般情况下会分解为两束光线：其中一束光为反射光；另外一束光为折射光。而在介质中传播的光线，一般情况下，由于介质对光的吸收，光强会随着传播距离的增加而衰减。如果介质为透明介质，则最终会有一部分光线投射出去。介质对光的反射、吸收和投射可以用如图 1.30 所示来描述，如投射到某介质表面上的辐射功率为 Φ_i，其中一部分 Φ_ρ 被表

面反射，另一部分 $\varPhi_\alpha$ 被介质吸收，如果介质是部分透明的，就会有一部分辐射功率 $\varPhi_\tau$ 从介质中透射过去。根据能量守恒定律，有

$$\varPhi_i = \varPhi_\rho + \varPhi_\alpha + \varPhi_\tau$$

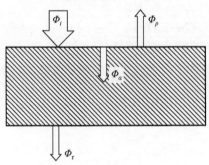

图1.30 入射辐射在介质上的反射、吸收和透射

或写为

$$1 = \frac{\varPhi_\rho}{\varPhi_i} + \frac{\varPhi_\alpha}{\varPhi_i} + \frac{\varPhi_\tau}{\varPhi_i}$$

即

$$1 = \rho + \alpha + \tau \tag{1-94}$$

式中：ρ、α 和 τ 分别称为反射率、吸收率和透射率，它们的定义如下：

反射率为

$$\rho = \frac{\varPhi_\rho}{\varPhi_i} \tag{1-95}$$

吸收率为

$$\alpha = \frac{\varPhi_\alpha}{\varPhi_i} \tag{1-96}$$

透射率为

$$\tau = \frac{\varPhi_\tau}{\varPhi_i} \tag{1-97}$$

反射率、吸收率和透射率与介质的性质（如材料的种类、表面状态和均匀性等）和温度有关。如果投射到介质上的辐射是波长为 λ 的单色辐射，即 $\varPhi_i = \varPhi_{i\lambda} d\lambda$，则反射、吸收和透射的辐射功率也是单色的。可分别表示为 $\varPhi_\rho = \varPhi_{\rho\lambda} d\lambda$，$\varPhi_\alpha = \varPhi_{\alpha\lambda} d\lambda$，$\varPhi_\tau = \varPhi_{\tau\lambda} d\lambda$。由此可得以下公式。

光谱反射率：

$$\rho(\lambda) = \frac{\varPhi_{\rho\lambda}}{\varPhi_{i\lambda}} \tag{1-98}$$

光谱吸收率：

$$\alpha(\lambda) = \frac{\varPhi_{\alpha\lambda}}{\varPhi_{i\lambda}} \tag{1-99}$$

光谱透射率：

$$\tau(\lambda) = \frac{\varPhi_{\tau\lambda}}{\varPhi_{i\lambda}} \tag{1-100}$$

式中：$\rho(\lambda)$、$\alpha(\lambda)$ 和 $\tau(\lambda)$ 均为波长的函数，它们也满足式（1-94）。

若入射的辐射功率是全辐射功率，则反射、吸收和透射的全辐射功率可以从式（1-95）、式（1-96）和式（1-97）得到。于是，就可以得到全反射率与光谱反射率、全吸收率与光谱吸收率以及全透射率与光谱透射率之间的关系为

$$\rho = \frac{\Phi_\rho}{\Phi_i} = \frac{\int_0^\infty \rho(\lambda)\Phi_{i\lambda}\mathrm{d}\lambda}{\int_0^\infty \Phi_{i\lambda}\mathrm{d}\lambda} \tag{1-101}$$

$$\alpha = \frac{\Phi_\alpha}{\Phi_i} = \frac{\int_0^\infty \alpha(\lambda)\Phi_{i\lambda}\mathrm{d}\lambda}{\int_0^\infty \Phi_{i\lambda}\mathrm{d}\lambda} \tag{1-102}$$

$$\tau = \frac{\Phi_\tau}{\Phi_i} = \frac{\int_0^\infty \tau(\lambda)\Phi_{i\lambda}\mathrm{d}\lambda}{\int_0^\infty \Phi_{i\lambda}\mathrm{d}\lambda} \tag{1-103}$$

对于在光谱带 $\lambda_1 \sim \lambda_2$ 之内的情况，我们也可以定义相应的各量。只要将式（1-101）、式（1-102）和式（1-103）中的积分限换成 $\lambda_1 \sim \lambda_2$ 即可。

1.8.2 朗伯定律和朗伯-比耳定律

1. 朗伯定律

假设介质对辐射只有吸收作用，我们来讨论辐射的传播定律。有一个平行辐射束在均匀（不考虑散射）的吸收介质内传播距离为 $\mathrm{d}x$ 路程之后，其辐射功率减少 $\mathrm{d}\Phi$。实验证明，被介质吸收掉的辐射功率的相对值 $\mathrm{d}\Phi/\Phi$ 与通过的路程 $\mathrm{d}x$ 成正比，即

$$-\frac{\mathrm{d}\Phi}{\Phi} = \alpha \mathrm{d}x \tag{1-104}$$

式中 α——介质的吸收系数；

负号"–"——$\mathrm{d}\Phi$ 是从 Φ 中减少的数量。

将式（1-104）从 $0 \sim x$ 积分，得到在 x 点处的辐射功率为

$$\Phi(x) = \Phi(0)\mathrm{e}^{-\alpha x} \tag{1-105}$$

式中：$\Phi(0)$ 为在 $x = 0$ 处的辐射功率。

式（1-105）就是吸收定律，它表明，辐射功率在传播过程中，由于介质的吸收，数值随传播距离增加作指数衰减。

吸收率和吸收系数是两个不同意义的概念。按式（1-96），吸收率是被介质吸收的辐射功率与入射辐射功率的比值，它是一个无量纲的纯数，其值在 $0 \sim 1$ 之间。由式（1-104）可以看出，吸收系数 $\alpha = -(\mathrm{d}\Phi/\Phi)/\mathrm{d}x$，表示在通过介质单位距离时辐射功率衰减的百分比。因此，吸收系数 α 是个有量纲的量。当 x 的单位为 m 时，α 的单位是 1/m，且 α 的值可等于 1 或大于 1。很显然，α 值越大，吸收就越严重。从式（1-105）可以看出，当辐射在介质中传播 $1/\alpha$ 距离时，辐射功率就衰减为原来值的 1/e。所以在 α 值很大的介质中，辐射传播不了多远就被吸收掉了。

介质的吸收系数一般与辐射的波长有关。对于光谱辐射功率，可以把吸收定律表示为

$$\Phi_\lambda(x) = \Phi_\lambda(0)\mathrm{e}^{-\alpha(\lambda)x} \tag{1-106}$$

式中：$\alpha(\lambda)$ 为光谱吸收系数。

通常，将比值 $\Phi_\lambda(x)/\Phi_\lambda(0)$ 称为介质的内透射率。由式（1-106）不难得到内透射率为

$$\tau_i(\lambda) = \frac{\Phi_\lambda(x)}{\Phi_\lambda(0)} = \mathrm{e}^{-\alpha(\lambda)x} \tag{1-107}$$

内透射率表征在介质内传播一段距离 x 后，透射过去的辐射功率所占原辐射功率的百分数。如图 1.31 所示的是具有两个表面的介质的透射情形。设介质表面（1）的透射率为 $\tau_1(\lambda)$，

表面（2）的透射率为 $\tau_2(\lambda)$。对表面（1）有 $\Phi_\lambda(0)=\tau_1(\lambda)\Phi_{i\lambda}$。若表面（1）和（2）的反射率比较小，且只考虑在表面（2）上的第一次透射（即不考虑在表面（2）与表面（1）之间来回反射所产生的各项透射），则有 $\Phi_{\tau\lambda}(0)=\tau_2(\lambda)\Phi_\lambda(x)$。于是，利用以上两式，得到介质的透射率为

$$\tau(\lambda)=\frac{\phi_{\tau\lambda}}{\phi_{i\lambda}}=\frac{\tau_2(\lambda)\Phi_\lambda(x)}{\Phi_\lambda(0)/\tau_1(\lambda)}=\tau_1(\lambda)\cdot\tau_2(\lambda)\frac{\Phi_\lambda(x)}{\Phi_\lambda(0)}=\tau_1(\lambda)\cdot\tau_2(\lambda)\cdot\tau_i(\lambda) \tag{1-108}$$

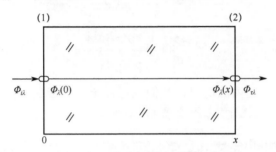

图 1.31 辐射在两个表面的介质中传播

由式（1-108）可以看出，一介质的透射率 $\tau(\lambda)$ 等于两个表面的透射率 $\tau_1(\lambda)$、$\tau_2(\lambda)$ 和内透射率 $\tau_i(\lambda)$ 的乘积。

当表面（1）和表面（2）的反射率比较大时，辐射功率将在两表面之间来回多次反射。而每反射一次，在表面（2）均有一部分辐射功率透射过去（对表面（1）也有同样的现象）。由于电磁波的波动性，将产生多光束干涉，因此透射率的公式要比式（1-108）复杂些，这里不再讨论。

以上我们讨论了辐射在介质内传播时产生衰减的主要原因之一，即吸收问题，导致衰减的另一个主要原因是散射。假设介质中只有散射作用，我们来讨论辐射在介质中的传输规律。

设有一功率为 Φ_λ 的平行单色辐射束，入射到包含许多微粒的非均匀介质上。由于介质中微粒的散射作用，使一部分辐射偏离原来的传播方向，因此，在介质内传播距离 dx 路程后，继续在原来方向上传播的辐射功率（通过 dx 之后透射的辐射功率）$\Phi_{\tau\lambda}$，比原来入射功率 Φ_λ 衰减少了 $d\Phi_\lambda$，实验证明，辐射衰减的相对值 $d\Phi_\lambda/\Phi_\lambda$ 与在介质中通过的距离 dx 成正比，即

$$-\frac{d\Phi_\lambda}{\Phi_\lambda}=\gamma(\lambda)dx \tag{1-109}$$

式中 $\gamma(\lambda)$——散射系数；

负号"-"——$d\Phi_\lambda$ 是减少的量。

散射系数与介质内微粒（或称散射元）的大小和数目以及散射介质的性质有关。

如果把上式从 0 到 x 积分，则

$$\Phi_\lambda(x)=\Phi_\lambda(0)e^{-\gamma(\lambda)x} \tag{1-110}$$

式中 $\Phi_\lambda(0)$——在 $x=0$ 处的辐射功率；

$\Phi_\lambda(x)$——在只有散射的介质内通过距离 x 后的辐射功率。

介质的散射作用也使辐射功率按指数规律随传播距离增加而减少。

以上我们分别讨论了介质只有吸收或只有散射作用时，辐射功率的传播规律。只考虑吸收的内透射率 $\tau_i'(\lambda)$ 和只考虑散射的内透射率 $\tau_i''(\lambda)$ 的表达式为

$$\tau_i'(\lambda)=\frac{\Phi_\lambda'(x)}{\Phi_\lambda(0)}=e^{-\alpha(\lambda)x} \tag{1-111}$$

$$\tau_i''(\lambda) = \frac{\Phi_\lambda''(x)}{\Phi_\lambda(0)} = e^{-\gamma(\lambda)x} \qquad (1\text{-}112)$$

如果在介质内同时存在吸收和散射作用,并且认为这两种衰减机理彼此无关。那么,总的内透射率应该为

$$\tau_i(\lambda) = \frac{\Phi_{i\lambda}(x)}{\Phi_{i\lambda}(0)} = \tau_i'(\lambda) \cdot \tau_i''(\lambda) = \exp\{-[\alpha(\lambda)+\gamma(\lambda)]x\} \qquad (1\text{-}113)$$

于是,我们可以写出,在同时存在吸收和散射的介质内,功率为 $\Phi_{i\lambda}$ 辐射束传播距离为 x 的路程后,透射的辐射功率为

$$\Phi_{t\lambda}(x) = \Phi_{i\lambda}(0)\exp\{-[\alpha(\lambda)+\gamma(\lambda)]x\} = \Phi_{i\lambda}(0)\exp[-K(\lambda)x] \qquad (1\text{-}114)$$

式中:$K(\lambda)=\alpha(\lambda)+\gamma(\lambda)$ 称为介质的消光系数。

式(1-114)称为朗伯定律。

2. 朗伯-比耳定律

在讨论吸收现象时,比较方便的办法是用引起吸收的个别单元来讨论。假设在一定的条件下,每个单元的吸收不依赖于吸收元的浓度,则吸收系数就正比于单位程长上所遇到的吸收元的数目,即正比于这些单元的浓度 n_α,可以写为

$$\alpha(\lambda) = \alpha'(\lambda)n_\alpha \qquad (1\text{-}115)$$

式中:$\alpha'(\lambda)$(通常是波长的函数)为单位浓度的吸收系数。

式(1-115)称为比耳定律。

上面关于 $\alpha'(\lambda)$ 与浓度 n_α 无关的假设,在某些情况下是不适用的。例如浓度的变化可能改变吸收分子的本质或引起吸收分子间的相互作用。

用同样的方法,散射系数可以写为

$$\gamma(\lambda) = \gamma'(\lambda)n_\gamma \qquad (1\text{-}116)$$

式中 n_γ——散射元的浓度;

$\gamma'(\lambda)$——单位浓度的散射系数。

因为 $\alpha'(\lambda)$ 和 $\gamma'(\lambda)$ 具有面积的量纲,所以又称为吸收截面和散射截面。

应用这些定义,就可以把朗伯定律写为

$$\Phi_{t\lambda}(x) = \Phi_{i\lambda}(0)\exp\{-[\alpha'(\lambda)n_\alpha + \gamma'(\lambda)n_\gamma]x\} \qquad (1\text{-}117)$$

式(1-117)称为朗伯-比耳定律,该定律表明:在距离表面为 x 的介质内透射的辐射功率将随介质内的吸收元和散射元的浓度的增加而以指数规律衰减。这个定律的重要应用之一是用红外吸收法做混合气体组分的定量分析,常用的红外气体分析仪就是按此原理工作的。

红外气体分析仪可以根据不同的要求设计成多种形式,如图 1.32 所示是其中的一种。用这种仪器可以测量大气中二氧化碳的含量。

从光源发出的红外辐射分成两束,被反射镜反射后分别通过样品室和参比室,再经过反射镜系统投射到红外探测器上。探测器的前面是一块滤光片,只让中心波长为 4.35μm 的一个窄波段的红外辐射通过。因此,探测器所接收的仅是 4.35μm 这个窄波段的辐射,而 4.35μm 则是二氧化碳的主要吸收带中心波长。

调制盘是一个齿轮式的圆盘,利用调制盘把投射到探测器上的辐射变为交变辐射。样品室与参比室的位置安置如图 1.32 所示,当调制盘的齿遮住从参比室出来的辐射时,从样品室出来的辐射正好从调制盘的齿间通过。这样探测器就可以交替地接收通过样品室和参比室的

辐射。如参比室里没有二氧化碳，通过样品室的气体也没有二氧化碳，调节仪器使两束辐射完全相等，那么，探测器所接收到的就是功率恒定的辐射。此时探测器就只有直流响应，接在探测器后的放大器的输出就是零。如果样品室的气体中有二氧化碳气体，对 4.35μm 波段的辐射就有吸收，那么两束辐射的功率就不相等，探测器所接收到的就是交变的辐射，放大器的输出信号就不再为零。因为二氧化碳的吸收与二氧化碳的浓度有关，即与二氧化碳的含量有关，所以，当气体中二氧化碳含量增加时，放大器的输出信号就增大。经过适当的定标，就可以测量二氧化碳的含量。

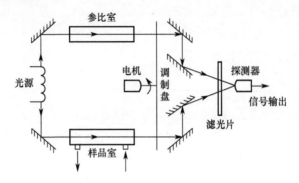

图 1.32　红外气体分析仪的工作原理

小　结

本章主要介绍了光度学与辐射度学的基本概念及相互之间关系，给出了辐射量计算的基本规律，举例说明了简单物理模型的辐射特性及其计算，描述了辐射反射、吸收和透射的基本概念及应用。

习　题

1. 红外光谱按照波长是如何划分的？
2. 简述波数的基本概念，并用波数表示 0.4μm、2.5μm、8μm、25μm 的光辐射。
3. 已知各向同性的某点辐射源，其辐射强度为 100W/sr，求与其相距 100m，通光孔径为 20cm 的某光学系统接收到的辐射通量。
4. 已知半径为 10cm 的圆盘形辐射源，其向上半球空间发出的辐射通量为 62.8W，试计算：
（1）该圆盘辐射源的辐射出射度；
（2）该圆盘辐射源的辐射亮度；
（3）该圆盘是否为朗伯辐射体，若不是，说明其原因。
5. 某房间长为 8m，宽为 6m，某点光源垂直房屋地面高度为 12m，其发光强度为 100cd，且各个方向的发光强度相同，试计算房间不同位置的照度：
（1）该点光源的正下方；
（2）房间的一角。
6. 光度学与辐射度学的区别是什么？
7. 光亮度和辐射亮度的定义、表达式和单位各是什么？光照度和辐射照度的定义、表达式和单位各是什么？

8. 什么是辐射量、光谱辐射量和光子辐射量？

9. 光源确定后，如何使被照表面获得最大照度，并说明根据什么定律。

10. 描绘人眼对辐射敏感程度的曲线，给出最敏感波长位置，并说明该波长为什么颜色。

11. 几个光源同时照射某一点时，该点处的照度如何表示？

12. 在平面 S 正上方 5m 高处有一发光强度为 100cd 的各向同性点光源 C，S 平面上有一点 P，点源 C 在平面 S 上的投影为 O，$\angle OCP=30°$，试求：

（1）点源 C 在其正下方 O 点产生的照度；

（2）点源 C 对 S 平面上 P 点产生的照度。

13. 表面积分别为 A_1 和 A_2 的两个朗伯圆盘形光源，相距为 L，如果两圆盘形光源相对放置，并使其法线重合，且 A_1 圆盘的辐射出射度为 M，试证明 A_2 圆盘接收到 A_1 圆盘的辐射功率为 $MA_1A_2/\pi L^2$。若该圆盘形光源改为圆球形光源，且相距距离 L 远大于圆球半径，试证明 A_2 圆球接收到 A_1 圆球的辐射功率为 $MA_1A_2/16\pi L^2$。

14. 某平面上有两点 A 和 B 相距 x，若在 A 点上方高 h 处悬挂一个点辐射源 S，其辐射强度为 I，试求 B 点的辐射照度。若垂直下移点辐射源 S 的位置，问怎样高度时，可使 B 点的辐射照度最大？

15. 某圆形桌子半径为 1m，在桌子中心正上方 3m 处放置一个各向同性点光源，此时桌子的中心照度为 90lx，若把光源置于离桌子中心 5m 处，求桌子中心处和边缘上的照度。

16. 阳光垂直照射地面时，照度为 10^5lx，若把太阳看作是朗伯体，并忽略大气衰减，试求太阳的亮度（已知地球轨道半径为 1.5×10^8km，太阳的直径为 1.4×10^6km）。

17. 某朗伯圆盘，其辐射亮度为 L，半径为 R，求垂直距离中心 d 处的辐射照度。

18. 某激光器输出波长为 λ，输出功率为 1mW，发散角为 2mrad，其出射光束的截面直径为 2mm，若该激光器投射到相距 100m 远的屏幕上，试求：

（1）此激光器出射光束的辐射强度、辐射亮度；

（2）此激光器出射光束的光通量、发光强度，其中 $V(\lambda)=0.235$；

（3）在被照射屏幕上产生的辐射照度、光照度。

19. 满月能够在地面上产生 0.2lx 的照度，假设满月等价于直径为 3476km 的圆形面光源，距地面平均距离为 3.844×10^5km，如果忽略大气衰减，计算月亮的亮度。

20. 面积为 A 的朗伯微面源，其辐射亮度为 L，若其发出的辐射与其法线夹角为 θ，试求在与 A 平行且相距为 d 的平面上一点 B 处产生的辐射照度，如果把 B 点所在平面在 B 处逆时针转动 φ 角，在 B 点处的辐射照度如何？

21. 一个发光表面 S 的面积为 $1cm^2$，与其法线成 45° 角的 CP 方向的亮度为 $5\times10^5 cd/m^2$，CP 与接收面元 dS 的法线成 60° 角，$CP=50cm$，求 dS 上 P 点的照度。

22. 已知飞机尾喷口直径 $D_s=60cm$，光学接收系统直径 $D=30cm$，喷口与光学系统相距 $d=1.8km$，当飞机尾喷口的辐射出射度 $M=1W/cm^2$ 时，大气透过率为 0.9，求光学系统所接收的辐射功率。

23. 空间某圆盘半径为 R，与圆盘中心 O 垂直距离 d 处存在某一各向同性点光源，其辐射强度为 I，试证明该点光源向圆盘发射的辐射功率为

$$P = 2\pi I\left(1 - \frac{1}{\sqrt{1+R^2/d^2}}\right)$$

第2章 热辐射的基本规律

本章讨论了基尔霍夫定律,即物体在热平衡条件下的辐射规律。接着讨论黑体的辐射规律,即普朗克公式、维恩位移定律、斯蒂芬–玻耳兹曼定律。最后通过确定温度下物体的光谱发射率,得出任意物体的辐射特性。

学习目标:
掌握发射率、基尔霍夫定律、黑体及其辐射定律等基本概念;熟练掌握利用黑体辐射函数表计算黑体和实际物体辐射的基本方法;掌握辐射效率和辐射对比度的基本概念及应用。

本章要点:
1. 基尔霍夫定律的基本概念及物理含义;
2. 黑体及其辐射定律的基本概念及应用;
3. 黑体及实际物体的辐射计算(最大辐射波长、光谱辐射出射度及某波段辐射出射度等);
4. 发射率、辐射效率及辐射对比度的基本概念及应用。

物体的辐射和发光是有本质区别的,在研究辐射及其规律之前,首先介绍发光的种类。

物体的辐射或发光要消耗能量。物体发光消耗的能量一般有两种:一种是物体本身的能量;另一种是物体从外界得到的能量。由于能量的供给方式不同,可把发光分为如下不同的类型。

化学发光:在发光过程中,物质内部发生了化学变化,如腐木的辉光、磷在空气中渐渐氧化的辉光等,都属于化学发光。在这种情况下,辐射能的发射与物质成分的变化和物质内能的减少是同时进行的。

光致发光:物体的发光是由预先照射或不断照射所引起的。在这种情况下,要想维持发光,就必须以光的形式把能量不断地输给发光物体,即消耗的能量是由外光源提供的。

电致发光:物体发出的辉光是由电的作用直接引起的。这类最常见的辉光是气体或金属蒸气在放电作用下产生的,放电有辉光放电、电弧放电和火花放电等形式。

在这些情况下,辐射所需要的能量是由电能直接转化而来的。除此之外,用电场加速电子轰击某些固体材料也可产生辉光,例如变像管、显像管、荧光屏的发光就属于这类情况。

热辐射:物体在一定温度下发出电磁辐射。显然,要维持物体发出辐射就必须给物体加热。热辐射的性质可由热力学预测的解释,如果理想热辐射体表面温度已知,那么其辐射特性就可以完全确定。一般的钨丝灯泡发光表面上看似电致发光,其实,钨丝灯因为所供给灯丝的电能并不是直接转化为辐射能,而是首先转化为热能,使钨丝灯的温度升高,导致发光,因而钨丝灯的辐射属于热辐射。

除了在极高温的情况下,热辐射通常处于红外波段,所以红外辐射也称为热辐射。

普雷夫定则:在单位时间内,如果两个物体吸收的能量不同,则它们发射的能量也不同。

即在单位时间内，一个物体发出的能量等于它吸收的能量。

普雷夫定则小实验如图 2.1 所示。

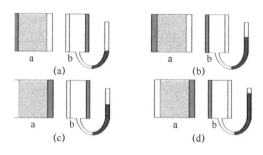

图 2.1 普雷夫定则小实验

图 2.1 中 a 为金属容器，里面装有热水，容器壁上的阴影部分为涂有黑色金属氧化物的表面，b 为空气温度计。图 2.1（a）将没有涂金属氧化物的侧面相对，温度计刻度上升到一定程度，并以此为参照；图 2.1（b）是将空气温度计涂有黑色金属氧化物的表面转向金属容器，气体温度计刻度有所上升；图 2.1（c）将涂有黑色金属氧化物的容器表面与空气温度计相对，此时温度计的示数也比图 2.1（a）有所上升；图 2.1（d）中，将金属容器和空气温度计涂有黑色金属氧化物的侧面相对，此时温度计的示数最高。

普雷夫定则说明，在单位时间内，如果两个物体吸收的能量不同，则它们发射的能量也不同。即在单位时间内，一个物体能够发出的能量等于它能够吸收的能量。这是热力学中的一个定律，是从能量的接收和发射的角度考虑问题的，是能量交换的条件。热辐射是平衡辐射，是一种能量交换，其他发光都不是。

2.1 基尔霍夫定律

普雷夫定则定性地说明了吸收能量大的物体发射能量也大，基尔霍夫定律是定量地描述物体吸收热量和发射热量之间关系的定律，是辐射传输理论的基础。

物体的发射本领：即物体的辐射出射度 M，通常写成 $M_{\lambda T}$，因为 M 与波长和温度有关。

物体的吸收本领：即物体的吸收比 α，α 也与波长和温度有关，故写成 $\alpha_{\lambda T}$。

二者之间关系称为基尔霍夫定律，即

$$\frac{M_{\lambda T}}{\alpha_{\lambda T}} = \text{const} = f(\lambda, T) \tag{2-1}$$

基尔霍夫定律说明一个物体的发射本领和吸收本领之比是常数，但必须是一个物体，其温度变化时波长也随之变化，但二者的比值不变。

如果有 3 个物体，则

$$\frac{M_{1\lambda T}}{\alpha_{1\lambda T}} = \frac{M_{2\lambda T}}{\alpha_{2\lambda T}} = \frac{M_{3\lambda T}}{\alpha_{3\lambda T}} = C \tag{2-2}$$

即所有的物体，它们的发射本领与发射本领之比都是相同的一个常数（在相同温度、相同波长条件下），这个常数就是黑体的发射本领，即黑体的辐射出射度：

$$C = \frac{M_{b\lambda T}}{\alpha_{b\lambda T}} = \frac{M_{b\lambda T}}{1} = M_{b\lambda T} \tag{2-3}$$

式中 $M_{b\lambda T}$——黑体的辐射出射度。

$\alpha_{b\lambda T}$——黑体的吸收比（$\alpha_{b\lambda T}=1$ 是黑体的定义）。

基尔霍夫定律的含义：在给定温度下，对某一波长来说，物体的吸收本领和发射本领的比值与物体本身的性质无关，对于一切物体都是恒量。即 $M_{\lambda T}/\alpha_{\lambda T}$ 对所有物体都是一个普适函数，即黑体的发射本领，而 $M_{\lambda T}$ 和 $\alpha_{\lambda T}$ 两者中的每一个都随着物体而不同。基尔霍夫定律的另一种描述是"发射大的物体必吸收大"，或"善于发射的物体必善于接收"；反之亦然。

如图 2.2 所示，任意物体 A 置于一个等温腔内，腔内为真空。物体 A 在吸收腔内辐射的同时又在发射辐射，最后物体 A 将与腔壁达到同一温度 T，这时称物体 A 与空腔达到了热平衡状态。在热平衡状态下，物体 A 发射的辐射功率必等于它所吸收的辐射功率，否则物体 A 将不能保持温度 T，则

$$M = \alpha E \tag{2-4}$$

式中 M——物体 A 的辐射出射度；

α——物体 A 的吸收率；

E——物体 A 上的辐射照度。

式（2-4）又可写为

$$\frac{M}{\alpha} = E \tag{2-5}$$

这就是基尔霍夫定律的一种表达形式，即在热平衡条件下，物体的辐射出射度与其吸收率的比值等于空腔中的辐射照度，这与物体的性质无关。物体的吸收率越大，则它的辐射出射度也越大，即好的吸收体必是好的发射体。

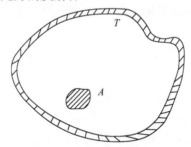

图 2.2 等温腔内的物体

对于不透明的物体，透射率为零，则 $\alpha = 1-\rho$，其中 ρ 是物体的反射率。这表明好的发射体必是弱的反射体。

式（2-5）用光谱量可表示为

$$\frac{M_\lambda}{\alpha_\lambda} = E_\lambda \tag{2-6}$$

基尔霍夫定律的说明如下：

（1）基尔霍夫定律是平衡辐射定律，与物质本身的性质无关，当然对黑体也适用；

（2）吸收和辐射的多少应在同一温度下比较，温度不同时没有意义；

（3）任何强烈的吸收必发出强烈的辐射，无论吸收是由物体表面性质决定的，还是由系统的构造决定的；

（4）基尔霍夫定律所描述的辐射与波长有关，不与人眼的视觉特性和光度量有关；

（5）基尔霍夫定律只适用于温度辐射，对其他发光不成立。

2.2 黑体及其辐射定律

2.2.1 黑体

黑体一般指的是理想黑体（或绝对黑体），是一个抽象的或理想化的概念，现实中是不存在的。可以从几个方面认识。

（1）从理论上讲，是指在任何温度下能够全部吸收任何波长入射辐射的物体，即 $\alpha=1$，全吸收，没有反射和透射。

（2）从结构上讲，封闭的等温空腔内的辐射是黑体辐射。一个开有小孔的空腔就是一个黑体的模型。如图 2.3 所示，在一个密封的空腔上开一个小孔，当一束入射辐射由小孔进入空腔后，在腔体表面上要经过多次反射，每反射一次，辐射就被吸收一部分，最后只有极少量的辐射从腔孔逸出。

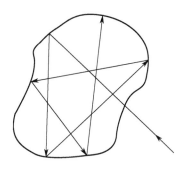

图 2.3 黑体模型

（3）从应用角度讲，如果把等温封闭空腔开一个小孔，则从小孔发出的辐射能够逼真地模拟黑体辐射。这种装置称为黑体炉。

现在我们来证明，密闭空腔中的辐射就是黑体的辐射。

如果在图 2.2 中，真空腔体中放置的物体 A 是黑体，则由式（2-6）可得

$$E_\lambda = M_{b\lambda} \tag{2-7}$$

即黑体的光谱辐射出射度等于空腔容器内的光谱辐射照度。而空腔在黑体上产生的光谱辐射照度可用大面源所产生的辐照公式 $E_\lambda = M_\lambda \sin^2\theta_0$ 求得。因为黑体对大面源空腔所张的半视场角 $\theta_0 = \pi/2$，则 $\sin^2\theta_0 = 1$，于是得到 $E_\lambda = M_\lambda$，即空腔在黑体上光谱辐射照度等于空腔的光谱辐射出射度。与式（2-7）联系，则可以得到

$$M_\lambda = M_{b\lambda} \tag{2-8}$$

即密闭空腔的光谱辐射出射度等于黑体的光谱辐射出射度。所以，密闭空腔中的辐射即为黑体的辐射，而与构成空腔的材料的性质无关。

黑体的应用价值如下：

（1）标定各类辐射探测器的响应度；

（2）标定其他辐射源的辐射强度；

（3）测定红外光学系统的透射比；

（4）研究各种物质表面的热辐射特性；

（5）研究大气或其他物质对辐射的吸收或透射特性。

2.2.2 普朗克公式

普朗克公式是确定黑体辐射光谱分布的公式,也称为普朗克定律,在近代物理发展中占有极其重要的地位。普朗克关于微观粒子能量不连续的假设,首先用于普朗克公式的推导上,并得到了与实验一致的结果,从而奠定了量子论的基础,做出了一个巨大贡献。又由于普朗克公式解决了基尔霍夫定律所提出的普适函数的问题,因而普朗克公式是黑体辐射理论最基本的公式。

以波长为变量的黑体辐射普朗克公式为

$$M_{b\lambda} = \frac{c_1}{\lambda^5} \frac{1}{e^{c_2/\lambda T} - 1} \tag{2-9}$$

式中 $M_{b\lambda}$——黑体的光谱辐射出射度($W \cdot m^{-2} \cdot \mu m^{-1}$);
c——真空光速,$c=2.99792458\times10^8$m/s;
c_1——第一辐射常数,$c_1=2\pi hc^2=3.741810^{-16}$W·m²;
c_2——第二辐射常数,$c_2=hc/k=1.4388\times10^{-2}$m·K;
h——普朗克常数,$h=6.626176\times10^{-34}$J·s;
k——玻耳兹曼常数,$k=1.38\times10^{-23}$J/K。

普朗克公式的意义可由 $M_{b\lambda}$-λ 曲线说明,图 2.4 给出了温度在 500~900K 范围的黑体光谱辐射出射度随波长变化的曲线,图中虚线表示 $M_{b\lambda}$ 取极大值的位置。

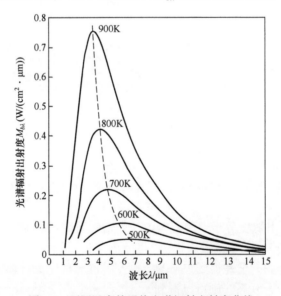

图 2.4 不同温度的黑体光谱辐射出射度曲线

曲线的说明(黑体的辐射特性):$M_{b\lambda}$ 随波长连续变化,对应某一个温度就有固定的一条曲线。一旦温度确定,则 $M_{b\lambda}$ 在某波长处有为一的固定值,每条曲线只有一个极大值。

温度越高,$M_{b\lambda}$ 越大。曲线随黑体温度的升高而整体提高。在任意指定波长处,与较高温度对应的光谱辐射出射度也较大;反之亦然。因为每条曲线下包围的面积代表黑体在该温度下的全辐射出射度,所以上述特性表明黑体的全辐射出射度随温度的增加而迅速增大。

每条曲线彼此不相交,故温度越高,在所有波长上的光谱辐射出射度也越大。随着温度 T 的升高,$M_{b\lambda}$ 的峰值波长向短波方向移动。

黑体的辐射特性只与其温度有关,与其他参数无关。

黑体辐射亮度与观察角度无关。

普朗克公式的意义：只要给定一个温度 T，则在某个波长处就对应一个 $M_{b\lambda}$，而其他物体的 $M_{\lambda T}/\alpha_{\lambda T} = M_{b\lambda T}$（基尔霍夫定律）也随之确定。黑体的辐射出射度是确定的，且只与温度有关，其他物体的辐射出射度可以根据基尔霍夫定律算出来，物体的辐射特性就一目了然了。

2.2.3 维恩位移定律

维恩位移定律是描述黑体光谱辐射出射度的峰值 $M_{\lambda m}$ 所对应的峰值波长 λ_m 与黑体绝对温度 T 的关系表示式。

在普朗克公式（2-9）中，令 $x = c_2/\lambda T$，则

$$M(x) = \frac{c_1 T^5}{c_2^5} \frac{x^5}{e^x - 1}$$

x 为何值时 M 最大，应 $\frac{\partial M}{\partial x} = 0$，即

$$\frac{\partial M}{\partial x} = \frac{c_1 T^5}{c_2^5} \frac{5x^4(e^x - 1) - x^5 e^x}{(e^x - 1)^2}$$

若上式等于 0，则

$$5x^4(e^x - 1) - x^5 e^x = 0$$

解此方程

$$x = 4.9651142$$

即

$$c_2/\lambda T = 4.9651142$$

由此得到维恩位移定律的最后表示式为

$$\lambda_m T = b \tag{2-10}$$

式中：b 为常数，$b = c_2/x = 2898.8 \pm 0.4 \mu m \cdot K$。

维恩位移定律表明，黑体光谱辐射出射度峰值对应的波长与温度成反比，温度越高，辐射峰值向短波方向移动。图 2.4 中的虚线，就是这些峰值的轨迹。应用意义：知道某一物体的温度，就知其辐射的峰值波长。例如，由维恩位移定律可以计算出：人体（$T=310K$）辐射的峰值波长约为 $9.4\mu m$；太阳（看作 $T=6000K$ 的黑体）的峰值波长约为 $0.48\mu m$。由此可见，太阳辐射的 50%以上功率是在可见光区和紫外区，而人体辐射几乎全部在红外区。

将维恩位移定律代入普朗克公式，可得

$$M_{b\lambda_m} = \frac{c_1}{\lambda_m^5} \frac{1}{e^{c_2/\lambda_m T} - 1} = BT^5 \tag{2-11}$$

式中：$B = 1.2867 \times 10^{-11} W \cdot m^{-2} \cdot \mu m^{-1} \cdot K^{-5}$。

式（2-11）也称为维恩最大发射本领定律，描述了黑体光谱辐射出射度的峰值与温度关系的公式。公式表明，黑体的光谱辐射出射度峰值与绝对温度的五次方成正比，即随着温度的增加辐射曲线的峰值迅速提高。

2.2.4 斯蒂芬-玻耳兹曼定律

斯蒂芬-玻耳兹曼定律描述的是黑体的全辐射出射度与温度关系的公式。

利用普朗克公式对波长从 0 到 ∞ 积分，可得

$$M_b = \int_0^\infty M_{b\lambda} d\lambda = \int c_1/\lambda^5 (e^{c_2/\lambda T} - 1)^{-1} d\lambda \tag{2-12}$$

令

$$x = c_2/\lambda T$$

则

$$\lambda = c_2/xT \quad d\lambda = -(c_2/x^2 T)dx \quad (积分限\ \lambda:0\sim\infty，则\ x:\infty\sim 0)$$

$$M_b = \int_\infty^0 \frac{c_1}{(c_2/xT)^5} \left(e^{\frac{c_1}{(c_2/xT)^T}} - 1\right)^{-1} \left(-\frac{c_2}{x^2 T}\right) dx$$

$$= \int_\infty^0 -\frac{c_1}{c_2^4} x^3 T^4 (e^x - 1)^{-1} dx$$

$$= -\frac{c_1}{c_2^4} T^4 \int_\infty^0 x^3 (e^x - 1)^{-1} dx$$

因为

$$\int_0^\infty \frac{x^3}{e^x - 1} dx = \frac{\pi^4}{15}$$

所以

$$\int_\infty^0 \frac{x^3}{e^x - 1} dx = -\frac{\pi^4}{15}$$

则

$$M_b = \frac{c_1}{c_2^4} \frac{\pi^4}{15} T^4$$

令

$$\frac{c_1}{c_2^4} \frac{\pi^4}{15} = \sigma$$

则

$$M_b = \sigma T^4 \tag{2-13}$$

式中：$\sigma = 5.67032 \times 10^{-8} \text{W} \cdot \text{m}^{-2} \cdot \text{K}^{-4}$。

此公式为斯蒂芬-玻耳兹曼定律，该定律表明，黑体的全辐射出射度与温度的四次方成正比。图 2.4 中每条曲线下的面积，代表了该曲线对应黑体的全辐射出射度。可以看出，随温度的增加，曲线下的面积迅速增大。

至此，我们看到了黑体的好处：只要确定一个温度，黑体的其他辐射特性也就随之确定了。即温度 T 决定了 λ_m、$M_{b\lambda}$、M_b 等，并由此可推出黑体的其他辐射特性 I、L、Φ 等，进而可比较出其他物体的各种辐射特性，可见其应用意义是十分重要的。

2.3 黑体辐射的计算

根据普朗克公式进行有关黑体辐射量的计算时，往往感到很麻烦。为简化计算，可采用简易的计算方法。下面我们就介绍一种黑体辐射函数的计算方法。

2.3.1 黑体辐射函数表

目前，文献中可供各种辐射计算的黑体辐射函数已不下几十种之多。这里介绍其中用得比较广泛又比较基本的两种函数，即 $f(\lambda T)$ 函数和 $F(\lambda T)$ 函数。用这些函数，可以计算在任意波长附近的黑体光谱辐射出射度 M_λ，也可以计算在任意波长间隔之内的黑体辐射出射度 $M_{\lambda 1\sim\lambda 2}$。

1. $f(\lambda T)$ 函数表

$f(\lambda T)$ 称为相对光谱辐射出射度函数表，是某温度下、某波长上的辐射出射度 M_λ 和该温度下峰值波长处的辐射出射度 $M_{\lambda m}$ 之比。

根据普朗克公式

$$M_{b\lambda} = \frac{c_1}{\lambda^5} \frac{1}{e^{c_2/\lambda T}-1}$$

和维恩最大发射本领定律

$$M_{b\lambda_m} = \frac{c_1}{\lambda_m^5} \frac{1}{e^{c_2/\lambda_m T}-1} = BT^5$$

则

$$f(\lambda T) = \frac{M_\lambda}{M_{\lambda_m}} = \frac{\dfrac{c_1}{\lambda^5}\dfrac{1}{e^{c_2/\lambda T}-1}}{BT^5} = \frac{c_1}{B\lambda^5 T^5}\frac{1}{e^{c_2/\lambda T}-1} \tag{2-14}$$

若以 λT 为变量，则可以计算出每组 λT 值对应的函数 $f(\lambda T)$ 值。于是可构成 $f(\lambda T)\sim(\lambda T)$ 函数。这种函数的图解表示，如图 2.5 中的曲线（a）所示。

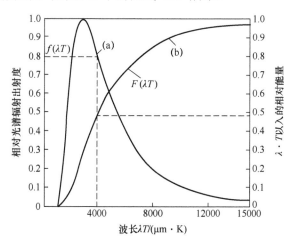

图 2.5 黑体通用曲线

当黑体的温度 T 已知时，对某一特定波长 λ，可计算出 λT 值，再有函数 $f(\lambda T)$ 计算出 $f(\lambda T)$ 值，最后可由下式计算出黑体的光谱辐射出射度，即

$$M_\lambda = f(\lambda T) M_{\lambda_m} = f(\lambda T) BT^5 \tag{2-15}$$

2. $F(\lambda T)$ 函数表

$F(\lambda T)$ 表称为相对辐射出射度函数表（无"光谱"），是某温度下、某波段的辐射出射度 $M_{0\sim\lambda}$ 和该温度下全辐射出射度 $M_{0\sim\infty}$ 之比。

将普朗克公式从 0 到某一波长 λ 积分，可得到从 0 到某波长 λ 的辐射出射度 $M_{0\sim\lambda}$，即

$$M_{0\sim\lambda} = \int_0^\lambda M_{b\lambda} d\lambda = \int_0^\lambda \frac{c_1}{\lambda^5} \frac{1}{e^{c_2/\lambda T}-1} d\lambda$$

由斯蒂芬-玻耳兹曼定律 $M_{0\sim\infty} = \sigma T^4$,可得

$$F(\lambda T) = \frac{M_{0\sim\lambda}}{M_{0\sim\infty}} = \frac{15}{\pi^4} \int_{\frac{c_2}{\lambda T}}^\infty \frac{[(c_2/(\lambda T))^3 d[c_2/(\lambda T)]}{e^{c_2/(\lambda T)}-1} \qquad (2\text{-}16)$$

对于给定的一系列 λT 值可以计算出相应的 $F(\lambda T)$。$F(\lambda T)$ 的图解表示,如图 2.5 中曲线(b)所示。

利用 $F(\lambda T)$ 函数可得到从 0 到某波长 λ 的辐射出射度:

$$M_{0\sim\lambda} = F(\lambda T) M_{0\sim\infty} = F(\lambda T) \sigma T^4 \qquad (2\text{-}17)$$

则某一波段($\lambda_1 \sim \lambda_2$)之间的辐射出射度为

$$M_{\lambda_1 \sim \lambda_2} = M_{0\sim\lambda_2} - M_{0\sim\lambda_1} = [F(\lambda_2 T) - F(\lambda_1 T)] \sigma T^4 \qquad (2\text{-}18)$$

$f(\lambda T)$ 函数表和 $F(\lambda T)$ 函数表如表 2.1 所列。

表 2.1 $f(\lambda T)$ 函数表和 $F(\lambda T)$ 函数表

λT	$f(\lambda T) = f \times 10^{-q}$		$F(\lambda T) = F \times 10^{-p}$		λT	$f(\lambda T) = f \times 10^{-q}$		$F(\lambda T) = F \times 10^{-p}$	
	f	q	F	p		f	q	F	p
500	2.9622	7	1.2985	9	750	5.7432	4	5.9480	6
510	4.7170	7	2.1558	9	760	6.8824	4	7.3736	6
520	7.3640	7	3.5065	9	770	8.2437	4	9.0860	6
530	1.1290	6	5.5939	9	780	9.8205	4	1.1131	5
540	1.6990	6	8.7624	9	790	1.1642	3	1.3561	5
550	2.5163	6	1.3491	8	800	1.3723	3	1.6433	5
560	3.6687	6	2.0435	8	810	1.6103	3	1.9812	5
570	5.2703	6	3.0480	8	820	1.8808	3	2.3766	5
580	7.4658	6	4.4802	8	830	2.1868	3	2.8374	5
590	1.0442	5	6.4947	8	840	2.5318	3	3.3720	5
600	1.4407	5	9.2921	8	850	2.9392	3	3.9897	5
610	1.9652	5	1.3129	7	860	3.3523	3	4.7003	5
620	2.6504	5	1.8332	7	870	3.8348	3	5.5148	5
630	3.5363	5	2.5309	7	880	4.3706	3	6.4447	5
640	4.6700	5	3.4568	7	890	4.9635	3	7.5027	5
650	6.1074	5	4.6733	7	900	5.6175	3	8.7020	5
660	7.9133	5	6.2565	7	910	6.3363	3	1.0057	4
670	1.0167	4	8.2982	7	920	7.1243	3	1.1583	4
680	1.2942	4	1.0909	6	930	7.8485	3	1.3296	4
690	1.6342	4	1.4219	6	940	8.9236	3	1.5213	4
700	2.0492	4	1.8384	6	950	9.9432	3	1.7352	4
710	2.5498	4	2.3584	6	960	1.1049	2	1.9732	4
720	3.1505	4	3.0032	6	970	1.2244	2	2.2373	4
730	3.8664	4	3.7970	6	980	1.3533	2	2.5296	4
740	4.7145	4	4.7679	6	990	1.4919	2	2.8522	4

续表

λT	$f(\lambda T)=f\times 10^{-q}$		$F(\lambda T)=F\times 10^{-p}$		λT	$f(\lambda T)=f\times 10^{-q}$		$F(\lambda T)=F\times 10^{-p}$	
	f	q	F	p		f	q	F	p
1000	1.6407	2	3.2075	4	2950	9.9923	1	2.6190	1
1050	2.5506	2	5.5581	4	3000	9.9712	1	2.7322	1
1100	3.7682	2	9.1117	4	3050	9.9382	1	2.8452	1
1150	5.3282	2	1.4238	3	3100	9.8935	1	2.9577	1
1200	7.2537	2	2.1341	3	3150	9.8385	1	3.0697	1
1250	9.5543	2	3.0841	3	3200	9.7738	1	3.1809	1
1300	1.2227	1	4.3162	3	3250	9.7006	1	3.2914	1
1350	1.5204	1	5.8719	3	3300	9.6188	1	3.4010	1
1400	1.8609	1	7.7900	3	3350	9.5302	1	3.5096	1
1450	2.2256	1	1.0106	2	3400	9.4350	1	3.6172	1
1500	2.6150	1	1.2850	2	3450	9.3346	1	3.7237	1
1550	3.0245	1	1.6047	2	3500	9.2291	1	3.8290	1
1600	3.4491	1	1.9718	2	3550	9.1183	1	3.9331	1
1650	3.8837	1	2.3878	2	3600	9.0036	1	4.0359	1
1700	4.3234	1	2.8533	2	3650	8.8863	1	4.1374	1
1750	4.7634	1	3.3688	2	3700	8.7656	1	4.2376	1
1800	5.1995	1	3.934	2	3750	8.6426	1	4.3363	1
1850	5.6276	1	4.5487	2	3800	8.5171	1	4.4337	1
1900	6.0442	1	5.2107	2	3850	8.3903	1	4.5296	1
1950	6.4463	1	5.9194	2	3900	8.2622	1	4.6241	1
2000	6.8313	1	6.6728	2	3950	8.1328	1	4.7171	1
2050	7.1969	1	7.4688	2	4000	8.0026	1	438086	1
2100	7.5416	1	8.3051	2	4100	7.7418	1	4.9872	1
2150	7.8641	1	9.1793	2	4200	7.4812	1	5.1600	1
2200	8.3615	1	1.0089	1	4300	7.2225	1	5.3268	1
2250	8.4389	1	1.1031	1	4400	6.9670	1	5.4878	1
2300	8.6904	1	1.2003	1	4500	6.6716	1	5.6430	1
2350	8.9180	1	1.3002	1	4600	6.4698	1	5.7926	1
2400	9.1218	1	1.4025	1	4700	6.2297	1	5.9367	1
2450	9.3020	1	1.5071	1	4800	5.9959	1	6.0754	1
2500	9.4595	1	1.6135	1	4900	5.7688	1	6.2088	1
2550	9.5948	1	1.7216	1	5000	5.5488	1	6.3372	1
2600	9.7086	1	1.8362	1	5100	5.3361	1	6.4607	1
2650	9.8025	1	1.9419	1	5200	5.1303	1	6.5794	1
2700	9.8772	1	2.0535	1	5300	4.9320	1	6.6936	1
2750	9.9327	1	2.1659	1	5400	4.7401	1	6.8033	1
2800	9.9712	1	2.2789	1	5500	4.5568	1	6.9088	1
2850	9.9933	1	2.3921	1	5600	4.3798	1	7.0102	1
2900	1.0000	0	2.5056	1	5700	4.2100	1	7.1076	1

续表

λT	$f(\lambda T)=f\times 10^{-q}$		$F(\lambda T)=F\times 10^{-p}$		λT	$f(\lambda T)=f\times 10^{-q}$		$F(\lambda T)=F\times 10^{-p}$	
	f	q	F	p		f	q	F	p
5800	4.0466	1	7.2013	1	9700	9.9386	2	9.0770	1
5900	3.8899	1	7.2913	1	9800	9.6285	2	9.0992	1
6000	3.7395	1	7.3779	1	9900	9.3307	2	9.1207	1
6100	3.5954	1	7.4611	1	10000	9.0441	2	9.1416	1
6200	3.4571	1	7.5411	1	10200	8.5016	2	9.1814	1
6300	3.3247	1	7.6180	1	10400	7.9980	2	9.2188	1
6400	3.1977	1	7.6920	1	10600	7.5301	2	9.2540	1
6500	3.0762	1	7.7632	1	10800	7.0954	2	9.2872	1
6600	2.9596	1	7.8316	1	11000	6.6909	2	9.3185	1
6700	2.8480	1	7.8975	1	11200	6.3143	2	9.3480	1
6800	2.7411	1	7.9609	1	11400	5.9632	2	9.3758	1
6900	2.6389	1	8.0220	1	11600	5.6358	2	9.4021	1
7000	2.5408	1	8.0807	1	11800	5.3301	2	9.4270	1
7100	2.4469	1	8.1373	1	12000	5.0445	2	9.4505	1
7200	2.3570	1	8.1918	1	12200	4.7775	2	9.4728	1
7300	2.2708	1	8.2443	1	12400	4.5276	2	9.4939	1
7400	2.1883	1	8.2944	1	12600	4.2936	2	9.5139	1
7500	2.1093	1	8.3436	1	12800	4.0744	2	9.5329	1
7600	2.0335	1	8.3906	1	13000	3.8687	2	9.5509	1
7700	1.9610	1	8.4360	1	13200	3.6757	2	9.5680	1
7800	1.8913	1	8.4797	1	13400	3.4944	2	9.5843	1
7900	1.8247	1	8.5218	1	13600	3.3240	2	9.5998	1
8000	1.7607	1	8.5625	1	13800	3.1638	2	9.6145	1
8100	1.6995	1	8.6017	1	14000	3.0129	2	9.6285	1
8200	1.6406	1	8.6396	1	14200	2.8709	2	9.6419	1
8300	1.5847	1	8.6762	1	14400	2.7370	2	9.6546	1
8400	1.5300	1	8.7115	1	14600	2.6108	2	9.6667	1
8500	1.4781	1	8.7457	1	14800	2.4917	2	9.6783	1
8600	1.4283	1	8.7786	1	15000	2.3793	2	9.6893	1
8700	1.3805	1	8.8105	1	15200	2.2730	2	9.6999	1
8800	1.3345	1	8.8413	1	15400	2.1725	2	9.7100	1
8900	1.29047	1	8.8711	1	15600	2.0776	2	9.7196	1
9000	1.2479	1	8.8999	1	15800	1.9876	2	9.7288	1
9100	1.2073	1	8.9277	1	16000	1.9025	2	2	1
9200	1.1681	1	8.9547	1	16200	1.8219	2	2	1
9300	1.1300	1	8.9808	1	16400	1.7454	2	2	1
9400	1.0943	1	9.0060	1	16600	1.6729	2	2	1
9500	1.0596	1	9.0304	1	16800	1.6040	2	2	1
9600	1.0260	1	9.0541	1	17000	1.5387	2	2	1

续表

λT	$f(\lambda T)=f\times 10^{-q}$		$F(\lambda T)=F\times 10^{-p}$		λT	$f(\lambda T)=f\times 10^{-q}$		$F(\lambda T)=F\times 10^{-p}$	
	f	q	F	p		f	q	F	p
17200	1.4766	2	2	1	18800	1.0771	2	2	1
17400	1.4176	2	2	1	19000	1.0371	2	2	1
17600	1.3615	2	2	1	19200	9.9899	3	3	1
17800	1.3082	2	2	1	19400	9.6262	3	3	1
18000	1.2573	2	2	1	19600	9.2788	3	3	1
18200	1.2090	2	2	1	19800	8.9461	3	3	1
18400	1.1629	2	2	1	20000	8.6271	3	3	1
18600	1.1190	2	2	1					

2.3.2 计算举例

[例1] 已知某黑体的温度 $T=1000K$，求其峰值波长、光谱辐射度峰值、在 $\lambda=4\mu m$ 处光谱辐射出射度、3～5μm 波段的辐射出射度。

峰值波长：

根据维恩位移定律

$$\lambda_m = \frac{b}{T} = \frac{2898\mu m \cdot K}{1000K} = 2.898\mu m$$

光谱辐射度峰值：

根据维恩最大发射本领定律，有

$$M_{\lambda_m} = BT^5 = 1.2867\times 10^{-11}\times (1000)^5 = 1.2867\times 10^4 (W\cdot m^{-2}\cdot \mu m^{-1})$$

在 $\lambda=4\mu m$ 处的光谱辐射出射度为

$$M_\lambda = M_{4\mu m} = f(\lambda T)M_{\lambda_m} = f(\lambda T)BT^5$$
$$= f(4\times 1000)\times 1.2867\times 10^4$$
$$= 1.0297\times 10^4 (W\cdot m^{-2}\cdot \mu m^{-1})$$

在 $\lambda=3\sim 5\mu m$ 波段内的辐射出射度为

$$M_{3\sim 5\mu m} = [F(5\times 1000) - F(3\times 1000)]\sigma T^4$$
$$= (0.63372 - 27322)\sigma T^4$$
$$= 2.0441\times 10^4 (W\cdot m^{-2})$$

[例2] 已知人体的温度 $T=310K$（假设人体的皮肤是黑体），求其辐射特性。

（1）其峰值波长为

$$\lambda_m = \frac{b}{T} = \frac{2898}{310} = 9.4\mu m$$

（2）全辐射出射度为

$$M = \sigma T^4 = 5.67\times 10^{-8}\times 310^4 = 5.2\times 10^2 W/m^2$$

（3）处于紫外区，波长（0～0.4μm）的辐射出射度为

$$M_{0\sim 0.4} = [F(0.4\times 310) - 0]\sigma T^4 \approx 0$$

（4）处于可见光区，波长（0.4～0.75μm）的波长辐射出射度为

$$M_{0.4\sim0.75} = [F(0.75\times310) - F(0.4\times310)]\sigma T^4 \approx 0$$

（5）处于红外区，波长（0.75～∞）的辐射出射度为

$$M_{0.75\sim\infty} = [F(\infty\times110) - F(0.75\times310)]\sigma T^4 \approx M$$

[**例3**] 如太阳的温度 $T = 6000\text{K}$ 并认为是黑体，求其辐射特性

（1）其峰值波长为

$$\lambda_m = \frac{b}{T} = \frac{2898}{6000} = 0.48\mu m$$

（2）全辐射出射度为

$$M = \sigma T^4 = 5.67\times10^{-8}\times6000^4 = 7.3\times10^7\,\text{W/m}^2$$

（3）紫外区的辐射出射度为

$$M_{0\sim0.4} = [F(0.4\times6000) - 0]\sigma T^4 = 0.14M$$

（4）可见光区的辐射出射度为

$$M_{0.4\sim0.75} = [F(0.75\times6000) - F(0.4\times6000)]\sigma T^4 = 0.42M$$

（5）红外区的辐射出射度为

$$M_{0.75\sim\infty} = [F(\infty\times6000) - F(0.75\times6000)]\sigma T^4 = 0.44M$$

2.4 发射率和实际物体的辐射

黑体只是一种理想化的物体，而实际物体的辐射与黑体的辐射有所不同。为了把黑体辐射定律推广到实际物体的辐射，下面引入一个称为发射率的物理量，来表征实际物体的辐射接近于黑体辐射的程度。

物体的发射率（也称为比辐射率）是指该物体在指定温度 T 时的辐射量与同温度黑体的相应辐射量的比值。很明显，此比值越大，表明该物体的辐射与黑体辐射越接近。并且，只要知道了某物体的发射率，利用黑体的基本辐射定律就可找到该物体的辐射规律，或可计算出其辐射量。

2.4.1 各种发射率的定义

1. 半球发射率

辐射体的辐射出射度与同温度下黑体的辐射出射度之比称为半球发射率，分为全量和光谱量两种。

半球全发射率定义为

$$\varepsilon_h = \frac{M(T)}{M_b(T)} \tag{2-19}$$

式中　$M(T)$——实际物体在温度 T 时的全辐射出射度；
　　　$M_b(T)$——黑体在相同温度下的全辐射出射度。

半球光谱发射率定义为

$$\varepsilon_{\lambda h} = \frac{M_\lambda(T)}{M_{\lambda b}(T)} \tag{2-20}$$

式中　$M_\lambda(T)$——实际物体在温度 T 时的光谱辐射出射度；

$M_{\lambda b}(T)$——黑体在相同温度下的光谱辐射出射度。

由式（2-6）、式（2-7）及式（2-20），可以得到任意物体在温度 T 时的半球光谱发射率为

$$\varepsilon_{\lambda h}(T) = \alpha_\lambda(T) \tag{2-21}$$

由式（2-21）可见，任何物体的半球光谱发射率与该物体在同温度下的光谱吸收率相等。同理可得出物体的半球全发射率与该物体在同温度下的全吸收率相等，即

$$\varepsilon_h(T) = \alpha(T) \tag{2-22}$$

式（2-21）和式（2-22）是基尔霍夫定律的又一种表示形式，即物体吸收辐射的本领越大，其发射辐射的本领也越大。

2. 方向发射率

方向发射率也称为角比辐射率或定向发射本领。辐射体的辐射亮度与同温度下黑体的辐射亮度之比称为方向发射率。方向角 θ 为 0°的特殊情况称为法向发射率 ε_n，ε_n 也分为全量和光谱量两种。

方向全发射率定义为

$$\varepsilon(\theta) = \frac{L}{L_b} \tag{2-23}$$

式中 L 和 L_b 分别为实际物体和黑体在相同温度下的辐射亮度。因为 L 一般与方向有关，所以 $\varepsilon(\theta)$ 也与方向有关。

方向光谱发射率定义为

$$\varepsilon_\lambda(\theta) = \frac{L_\lambda}{L_{\lambda b}} \tag{2-24}$$

因为物体的光谱辐射亮度 L_λ 既与方向有关，又与波长有关，所以 $\varepsilon_r(\theta)$ 是方向角 θ 和波长 λ 的函数。

从以上各种发射率的定义可以看出，对于黑体，各种发射率的数值均等于 1，而对于所有的实际物体，各种发射率的数值均小于 1。几种常见材料的发射率如表 2.2 所列。

表 2.2 几种常见材料的发射率

材 料	温度/℃	发 射 率	材 料	温度/℃	发 射 率
金属及其氧化物			其他材料		
铝：抛光板材	100	0.05	砖：		
普通板材	100	0.09	普通红砖	20	0.93
铬酸处理的阳极化板材	100	0.55	碳：		
真空沉积的	20	0.04	烛烟	20	0.95
黄铜：			表面挫平的石磨	20	0.98
高度抛光的	100	0.03	混凝土	20	0.92
氧化处理的	100	0.61	玻璃		
用 80#粗金刚砂磨光的	20	0.20	抛光玻璃板	20	0.94
铜：			漆：		
抛光的	100	0.05	白漆	100	0.92
强氧化处理的	20	0.78	退光黑漆	100	0.97
金：			纸：		
高度抛光的	100	0.02	百胶膜纸	20	0.93

续表

材料	温度/℃	发射率	材料	温度/℃	发射率
铁:			氧化处理的	200	0.79
抛光的铸件	40	0.21	锡:		
氧化处理的铸件	100	0.64	镀锡薄铁板	100	0.07
锈蚀严重的板材	20	0.69	熟石膏:		
镁:			粗涂层	20	0.91
抛光的	20	0.07	砂:	20	0.90
镍:			人类的皮肤:	32	0.98
电镀抛光的	20	0.05	土壤:		
电镀不抛光的	20	0.11	干土	20	0.92
氧化处理的	200	0.37	含有饱和水	20	0.95
银:			水:		
抛光的	100	0.03	蒸馏水	20	0.96
不锈钢:			平坦的水	−10	0.96
18-8 型抛光的	20	0.16	霜晶	−10	0.98
18-8 型在 800℃下氧化处理的	60	0.85	雪	−10	0.85
钢:			木材:		
抛光的	100	0.07	刨光的栎木	20	0.90

2.4.2 物体发射率的一般变化规律

物体发射率的一般变化规律如下。

（1）对于朗伯辐射体，3 种发射率 ε_n、$\varepsilon(\theta)$ 和 ε_h 彼此相等。

① 对于电绝缘体，$\varepsilon_h/\varepsilon_n$ 在 0.95～1.05 之间，其平均值为 0.98。对于这种材料，在 θ 角不超过 65°或 70°时，$\varepsilon(\theta)$ 与 ε_n 仍然相等。

② 对于导电体，$\varepsilon_h/\varepsilon_n$ 在 1.05～1.33 之间，对大多数磨光金属，其平均值为 1.20，即半球发射率比法向发射率约大 20%，当 θ 角超过 45°时，$\varepsilon(\theta)$ 与 ε_n 差别明显。

（2）金属的发射率是较低的，但它随温度的升高而增高，并且当表面形成氧化层时，可以成 10 倍或更大倍数地增高。

（3）非金属的发射率要高些，一般大于 0.8，并随温度的增加而降低。

（4）金属及其他非透明材料的辐射，发生在表面几微米内，因此发射率是表面状态的函数，而与尺寸无关。据此，涂敷或刷漆的表面发射率是涂层本身的特性，而不是基层表面的特性。对于同一种材料，由于样品表面条件的不同，因此测得的发射率值会有差别。

（5）介质的光谱发射率随波长变化而变化，如图 2.6 所示。在红外区域，大多数介质的光谱发射率随波长的增加而降低。在解释一些现象时，要注意此特点。例如，白漆和涂料 TiO_2 等在可见光区有较低的发射率，但当波长超过 $3\mu m$ 时，几乎相当于黑体。用它们覆盖的物体在太阳光下温度相对较低，这是因为它不仅反射了部分太阳光，而且几乎像黑体一样的重新辐射所吸收的能量。而铝板在直接太阳光照射下，相对温度较高，这是由于它在 $10\mu m$ 附近有相当低的发射率，因此不能有效地辐射所吸收的能量。

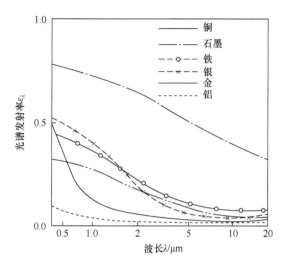

图 2.6 各种材料的光谱发射率

应该注意的是，不能完全根据眼睛的观察去判断物体发射率的高低。譬如对雪来说，雪的发射率是较高的。但是，根据眼睛的判断，雪是很好的漫反射体，或者说它的反射率高而吸收率低，即它的发射率低。其实，雪处在这个 0℃ 下的黑体峰值波长为 10.5μm，且整个辐射能量的 98%处于 3~70μm 的波段内。而人眼仅对 0.5μm 左右的波长敏感，不可能感觉到 10μm 处的情况，所以眼睛的判断是无意义的。太阳可看作 6000K 的黑体，其峰值波长为 0.5μm，且整个辐射能量的 98%处于 0.15~3μm 波段内，因此，被太阳照射的雪，吸收了 0.5μm 波段的辐射能，而在 10μm 的波段上重新辐射出去。

2.5 辐射效率和辐射对比度

2.5.1 辐射效率

从工程设计的角度看，人们往往感兴趣的是热辐射产生的效率。尽管大多数红外系统都是针对非合作目标设计的，如飞机、导弹、地面装备和人员得搜索系统等。但是，当考虑把系统用于两个合作装置时，如一架飞机与另一架加油机的合作，则系统可以由载在一个飞行器上的红外装置去搜索和跟踪另一个飞行器上所载的信标组成。此时系统设计的一个关键问题就是要有效地利用工作信标的极限功率。假设所研究的系统工作在单一的波长上，在信标所考虑的工作范围内数日功率装换成辐射通量的效率是常数。那么，问题就归结为恰当地选择信标的工作温度，已使系统工作效率最高。直观上来看，我们也许会认为：目标的工作温度可以通过维恩位移定律来选定，使其光谱分布曲线的峰值工作波长相一致。但是，从下面的讨论我们会看出，这样的温度选择，从工程设计的角度来看，并不是最佳的。

将辐射源的特定波长上的光谱辐射效率定义为

$$\eta = \frac{M_\lambda}{M} = \frac{c_1}{\lambda^5} \frac{1}{e^{c_2/\lambda T}-1} \frac{1}{\sigma T^4} \tag{2-25}$$

这样，系统设计的问题就成为确定效率最高时所对应的温度。这可由 $d\eta/dT=0$ 来确定，通过这样的数学运算可得

$$\frac{xe^x}{4} - e^x + 1 = 0$$

仍用逐次逼近的方法，可得

$$x = \frac{c_2}{\lambda T} = 3.92069$$

最后得到效率最高，波长与温度所满足的关系为

$$\lambda_e T_e = 3669.73 \mu m \cdot K \tag{2-26}$$

式（2-26）说明，对于辐射源辐射功率固定的情况，在指定波长 λ_e 处，存在一个最佳的温度，在此温度下，在 λ_e 上产生的辐射效率最高。

为了与维恩位移定律 $\lambda_m T_m = 2898$ 相区别，式（2-26）给出的值称为工程最大值。对于同一波长，T_e 与 T_m 有以下关系：

$$T_e = \frac{3669}{2898} T_m = 1.266 T_m \tag{2-27}$$

由式（2-27）可见，工程最大值的温度比维恩位移定律的最大值温度要高 26.6%。

上述两个温度的不同，可用热辐射治疗人体组织的例子来加以说明：皮肤在 1.1μm 处相对透明的，但是由于热效应限制了入射在皮肤上总辐射功率的大小。因此，在不超过皮肤所允许的总辐射功率的情况下，在 1.1μm 上产生最大光谱辐射出射度的相应温度是 2630K。在工程的最大值相应温度 3360K，这样，工程最大值温度比维恩位移定律最大值温度在 1.1μm 上产生的辐射出射度要高 11.6%，如图 2.7 所示。

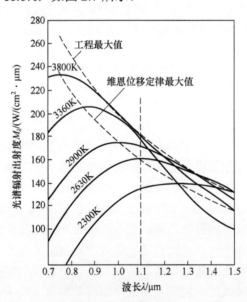

图 2.7 工程最大值温度与维恩位移定律最大值的比较

2.5.2 辐射对比度

用热像仪来观察背景中的目标，当目标和背景的温度近似相同或者说目标和背景的辐射出射度差别不大时，探测起来就很困难。为描述目标和背景辐射的差别，引入辐射对比度这个量。

辐射对比度定义为目标和背景辐射出射度之差与背景辐射出射度之比，即

$$C = \frac{M_T - M_B}{M_B} \qquad (2\text{-}28)$$

式中 M_T——目标在 $\lambda_1 \sim \lambda_2$ 波长间隔的辐射出射度；

M_B——背景在 $\lambda_1 \sim \lambda_2$ 波长间隔的辐射出射度。

现在来讨论能否通过选择合适的系统光谱通带来获得最大的辐射对比度。下面的计算可回答这个问题。

首先计算波长从 $0 \sim \infty$ 全波带的对比度。设背景温度为 300K，目标温度为 310K，目标和背景均视为黑体。因为 $M = \sigma T^4$，所以 $\partial M / \partial T = 4\sigma T^4$，当 ΔT 很小时，有

$$C_{0\sim\infty} = \frac{M_T - M_B}{M_B} = \frac{\Delta M}{M} = \frac{(\partial M / \partial T)\Delta T}{M} = \frac{4\sigma T^3 \Delta T}{\sigma T^4} = \frac{4\Delta T}{T} = \frac{4 \times 10}{300} = 0.133$$

然后计算出常用的两个波带 $3.5 \sim 5\mu m$ 和 $8 \sim 14\mu m$ 的对比度：$C_{3.5\sim 5\mu m} = 0.413$，$C_{8\sim 14\mu m} = 0.159$。根据以上计算的结果可以看出，3 种情况的对比度都比较差，且宽带的对比度比窄带的更差。

在表征热成像系统的性能时，常把光谱辐射出射度与温度的微分 $\partial M/\partial T$ 称为热导数。因为在 $e^{c_2/(\lambda T)} \gg 1$ 的情况下，普朗克公式的热导数为

$$\frac{\partial M_\lambda}{\partial T} = \frac{\partial}{\partial T}\left[\frac{c_1}{\lambda^5}\frac{1}{e^{c_2/(\lambda T)}-1}\right] = \frac{c_1}{\lambda^5}\frac{e^{c_2/(\lambda T)}\frac{c_2}{\lambda T^2}}{(e^{c_2/(\lambda T)}-1)^2} \approx M_\lambda \frac{c_2}{\lambda T^2} \qquad (2\text{-}29)$$

所以，辐射出射度与温度的微分关系为

$$\frac{\Delta M_{\lambda_1\sim\lambda_2}}{\Delta T} = \int_{\lambda_1}^{\lambda_2}\frac{\partial M_\lambda}{\partial T}d\lambda = \int_{\lambda_1}^{\lambda_2} M_\lambda \frac{c_2}{\lambda T^2}d\lambda \qquad (2\text{-}30)$$

因为对比度对温度的变化率与 $\Delta M_{\lambda_1\sim\lambda_2}/\Delta T$ 相对应，所以为求得对比度，只要求得 $\Delta M_{\lambda_1\sim\lambda_2}/\Delta T$ 即可。如表 2.3 所示，给出了常用波段带在几种温度下的 $\Delta M_{\lambda_1\sim\lambda_2}/\Delta T$ 值。

表 2.3 几种波段的 $\Delta M_{\lambda_1\sim\lambda_2}/\Delta T$ 值　　　　　单位：$(W/(m^2 \cdot K))$

$\Delta M_{\lambda_1\sim\lambda_2}/\Delta T$ 波段		$\frac{\Delta M_{\lambda_1\sim\lambda_2}}{\Delta T} = \int_{\lambda_1}^{\lambda_2}\frac{\partial M_\lambda}{\partial T}d\lambda$			
$\lambda_1/\mu m$	$\lambda_2/\mu m$	$T=280K$	$T=290K$	$T=300K$	$T=310K$
3	5	1.10×10^{-1}	1.54×10^{-1}	2.10×10^{-1}	2.81×10^{-1}
3	5.5	2.10×10^{-1}	2.73×10^{-1}	3.62×10^{-1}	4.72×10^{-1}
3.5	5	1.06×10^{-1}	1.47×10^{-1}	2.00×10^{-1}	2.65×10^{-1}
3.5	5.5	1.97×10^{-1}	2.66×10^{-1}	$3.52\times 10^{10-1}$	4.57×10^{-1}
4	5	9.18×10^{-2}	$1.26\times 10^{10-1}$	$1.69\times 10^{10-1}$	2.23×10^{-1}
4	5.5	1.83×10^{-1}	2.45×10^{-1}	3.22×10^{-1}	4.14×10^{-1}
8	10	8.47×10^{-1}	9.65×10^{-1}	1.09	1.21
8	12	1.58	1.77	1.97	2.17
8	14	2.15	2.38	2.62	2.86
10	12	7.341×10^{-1}	8.08×10^{-1}	8.81×10^{-1}	9.55×10^{-1}
10	14	1.30	1.42	1.53	1.65×10^{-1}
12	14	5.67×10^{-1}	6.10×10^{-1}	6.52×10^{-1}	6.92×10^{-1}

图 2.8 给出了 $\partial M_\lambda / \partial T = \partial T \sim \lambda T$ 关系曲线。从图中可以看出，曲线有一峰值。可以采用推导维恩位移定律的方法求得光谱辐射出射度变化率的峰值波长 λ_c 与绝对温度 T 的关系为

$$\lambda_c T = 2411 \tag{2-31}$$

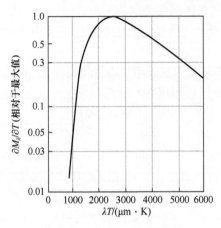

图 2.8 $\partial M_\lambda / \partial T - \lambda T$ 关系曲线

由于辐射的峰值波长 λ_m 满足 $\lambda_m T = 2898$（μm·K），因此最大对比度的波长 λ_c 与辐射峰值波长 λ_m 的关系满足

$$\lambda_c = \frac{2411}{2898}\lambda_m = 0.832\lambda_m \tag{2-32}$$

300K 是通常地面背景的温度，其 λ_c 近似为 8μm。所以，在不考虑其他因素的情况下，热像仪观察地面目标时，采用 8～14μm 波段最为理想。

小 结

本章主要介绍了基尔霍夫定律、黑体及其辐射定律、实际物体发射率等基本概念及其应用，举例说明了利用黑体辐射函数表计算黑体及实际物体的辐射量方法，给出了辐射效率和辐射对比度的基本概念及应用。

习 题

1. 在室温，绿色玻璃强烈的吸收红光，但是辐射出的红光却很少，这是否违反基尔霍夫定律？
2. 普朗克公式说明的是什么规律？有何意义？
3. 什么是吸收本领和发射本领？他们之间的关系如何？
4. 简述普雷夫小实验。
5. 从理论和结构两方面论述，什么是黑体？并说明黑体的主要作用？
6. 一个不透明的平面上接收到一束辐射后，一般分为哪几个部分？它们之间的关系如何？
7. 简述物体发射率的基本定义，并解释什么是半球发射率，什么是方向发射率，举例说明发射率都与哪些因素有关。

8. 什么是物体的辐射温度、亮温度、色温度？

9. 当黑体温度为 1000K 时，试计算：

（1）黑体辐射的峰值波长；

（2）黑体的最大辐射出射度；

（3）黑体的全辐射出射度。

10. 已知太阳常数为 135mW/cm^2，并假设太阳的辐射接近于黑体辐射，试求太阳的表面温度。已知太阳的直径为 1.392×10^9m，平均日地距离为 1.496×10^{11}m。

11. 已知黑体温度为 350K，试求：

（1）在 3~5μm 波段的辐射出射度；

（2）在 8~14μm 波段的辐射出射度；

（3）在波长 10μm 处的光谱辐射出射度；

（4）8~14μm 波段的辐射占全辐射的比例。

12. 如果太阳的表面温度约为 5762K，半径为 6.96×10^5km，火星与太阳的平均距离为 2.77×10^8km，若把太阳看出黑体，求在火星上产生的平均辐射照度。

13. 热核爆炸中火球的瞬间温度达 10^7K，如果按黑体辐射理论处理，试计算：

（1）辐射的峰值波长；

（2）辐射亮度。

14. 某型号喷气式飞机，单个尾喷口直径为 50cm，尾喷口等效为发射率为 0.9 的灰体，尾喷口里的温度为 700K，试求：

（1）单个尾喷口的辐射出射度；

（2）单个尾喷口的辐射亮度；

（3）如果 4 台发动机全部处于视场之内，假设平均大气透过率为 0.7，则 4 个尾喷口的有效辐射强度为多少？

15. 已知飞机尾喷口的辐射出射度为 2W/cm^2，如果它等效于发射率为 0.9 的灰体，飞机尾喷口的直径为 60cm，试求在与喷口相距为 6km 处用直径为 30cm 的光学系统所接收的辐射通量（已知平均大气透过率为 0.8）。

16. 某型号坦克经过一段时间开启后，其表面温度为 400K，有效辐射面积为 1m^2，假设其蒙皮发射率为 0.9，试求：

（1）辐射的峰值波长；

（2）最大辐射出射度；

（3）4~13μm 波段的辐射出射度；

（4）全辐射出射度；

（5）全辐射通量；

（6）3~20μm 的辐射占总辐射的比例。

17. 猎户星中左角最大的一颗星的亮度是太阳亮度的 17000 倍，如果太阳表面的温度为 6000K，试计算该星的表面温度。

18. 某型号飞机单个尾喷口有效发射率为 ε，喷口面积为 A，工作温度为 T，在与轴线成 θ 角的方向上探测器看到 n 台发动机，试计算在波长 $\lambda_1\sim\lambda_2$ 的范围内探测器所观察到的辐射亮度。

第 3 章　红外辐射源

自然界的所有物质都发出红外辐射，是天然的辐射源。人们为了达到某些应用目的而制作的辐射源称为人工辐射源。这些辐射源在红外技术的应用中起着非常重要的作用。本章介绍各类辐射源的基本原理和常用辐射源的实际应用。

学习目标：
掌握红外辐射源的作用和分类；掌握利用空腔辐射理论计算实际物体发射率的基本方法；掌握各种辐射源在军事及国民上的应用。

本章要点：
1. 红外辐射源的作用及分类（包括标准辐射源、工业辐射源、军事辐射源、激光辐射源、同步辐射源及红外微辐射源等）；
2. 空腔辐射理论及实际物体发射率计算的基本方法；
3. 各种辐射源在军事及国民上的应用等。

3.1　红外辐射源的作用和分类

红外辐射源是一个含义非常广泛的概念，在不同的观察角度上有不同的分类方法。理论上，任何能发出红外波段电磁波的物质都可以认为是红外辐射源。根据前两章的内容可知，自然界所有的物质都会发出红外辐射，只是波长、强度等特性有所不同而已。但是把所有物质都定义为红外辐射源显然是没有意义的。通常把自然界的物体归结为天然辐射源或自然辐射源，而真正意义上的红外辐射源，是人们为了达到某种应用目的而制作的、有特定的辐射特性的红外辐射装置或器件。如果不考虑人眼的特性，对红外辐射源的研究已经涵盖了从可见光甚至紫外波段开始的，很宽的波长范围。

从"光是电磁波"的角度看，光学领域所研究的波长范畴从极紫外一直延伸到极远红外，这一段电磁波的辐射也统称为发光。从发光机理考虑，在红外物理中通常把辐射和发光分开来处理，其主要判据就是基尔霍夫定律。狭义的"光源"一般指的是可见光范围内的辐射，"红外辐射源"则指的是可见光范围以外的红外辐射。所以有些参考书把红外辐射源归结到"光源"中，而多数参考书都是在红外辐射源部分讲述了可见光光源。可见光光源种类繁多，各有不同的光谱特性，除了作为照明光源以外，利用这些光谱特征做各种研究和测试，也是红外技术领域研究的内容。

辐射源可以从机制上分类，也就是根据辐射能量的来源不同进行分类，主要可以分为热致发光、光致发光、电致发光、生物发光、化学发光和射线发光几种情况，如图 3.1 所示。

也可以从辐射特性上进行分类。不同辐射源主要从光谱分布特性、空间分布特性、温度特性、偏振特性及光子统计分布特性几个主要方面。对于人工辐射源来讲，还关心辐射源的可控性和稳定性。

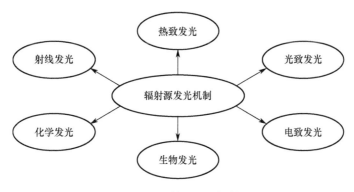

图 3.1　辐射源发光机制

在实际的应用中，人们通常是根据辐射源的不同特性而进行具体的选择性应用，例如照明时比较关心辐射源的空间分布特性和光谱分布特性，化学分析则比较关心辐射源的光谱分布特性，光通信上比较关心辐射源的光谱分布特性和可控性，加热时则比较关心辐射源的温度特性，其他一些特殊的检测方面还关心辐射源的偏振特性和光子统计分布特性，尤其是激光作为辐射源时，在光子统计分布特性上表现出了高度序化的相干性。

光谱分布特性是辐射源最重要的一个性质，主要反映了辐射源能量中不同频率电磁波成分的分布情况。根据光谱分布特性可以把光源进行谱段划分，例如可以分为紫外光源、可见光源、近红外光源、中远红外光源。还可以按照谱段范围特征分成宽带光源和窄带光源，连续谱光源和分立谱光源，从色域角度也可以分为复色光源、准单色光源或单色光源。

热致发光是红外辐射源中较为常用的应用之一，这种红外辐射源的温度特性非常明显。热致发光红外辐射源自身是一个高温体，通常可以利用燃烧加热或是通电加热来实现，因为电能的可控性很好，所以最常用的是采用电能注入的方式产生高温红外辐射源，这类光源通常也被称为白炽灯，科技词典中将这种辐射源定义为电流加热发光体至白炽状态而发光的电光源。白炽灯的发展史是提高灯泡发光效率的历史。19世纪后半叶，人们就开始试制用电流加热真空中灯丝的白炽电灯泡。1879年，美国的T.A.爱迪生制成了碳化纤维（碳丝）白炽灯，率先将电光源送入家庭。1907年，A.贾斯脱发明拉制钨丝，制成钨丝白炽灯。随后不久，美国的I.朗缪尔发明螺旋钨丝，并在玻壳内充入惰性气体氮，以抑制钨丝的蒸发；1915年发展到充入氩氮混合气。1912年，人们为使灯丝和气体的接触面尽量减小，将钨丝从单螺旋发展成双螺旋，发光效率有很大提高。1935年，有人在灯泡内充入氪气、氙气，进一步提高了发光效率。1959年，在白炽灯的基础上发展了体积和光衰极小的卤钨灯。目前，基于钨丝的热光辐射源各个工艺环节都非常成熟，在各种应用领域中发挥作用。由于其光谱辐射特性为连续光谱，常用于400~780nm可见光谱区作为可见光源。并且其光谱有效区域能够延伸至3μm，故也被用作近红外区的光源。

自然界中的物质靠自身温度发出辐射，成为天然辐射源。比较典型的如太阳和其他星球、地面景物、大气等，一直是人们关心的，并作为研究的对象不断地被探测、分析和应用。

随着红外技术的快速发展，人们根据越来越多的应用目的，不断研究出新型的人工辐射源，在国防、工业、医疗、科研等各个领域发挥了巨大的作用。这些为了某种应用目的或解决某些工程问题而制作的辐射源可以称为工程辐射源，有如下一些种类。

3.1.1 标准辐射源

标准型辐射源是人工辐射源中的一类，主要有黑体源、能斯特灯、硅碳棒等。因为它们有连续和规则的光谱分布，从理论上能够精确地计算出能量或强度，因此可以作为标准，进行很多辐射测量方面的工作。

其中黑体源是最为标准的红外辐射源，能够较严格地遵从普朗克定律，通常用于标定其他辐射源的强度、测试各类辐射探测器的特性参数、测试红外系统的参数、测试大气或其他物质对辐射的吸收和透过特性等。

能斯特灯和硅碳棒光谱范围宽，主要用于红外分光光度计中作为中长波的红外光源。

3.1.2 军事应用辐射源

红外技术最早的起源和目前的主要应用仍然大部分是在军事领域，人们对红外辐射源的研究和制作从未间断。随着武器装备的发展，人工辐射源越来越发挥出出重要作用。

为测试红外系统的性能参数而制作的红外辐射源是人工辐射源的重要一类。实验室测试时需要制作与探测对象特性吻合的辐射源，以供仿真实验使用。外场测试时则需要制作大尺寸的红外靶标或模拟红外目标，能够在实际作用距离下对红外系统进行测试。

随着信息对抗技术的不断发展，红外对抗所占的比例也越来越大。这方面的人工辐射源主要有红外伪装、假目标、诱饵弹等。红外伪装是改变或削弱自己一方武器装备的红外辐射特性或强度，使对方的红外探测设备难以发现，达到保护自己的目的。假目标是在体积、形状和辐射特性方面与真实目标十分相像的红外辐射源，目的是迷惑对方或致使对方进行错误攻击。诱饵弹是飞行器、舰船等装备在受到红外制导的导弹攻击时发射的红外辐射源，辐射强度大，可诱使导弹对其进行误打击，保护目标。

如果把红外系统需要探测的对象称为"目标"，观察视场中其他物体的辐射就成为了背景辐射，这就是在红外探测技术中所说的"目标"和"背景"的概念。

3.1.3 工业应用辐射源

工业用的红外辐射源有很多种类，通常是选用发射率高的结构和材料制作，在耗费相同能源情况下可以获得更大的辐射能量，主要特点是节约能源，因此被广泛利用。

当红外线照射到某一物体时：一部分被吸收；另一部分被反射。吸收的那一部分能量就转化为分子的热运动，使物体温度升高，达到加热干燥的目的。

主要应用之一是辐射加热，用于干燥粮食、烘烤食品、喷漆烘干等。还有一类的炉具、灶具、取暖设备等，主要涉及的问题是高发射率材料、选择性辐射率的材料及应用。

3.1.4 激光辐射源

由于激光器与普通光源相比具有方向性好、亮度高、单色性好等几个优点，作为一类特殊光源，越来越成为科学研究和现代化生产中不可缺的重要组成部分。而激光器性能的提高如：激光输出波长的多样化、超大功率的实现、寿命的延长、体积的减小及维修的简便化无疑又促进了激光器在科学研究、军事、工业加工、检测等各个领域的推广和应用。

3.1.5 同步辐射源

同步辐射是速度接近光速的带电粒子在磁场中沿弧形轨道运动时放出的电磁辐射，是具有从远红外到 X 光范围内的连续光谱、高强度、高度准直、高度极化、特性可精确控制等优异性能的脉冲光源，可以用以开展其他光源无法实现的许多前沿科学技术研究。

为满足越来越多的研究需求，许多同步辐射装置都建造或计划建造红外光束线和实验站，开展的研究领域有：显微光谱和成像、高压研究、高分辨分子谱、凝聚态的远红外光谱、表面科学等。我国也建立了同步辐射实验室，建造了一条红外光束线和实验站，主要进行中红外区光谱的研究。同时建立显微光谱和成像实验站，目的在于开展远红外、太赫兹区谱学和红外显微光谱和成像的研究。

3.1.6 红外微辐射源

由于微电子技术、微机械加工技术、纳米技术的迅速发展，红外气体传感器的主要技术也在现有的基础上有了很大的延伸和提高，一种高精度、低功耗、重量和体积小的微电子机械系统（MEMS）的红外气体传感器开始出现，而且正吸引着越来越多的目光红外光源的性能很大程度上决定了红外传感器的质量，而传统的红外探测中，红外灯泡加机械斩波器的光源调制模式已远不能满足仪器小型化发展趋势的需要，研制成本低廉、性能优良的电调制红外辐射源，成为了红外传感体系的研究热点。

3.2 自然辐射源

凡是温度在绝对零度以上的物体每时每刻都在发出红外辐射，而在宇宙中，绝对零度是不可能达到的，所以自然界所有的物质都会发出红外辐射，只是波长、强度等特性有所不同。通常把自然界的物体归结为天然辐射源或自然辐射源。比较典型的如太阳和其他星球、地面景物、大气等，一直是人们关心的，并被作为研究的对象不断地被探测、分析和应用。

3.2.1 太阳辐射

当我们讨论天然辐射源时，首先应该注意到的就是太阳。无论过去还是现在，太阳对人类来说，无疑是最重要的辐射源。太阳是与我们的生活息息相关的，它不但是人类赖以生存的能量源泉，也是最大和最实用的光源，人的视觉功能的进化也直接受到太阳的影响。

太阳可以看成是一个直径为 $1.39×10^6$ km、质量为 $2.2×10^{30}$ kg 的炽热的等离子气体球，离地球的平均距离为 $1.496×10^4$ km 的发光球体，是距地球最近、与地球关系最密切的一颗恒星。太阳也在不断地自转和公转。从地球上看，地球绕太阳逆时针旋转，其运行轨道接近椭圆形，而太阳所居位置有所偏心，因此太阳与地球之间的距离逐日在变化。1月1日两者的距离最近，约 $1.47×10^8$ km，7月1日两者的距离最远，约为 $1.53×10^8$ km。太阳表面的温度大约为 6000K，而其内部温度可 $8×10^6～4×10^7$ K，其密度约为水的 80～100 倍，压力也极大，约为 2000atm。太阳的组成物质主要为氢和氦。在高温高压下，太阳内部不停顿地进行着热核反应，并一刻不停地以电磁波（太阳辐射）的形式向宇宙空间发射，功率高达 $3.8×10^{26}$ W。尽管只有 20 亿万分之一到达地球大气层外，也高达 $1.73×10^{17}$ W。由于穿越大气层时的衰减，最后约有 47%，即 $8.1×10^{16}$ W 到达地球表面。太阳发射波长从 10^{-14} m 的 γ 射线到 100m 的无线电波。太阳不同波长辐射的能量大小是不同的,其中可见光的辐射能量最大(能量峰值的波长为 0.48μm),接近于 6000K 的黑体辐射能量。可见光和红外部分的能量占太阳总能量的 90%以上。

太阳辐射(solar radiation)又称为短波辐射,是指太阳向宇宙空间发射的电磁波和粒子流,其能量主要集中在短于 4μm 波长范围内的辐射,太阳源源不断地以电磁波的形式向四周放射能量。自然界中的物体温度越高,其辐射波的波长就越短,由于太阳表面的温度很高,大约是 6000K,所以太阳辐射以短波为主,而且能量巨大。太阳每秒损失 400 万吨的质量,变为能量射向宇宙空间,虽然地球可以捕捉到的能量只有其 22 亿分之一,但却是地球大气运动的主要能量源泉,每分钟仍可以得到相当于 4 亿吨烟煤的热量,所以说太阳辐射对地球和人类的影响是非常大的。其一,对地理环境的影响。如岩石受到温度的变化影响而产生风化。地球上的大气、水、生物是地理环境要素,它们本身的发展变化以及各要素之间的相互联系,大部分是在太阳的驱动过程中完成的。其二,太阳辐射为我们的生产和生活提供能量。人们对太阳辐射作用最直接的感受来自于它是人们生产和生活的主要能源。如植物的生长需要光和热,晾晒衣服需要阳光,工业上大量使用的煤、石油等化石燃料是太阳能转化来的,被称为储存起来的太阳能。

太阳辐射通过大气,一部分到达地面,称为直接太阳辐射;另一部分为大气的分子、大气中的微尘、水汽等吸收、散射和反射。被散射的太阳辐射一部分返回宇宙空间;另一部分到达地面,到达地面的这部分称为散射太阳辐射。到达地面的散射太阳辐射和直接太阳辐射之和称为总辐射。太阳辐射通过大气后,其强度和光谱能量分布都发生变化。到达地面的太阳辐射能量比大气上界小得多,在太阳光谱上能量分布在紫外光谱区几乎绝迹,在可见光谱区减少 40%,而在红外光谱区增至 60%。

太阳的辐射基本上遵从温度辐射定律,其连续光谱中的能量分布依赖于它的绝对温度,并且通常认为它接近于 6000K 的黑体的能量分布,只是有一些夫琅和费暗线,这产生于太阳大气的自吸收。太阳能的波长分布可以用一个黑体辐射来模拟,黑体的温度为 6000K,如图 3.2 所示。太阳能波长分布在紫外光、可见光和红外光波段。这些波段受大气衰减的影响程度各不相同。可见光辐射的大部分可到达地面,但是上层大气中的臭氧却吸收了大部分紫外光辐射。

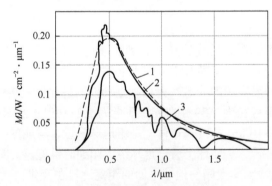

图 3.2　温度为 6000K 的绝对黑体
1—以及太阳在大气外;2—和在海平面上;3—的辐射出射度光谱分布。

3.2.2　地面辐射

地球表面在吸收太阳辐射的同时,又将其中的大部分能量以辐射的方式传送给大气。地表面这种以其本身的热量日夜不停地向外放射辐射的方式,称为地面辐射。

由于地表温度比太阳低得多（地表面平均温度约为 300K），因而，地面辐射的主要能量集中在 1~30μm 之间，其最大辐射的平均波长为 10μm，属中红外区间，与太阳短波辐射相比，称为地面长波辐射。

地面的辐射能力，主要决定于地面本身的温度。由于辐射能力随辐射体温度的增高而增强，所以，白天，地面温度较高，地面辐射较强；夜间，地面温度较低，地面辐射较弱。根据辐射强度的关系，地面温度增高时，地面辐射增强，如其他条件（温度、云况等）不变，则地面有效辐射增大。空气温度高时，大气逆辐射增强，如其他条件不变，则地面有效辐射减小。空气中含有水汽和水汽凝结物较多，则因水汽放射长波辐射的能力比较强，使大气逆辐射增强，从而也使地面有效辐射减弱。天空中有云，特别是有浓密的低云存在，大气逆辐射更强，使地面有效辐射减弱得更多。所以，有云的夜晚通常要比无云的夜晚暖和一些。云被的这种作用，也称为云被的保温效应。人造烟幕所以能防御霜冻，其道理也在于此。

地面的辐射是长波辐射，除部分透过大气奔向宇宙外，大部分被大气中水汽和二氧化碳所吸收，其中水汽对长波辐射的吸收更为显著。因此，大气，尤其是对流层中的大气，主要靠吸收地面辐射而增热。到达地面的太阳辐射主要受大气层厚度的影响。大气层越厚，对太阳辐射的吸收、反射和散射就越严重，到达地面的太阳辐射就越少。此外，大气的状况和大气的质量对到达地面的太阳辐射也有影响。

根据地表构成不同，现实中的复杂地表可大致分为光裸地表、人造材质地表和植被地表 3 类。光裸地表包括沙地、河流等；人造材质地表包括高速公路、机场跑道等；而植被地表则包括草地、农作物、丛林等。对于一定的地表而言，其表面构成是确定的。只要知道地表温度，就可以计算出地表的红外辐射情况。地表温度是地球、太阳、大气相互作用的结果。影响自然地表温度的因素很多，短波吸收率、长波发射率、太阳辐照度、大气温度、空气湿度、风速和周围环境等。归根结底，地表与环境之间总是存在辐射、对流和热传导 3 个基本的换热过程。通过分析这些热过程，可得出地表温度的变化规律，进一步得出地表的红外辐射规律。

白昼，地表面的辐射由反射和散射的太阳光和自身热辐射组成。辐射的光谱特性有两个最大值：一个在 $\lambda=0.5\mu m$ 波长处（太阳辐射）；另一个在 $\lambda=10\mu m$ 波长处（相当于 280K 表面温度的自身辐射）。其中最小值在 3.5μm 波长处。当 $\lambda<4\mu m$ 时，大部分辐射出自于太阳的反射辐射，其强度取决于太阳的位置、云量和地壳的反射系数。0.4~0.7μm 和 0.7~1μm 波段某些地表覆盖物反射系数的平均值分别如表 3.1 和表 3.2 所列。

表 3.1　0.4~0.7μm 波段某些地表覆盖物反射系数平均值

覆盖物种类	覆盖物反射系数	
	干	湿
黄砂	0.31	0.18
黏土	0.15	0.08
绿草	0.14	0.09
黑土	0.07	0.05
混凝土	0.17	0.10
沥青	0.10	0.07
雪	0.78	—

表 3.2　0.7～1μm 波段某些地表覆盖物反射系数平均值

覆盖物种类	覆盖物反射系数
绿叶	0.44
干叶	0.46
枫叶（压平）	0.53
绿叶（多）	0.43
绿色针叶树枝	0.30
干草	0.41
各种砂	0.37～0.43
树皮	0.22～0.43

在天黑以后和夜间，远处地表面的反射辐射就观察不到，随着黎明的到来，辐射增强，而当太阳光线方向和观察方向重合时达到最大值。日落后，辐射又迅速减弱。当 λ 大于 $4\mu m$ 时，地面背景光谱辐射曲线与相同温度下的黑体辐射曲线近似一致。该辐射受大气强烈吸收，只有在 $8\sim 14\mu m$ 的大气窗口才能无阻碍的通过。

地表面的自身热辐射取决于它的辐射系数和温度。某些地面覆盖物辐射系数的平均值分别如表 3.3 和表 3.4 所列。至于地表面的温度，根据不同的自然条件其变化范围为 $-40\sim 40℃$。波长小于 $3\mu m$ 的自身热辐射强度较小。$3\sim 4\mu m$ 之间既有散射辐射也有自身辐射，而且根据观察条件而使其某种辐射站优势。当 $\lambda<3\mu m$ 时，接近地平线的地面和天空的亮度彼此接近；当 $\lambda>4\mu m$ 时，在吸收不很强的光谱范围内，低于地平线若干度观测时，地球亮度一般大于高于地平线若干度观测时的天空亮度。

表 3.3　某些地面覆盖物辐射系数的平均值

绿草	稀草	红褐地	土壤	黑土	砂	石灰石	砾石	雪	黏土	水面	针叶
0.97	0.84	0.93	0.85	0.87	0.89	0.91	0.91	0.90	0.85	0.96	0.97

表 3.4　某些地面覆盖物不同波段的辐射系数平均值

覆盖物种类	下列波段的辐射系数/μm		
	1.8～2.7	3～5	8～13
绿叶	0.84	0.90	0.92
干叶	0.82	0.94	0.96
压平的枫叶	0.58	0.87	0.92
绿叶（多）	0.67	0.90	0.92
绿色针叶树枝	0.86	0.96	0.97
干草	0.62	0.82	0.88
各种砂	0.54～0.62	0.64～0.82	0.92～0.98
树皮	0.75～0.78	0.87～0.90	0.94～0.97

3.2.3　天空辐射

天空的光辐射来自于大气对太阳（含星光）的散射和大气自身的热辐射。大气吸收地面长波辐射的同时，又以辐射的方式向外放射能量，大气这种向外放射能量的方式称为大气辐射。

1. 天空的可见光辐射

晴天，地面上的总照度的 20%来自天空（就是大气对太阳光的散射）。列出不同的条件下地面的辐照度如表 3.5 所示，给出了不同条件下，靠近地平方向上天空的亮度如表 3.6 所示。

表 3.5 不同条件下的地面照度

天 空 状 态	地面照度/(lm/m^2)
直射太阳	1~1.3×10^5
全部散射太阳光	1~2×10^4
阴天	10^3
阴暗天	10^2
曙光	10
曙暗光	1
满月	10^{-1}
1/4 月亮	10^{-2}
晴天无月	10^{-3}
阴天无月	10^{-4}

表 3.6 不同条件下的天空亮度

天 空 状 况	天空亮度/(cd/m^2)
晴天	10^4
阴天	10^3
阴晴天	10^2
阴天日落时	10
晴天日落后 15min	1
晴天日落后 30min	10^{-1}
很亮月光	10^{-2}
无月的晴朗夜空	10^{-3}
无月的阴天夜空	10^{-4}

2. 天空的红外辐射

白天，天空背景的红外辐射是散射太阳光和大气热辐射的组合，波长小于 3μm 的是太阳散射区，波长在 4μm 以上的是热发射区。在 3~5μm 之间，天空的红外辐射最小。

夜间不存在散射的太阳光，天空的红外辐射为大气的热辐射。大气的热辐射主要与水蒸气、二氧化碳和臭氧等的含量有关。晴朗夜空光谱辐射亮度随仰角的变化情况如图 3.3 所示。

在低仰角时，大气路程很长，光谱辐射亮度实质和处于低层大气温度的黑体辐射一样。在高仰角时，大气路径变短，在那些吸收很小的波段上，发射也变低了。但是在 6.3μm 的水蒸气发射带和 15μm 的二氧化碳发射带上，吸收仍然是很厉害的甚至于在一个短的路程上，发射率基本上等于 1，9.6μm 的发射带是由臭氧引起的。如图 3.3（a）和图 3.3（b）所示，环境温度对辐射亮度的影响也很严重。对于阴天天空，从地表面上看到的阴天天空亮度 L 的近似关系为

$$L = L(0)(1 + A\cos\theta) \tag{3-1}$$

式中 θ——天顶角；

A——经验常数，通常取 2.0。

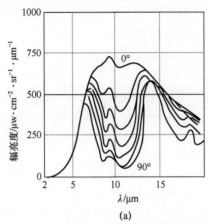
(a)

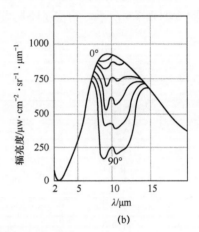
(b)

图 3.3 晴朗夜空光谱辐亮度的实验曲线

（测试点环境温度 8℃和 27℃；各条曲线一次的观测角：0、1.8、3.6、7.2、14.5、30 和 90°）。

有云时，近红外太阳散射和热发射都会受到影响。在云层中全红外辐射呈现出强的正向散射。浓厚云层是良好的黑体。云层的发射在 8~13μm 波段内，其发射与云的温度有关。由于大气的发射和吸收带在 6.3μm 和 15.0μm 上，因此在这个波长处看不到云，而该处的辐射由大气温度决定。

阳光透过大气层到达地面的途中，约有 10%被大气中的水蒸气和二氧化碳所吸收。同时，大气还吸收来自地面的反射辐射，具有了一定的温度，从而产生长波辐射，其辐射强度一般由气象条件如云层、大气温度等决定。天空无云时，大气长波辐射为

$$Q_{\text{skyr}} = \varepsilon \sigma T a^4 (a + b\sqrt{e'_a}) \tag{3-2}$$

式中 ε——地表的发射率；

a、b——经验常数，$a = 0.61$，$b=0.052$；

σ——斯蒂芬·玻耳兹曼常数，$\sigma = 5.67\times10^{-8}\text{W}/(\text{m}^2 \cdot \text{K}^4)$；

e'_a——近地面层水汽压（kPa），是气温和 RH 的函数。

e'_a 可表示为

$$e'_a = \text{RH} \times 0.61078\exp\left(17.269\frac{T_a - 273.15}{T_a - 35.19}\right) \tag{3-3}$$

有云覆盖时，应考虑云的长波红外辐射的影响，需要对上述计算结果进行修正：

$$Q'_{\text{skyr}} = (1 + c \times cc^2) \times Q_{\text{skyr}} \tag{3-4}$$

式中 c——与云类型有关的系数；

cc——云覆盖率。

3.2.4 人体辐射

人体是一个天然的红外辐射源，可以看作灰体对待，因此黑体辐射定律、基尔霍夫定律和朗伯余弦定律都是用于人体。人每时每刻都在发射红外线，每时每刻又在吸收着红外线。所以，人的生命一刻也离不开红外线。人体由于体表温度和体内的生化反应不断向外界辐射

红外光，这是人体散热的主要方式之一。人体向外辐射的能量绝大部分集中在红外区，其峰值波长大约为 9.4μm。

人的皮肤的发射率是很高的，据研究，皮肤发射率为 0.985，在波长大于 4μm 以上的平均值高达 0.99。需要注意的是，发射率的数值与人体的肤色无关。人体皮肤的红外辐射波长范围在 3～50μm 之间，其中 8～14μm 波段的辐射能量占总辐射能量的 46%左右；当皮肤温度在 30～38℃之间时，根据维恩位移定律 $\lambda_m T=b=2898\mu m \cdot K$ 计算，波峰处的波长在 9.3～9.6μm 之间。

人体红外辐射个体之间差异性很大，甚至同一个体不同穴位之间也有较大的差异，引起这种差异的主要原因是人体体表的温度以及温度分布的非均匀性。人体除了热致红外辐射，还存在一些和人体能量代谢有关的其他因素红外光子辐射。这表明人体红外辐射不仅是人体散热的需要，而且还携带有人体生命信息。

皮肤温度是皮肤和周围环境之间辐射交换的复杂函数，并且与血液循环和新陈代谢有关。当人的皮肤剧烈受冷时，其温度可以降低到 0℃。在正常的温室环境下，当空气的温度为 21℃时，裸露在外面的手和脸部的温度大约是 32℃。假定皮肤是一个漫辐射体，有效辐射面积等于人体的投影面积，对于男子来说约为 $0.6m^2$。在皮肤温度为 32℃时，裸露男子的平均辐射强度为 93.5W/sr。如果忽略大气的吸收，在 305m 的距离上，则他所产生的辐照度为 $10^{-3}W/m^2$，其中大约有 32%的能量处在 8～13μm 波段，仅有 1%的能量处在 3.2～4.8μm 波段。

人体辐射的红外线，以波长在 9～10μm 之间为最强，能量为 10～100W，其辐射能密度与距离成反比，人体活动的频率范围在 0.1～10Hz，人体的活动频率低，人体辐射的红外辐射能量很弱。人体核心温度较为稳定，但人体表面温度受环境和着装影响较大，日常探测的人体由裸露部分和着装部分组成。由于服装织物红外光谱发射率明显低于皮肤表面发射率以及生理因素，一般情况下，裸露部分红外发射要高于着装部分。

人体红外探测日益广泛地应用于军事、民用领域的搜索、跟踪、医疗等各个方面，现代武器探测系统通过人体目标所产生的红外辐射来探测、识别、攻击目标,灾害现场，红外搜救系统能探测到是否存在幸存者，从而挽救生命，其共同特点就是把人体目标从复杂的背景中识别出来。人体作为一个辐射源，遵守红外辐射定律，但人体作为一个高等恒温生物体，还具有生命活动的基本特征。

3.2.5 月球及其他星球辐射

月球和其他星球的红外辐射由自身辐射和对太阳的反射所组成。月球辐射如同加热到 400K 的绝对黑体，相应于自身辐射最大值的波长为 7.2μm。月球表面的光谱反射系数随波长的延伸而增大，所以光谱辐射出射度曲线的最大值移向长波波段，一般认为，月球总辐射出射度的最大值的对应的波长为 0.64μm，而其总亮度不超过 500W/（$m^2 \cdot sr$）。由月球造成的辐照度取决于相角。望月的相角为 0°，而新月的相角为 180°和 90°相应于月球的上弦或下弦。随着月球的相变，由它对地球表面造成的辐照度变化很大。望月前后各 2～3 天内的辐照度，比望月的辐照度减少 2/5～1/2。

大气密度较大的行星（金星、火星）在整个表面上自身的红外辐射出射度大致相同。行星表面的太阳反射辐射量，随着季节和地形的变化而有很大变化。反射辐射约有 95%是在短波 2μm 的波长范围内。夜间月球对地球表面辐照度的变化如表 3.7 所示，金星和火星辐射的某些特征数据如表 3.8 所示，月球和一系列行星的自身辐射和反辐射的光谱特性如图 3.4 所示。

表 3.7　夜间月球对地球表面辐照度的变化

覆盖物种类	相角/(°)	辐照度/lx
望月	0	37.7×10^{-2}
±1 天	±12	28.2×10^{-2}
±2 天	±24	20.0×10^{-2}
±3 天	±37	16.1×10^{-2}
±7 天	±85	4.1×10^{-2}

表 3.8　金星和火星辐射的某些特征数据

参　数	金　星		火　星	
	表　面	高层大气	赤　道	极　地
温度/K	430	225	280	205
辐射出射度最大值相应波长/μm	7	11.5	10	14
辐亮度/(W/cm²·Sr)	0.005	0.047	0.011	0.003
下列波段的部分辐射：				
1.8～18μm	0.85	0.49	0.64	0.42
7.5～18μm	0.52	0.46	0.56	0.41

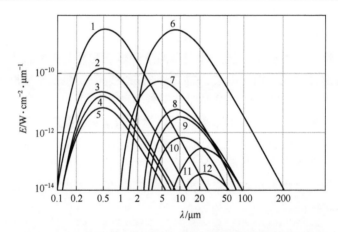

图 3.4　月球和其他行星高层大气的光谱能量辐照度的计算值

自身辐射：1—望月；2—金星；3—火星；4—土星；5—水星。太阳反射辐射：6—月球；7—木星；8—金星（最大压力时）；9—火星（冲时）；10—火星（天顶点）；11—木星（冲时）；12—土星（冲时）。

3.3　人工辐射源

3.3.1　空腔辐射理论

腔体辐射理论是制作黑体源所涉及的基础，主要有哥福（Gouffé）理论、德法斯（Devos）理论等，主要是计算实际黑体的有效发射率，从而描述开有小孔的空腔与理论黑体的差别或近似程度。

1. Gouffé理论

Gouffé 在 1954 年提出了一个计算开孔空腔有效发射率的表达式。用这个表达式，可对球形、圆柱形和圆锥形腔体的有效发射率进行理论上的计算。尽管在推导中做了一些近似的假设，但是因它的表达式意义明确，使用方便，所以仍是广为应用的方法。

Gouffé 推导出的公式为

$$\varepsilon = \frac{\varepsilon_0 \{1 + (1-\varepsilon_0)[(s/S) - (\omega/\pi)]\}}{\varepsilon_0 [1 - (s/S)] + (s/S)} \tag{3-5}$$

式中　ε——空腔的发射率；
　　　ε_0——空腔内壁材料表面发射率；
　　　s——空腔开口的面积；
　　　S——空腔内表面积（包括开口的面积）；
　　　ω——开口对腔底反射点的立体角。

其最主要的假设是认为经过两次反射后，腔内的辐射分布是均匀的。其最大的优点是运算简单意义明确、使用方便。计算值稍低于实际值。Gouffe 理论可能是最著名和最广泛被引证的关于黑体模拟器腔型理论。应该指出，对于开口很小的浅腔给出了好的结果，但是不能用于长腔。因为 Gouffe 所用的 ω/π 是有误差的，应该用投影立体角代替立体角。对于大开口、离轴的后壁位置以及特别是对于具有倾斜后壁的腔其误差就更为严重了。

2. Devos 理论与多次反射理论

Devos 在 1954 年给出了黑体辐射源腔孔有效发射率的计算公式。他利用互惠原理，在普遍的非理想漫反射情况下，利用部分反射率的概念，给出了任意腔型的有效发射率的二级近似计算公式。一般认为它是比较完善，比较系统的理论。在等温腔腔壁为漫反射时，与 Gouffé 理论所得出结果极为近似：

$$\varepsilon''_\omega = 1 - \rho^{00}_\omega \mathrm{d}\Omega^0_\omega - \iint_{2\pi-do} \rho^{on}_n \rho^{\omega o}_n \mathrm{d}\Omega^0_n \mathrm{d}\Omega^n_\omega - \delta\varepsilon''_\omega \tag{3-6}$$

式中　ρ^{00}_ω、ρ^{on}_n、$\rho^{\omega o}_n$——部分反射率；
　　　$\delta\varepsilon''_\omega$——由于温度不均匀所引起的修正因子，即

$$\delta\varepsilon''_\omega = \int_{2\pi-do} C_n \varepsilon^\omega_n \rho^{on}_\omega \mathrm{d}\Omega^n_\omega + \iint_{2\pi-do} C_m \varepsilon^\omega_m \rho^{\omega n}_n \rho^{on}_\omega \mathrm{d}\Omega^n_\omega \mathrm{d}\Omega^m_n \tag{3-7}$$

其中

$$C_n = \frac{L_b(T_\omega) - L_b(T_n)}{L_b(T_\omega)}$$

$$C_m = \frac{L_b(T_\omega) - L_b(T_m)}{L_b(T_\omega)}$$

其他符号意义如图 3.5 所示。

在式（3-7）的推导中，不像 Gouffé 理论那样先推导吸收比，而是直接推导发射率；并且考虑的是任意形状的腔体，也没有假设腔壁是漫反射表面，所以一般认为它是比较完善，比较系统的理论。其结果，在等温腔腔壁为漫反射时，与 Gouffé 理论所得出结果极为近似，但计算比 Gouffé 理论复杂得多。

有许多通过简化近似的计算有效反射率，进而计算发射率的精巧方法。除了前面提到的 Quinn 之外，还有 Treuenfels 和 Kelly 等为代表的理论计算。所有这些就是通常所说的多次反射理论。Y.Ohwada 用数学归纳法证明了漫射腔任意级的有效发射率和同一级的吸收率是相等的。其基本思想是在腔内壁上连续使用基尔霍夫定律，并且认为漫反射表面是由许多任意方向的镜反射面元组成的。

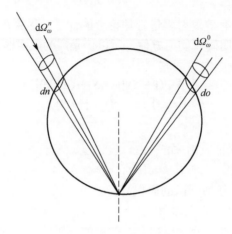

图 3.5 Devos 理论的推导

3. 近似计算方法

以上方法，除 Gouffé 法外，都比较复杂。Gouffé 公式仅适用于球腔。因此，日本冈山诚司从物理概念出发得到和 Devos 方法相似的结果。冈山假设有一等温完全封闭的空腔，腔壁上各点发射率均应为 1，若壁上开一小孔，则内壁面各点的有效发射率要降低。找出小孔对各面元的影响，每点的发射率（黑度）即 1 减去开口的影响。

以圆柱形空腔为例，通过腔口观察腔底的发射率 ε_W，当腔口盖住后，底的发射率为

$$\varepsilon_W^0 = 1 \approx \varepsilon + \varepsilon' + \varepsilon'' + \varepsilon''' \tag{3-8}$$

式中　ε——腔底材料的发射率；

ε'——腔壁发射经底反射出来，使底发射率增加部分；

ε''——假想腔口加盖后，由此盖辐射出能量在底上直接反射而使底上发射率增加部分；

ε'''——从上述黑体盖发射，经壁的反射再到底上，由底二次反射后，使底的发射率增加部分。

实际并无外加黑体盖，因此底的发射率要减小。则

$$\varepsilon_W = \varepsilon_W^0 - (\varepsilon'' + \varepsilon''') = 1 - (\varepsilon'' + \varepsilon''') \tag{3-9}$$

底的有效发射率 ε_W 仅包含 ε 和 ε'，即

$$\varepsilon_W = \varepsilon + \varepsilon' \tag{3-10}$$

为计算 ε_W 而计算 ε'' 和 ε'''。如图 3.6 所示，圆柱空腔可导出底上平均发射率公式：

$$\varepsilon_W = \frac{1}{2}(1-\varepsilon)F(l) + \frac{1}{8}(1-\varepsilon)^2 \int_0^l \left[-\frac{d}{dx}F(x)\frac{d}{dx}F(l-x) \right] dx \tag{3-11}$$

式中：$F(l) = (l^2 + 2) - \sqrt{(l^2+2)^2 - 4}$。

有人利用上述方法，假设底上发射率是均匀的，做了近似计算，实际上空腔内部的发射率不是均匀的。把计算结果与 Sparrow-Bedford 结果比较，在计算到两次反射的近似情况下，与上述精确结果的偏差仅出现在小数点 4 位以后。

在实际运用中，具有凸锥的空腔早已应用，用近似方法对具有凸锥的空腔做的计算，得到满意的结果。其特点是一次求得各点的发射率，不必繁琐地迭代，且可仅求所需部分壁面的发射率，不必求空腔内部各点发射率，简化计算，节省时间。

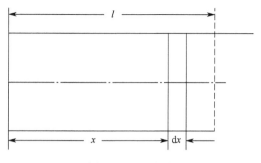

图 3.6 圆柱空腔

4. 概率计算法

R. P. Heinisch 等采用蒙特卡罗（Monte-Carlo）方法计算空腔开口的半球有效发射率。由孔口向腔外半球空间辐射的能量由内部各点从腔口直接辐射出去的能量，和空腔壁面发射的能量经过一次或多次反射后从腔口辐射出去的能量组成。上述能量由光束携带，光束由内壁各点发出，每条光束向外辐射也由上述两部分组成。假设空腔为等温漫射，空腔内总发射面积为 A_W，发出 N 条光束，每条光束所携带的能量为

$$E^* = \varepsilon\sigma T^4 A_W / N \tag{3-12}$$

式中　ε——材料表面发射率；
　　　T——壁面温度。

设第 i 条光束发射点在 A_0 处（图 3.7），携带的能量为 E^*，其中 $F_i E^*$ 直接由孔口逸出（F_i 为角系数，表示由孔口逸出的百分数），其余 $(1-F_i)E^*$ 仍留在腔内进行反射，可能被吸收，也可能被再次反射，由随机数 R_0 决定。R_0 是 0~1 的任意数，当 $R_0 < a$（吸收率即 $a=e$），光束全被吸收，若 $R_0 > a$ 则光束未被全部吸收，继续留在腔内反射。而该光束下一步的反射，尚需用概率法求出其方向和打入点坐标。如图 3.7 所示，剩余的光束能量由 A_0 点发出，打入点为 A_1，光束携带的能量为 $(1-F_i)E^*$，如在 A_1 点没被全部吸收，则在 A_1 点发生漫反射，一部分从腔口逸出：$(1-F_i)E^*F_{i1}$，F_{i1} 表示 A_1 点反射光束直接从孔口射出的百分数。再分析留在腔内部分，$(1-F_i)E^*(1-F_{i1})$ 是被吸收，还是留在腔内继续反射。每条光束都用相同的追踪方法，一直追算到被吸收为止。壁上任意一点发出的能量至少有一部分直接射出腔外，如果剩余部分不被吸收，还将有第二、第三部分，这样任意一条光束从腔口逸出的能量应为

第一部分：$F_i E^*$；

第二部分：$F_{i1}(1-F_i)E^*$；

⋮　　　　⋮

第 i 条光束从腔口射出的总能量为

$$\begin{aligned}(E_{出})_i &= F_i E^* + F_{i1}(1-F_i)E^* + F_{i2}(1-F_{i1})(1-F_i)E^* + \cdots \\ &= E^*[F_i + F_{i1}(1-F_i) + F_{i2}(1-F_{i1})(1-F_i) + \cdots] \\ &= E^*(F_i + G_i)\end{aligned} \tag{3-13}$$

式中　F_i——直接射出的百分数；
　　　G_i——通过反射从孔口射出的百分数。

G_i 可定义为

$$G_i = F_{i_1}(1-F_i) + F_{i_2}(1-F_{i_1})(1-F_i) + \cdots$$

逐次算出 N 条光束，从腔口逸出的总能量为

$$E_{出} = \sum_{i=1}^{N}(E_{出})_i = E^*\left(\sum_{i=1}^{N}F_i + \sum_{i=1}^{N}G_i\right) \quad (3\text{-}14)$$

由定义，空腔孔口半球发射率为

$$\varepsilon_0 = \frac{E_{出}}{\sigma T^4 A_0} = \frac{E^*\left(\sum_{i=1}^{N}F_i + \sum_{i=1}^{N}G_i\right)}{\sigma T^4 A_0} \quad (3\text{-}15)$$

式中　A_0 为孔口面积。

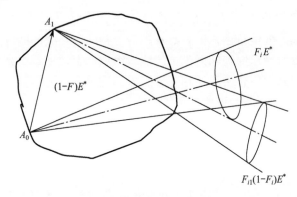

图 3.7　等温漫反射空腔

通过概率法，求出空腔腔口的半球发射率。这种方法在计算上程序处理较繁，但程序排定后，计算精度较高。应用概率的概念求出与其他精确计算法相一致的结果。更证实上述理论的一致性及可靠性。

5. 各种腔发射理论的一致性

对于现有的空腔辐射理论已有若干评论，并且几种不同理论分析的结果具有相似性，其中包括上述的某些计算及其物理意义。

正如 Fecteau 指出："……几种空腔发射理论之间的相似性已被检验，对于等温漫射球形腔的发射率，由 Gouffe、Devos 以及 Sparrow 和 Jonsson 3 种不同的近似，却都给出了完全相同形式的表达。F·E·Nicodemus 不用任何几何近似直接得到了理想漫反射灰体的等温球形腔的发射率的精确表达式，并得到了与 Fecteau 一致的结果。

Bartell 和 Wolfe 提出了腔辐射器的普遍理论。

考虑到多次反射给出了腔的发射率，它是作为一种嵌套（Nested）积分的无穷级数（以辐射亮度为依据的发射率）：

$$\begin{aligned}
\varepsilon_L(r,T_1) = \frac{L(r)}{L^{bb}} &= \varepsilon_{10} + \int_h \varepsilon_{21}f_{210}(T_2/T_1)^4 \mathrm{d}\Omega_{21} \\
&+ \int_h f_{210}\int_h \varepsilon_{32}f_{321}(T_3/T_1)^4 \mathrm{d}\Omega_{32}\mathrm{d}\Omega_{21} + \cdots \\
&+ \int_h f_{210}\cdots\int_h \varepsilon_{n(n-1)}f_{n(n-1)(n-2)}\cdot(T_n/T_1)^4 \mathrm{d}\Omega_{n(n-1)}\cdots\mathrm{d}\Omega_{21} \\
&+ \cdots
\end{aligned} \quad (3\text{-}16)$$

式中　$L(r)$——沿 r 的辐射强度；

　　　$L_{bb}(T_i)$——在温度 T_i 时黑体的辐射亮度；

　　　$\varepsilon_{n(n-1)}$——是由点 n 在 $n-1$ 点方向上的发射率；

　　　$f_{n(n-1)(n-2)}$——从点 n 方向上到达 $n-1$ 点并在点 $n-2$ 方向上离开的双向反射率分布函数（BRDF）；

　　　$\mathrm{d}\Omega_{n(n-1)}$——由 n 点处面元对 $(n-1)$ 点的投影主体角增量；

　　　$\int_h$——充满半球的积分。

如果腔壁表面是灰体和朗伯表面，而且来自孔的辐射是可以忽略的，再运用积分计算的平均值定理，展开嵌套积分，以及在等温情形下，得到广义 Gouffé 型公式：

$$\varepsilon_L(r) = \varepsilon_a(x) = 1 - \rho_\alpha(x) = \frac{\varepsilon[1+(1-\varepsilon)(B-A)]}{\varepsilon(1-B)+B} \tag{3-17}$$

式（3-17）中各项的意义结合的说明如表 3.9 所列。

表 3.9　（4.17）中的 A 和 B 的值

理　　论	发射率的形式	A	B
Bartell 和 Wolfe	$\varepsilon_L(r)$	F	$\overline{F}$
Devos	$\varepsilon_L(r)$	F	$\overline{F}$
Integral equation	$\varepsilon_a(x)$	F	$\overline{F}$
Kelly	$1-\rho_\alpha(x)$	F	s/S
Gouffe	$1-\rho_\alpha(x)$	ω/π	s/S
Treuenfels	$1-\rho_\alpha(x)$	F^*	F^*

表中各项的意义如下：

$$F = \pi^{-1} \int_{ap} \mathrm{d}\Omega ;$$

$\overline{F} = F$ 的加权平均值；

$$F^* = \int F^2 \mathrm{d}A / \int F \mathrm{d}A ;$$

ω——相应于 F 的立体角；

s——开口面积；

S——总的腔的表面积，等于孔面积加上壁面积。

这里值得注意的是，得到 Gouffé 型新公式的假设与 Gouffe 的经二次反射后，辐射照度均匀假设是有实质性差别的。

以上概括地介绍和分析了当前黑体空腔理论的发展。伴随着计算技术的发展，黑体辐射理论的研究抛弃了早期做的一些简化假设，计算精度得到不断提高，求解积分方程的方法被 Sparrow 和 Bedford 等所发展，得到比较高的精度。这些方法可以得出等温、非等温各种空腔内壁上各点发射率的分布。通过大量计算和结果分析，可以找出空腔辐射的规律，用于指导空腔的选择和设计。例如，空腔加盖可以显著提高有效发射率，壁面材料本身的发射率对空腔的有效发射率影响不大，不必追求过高的壁面材料发射率。对于圆柱空腔，当长径比 $L/D>D$ 时，底上发射率基本均匀。壁上的发射率，在靠近腔口附近有一个极小值。对于短圆柱空腔侧面向外的辐射比底上的大，对于长圆柱腔，则底上的比侧壁的大。

伴随黑体空腔在各个领域中的广泛应用，人们不仅对空腔深入研究，而且也注意空腔和检测器结合使用的有关理论研究，提出空腔—检测器系统积分发射率的计算问题。同一个黑体空腔，由于检测器形状及放置位置不同，积分发射率也不相同。

空腔除做光辐射源的标准外，在温度测量中，还用金属凝固点作为温度的标准点，如国际实用温标中规定金凝固点为高温标准点。为复现此温度，各国一般采用纯金包围的石墨空腔为温度辐射源。这种特定空腔，外部为均匀温度，内表面的发射率和温度是不均匀的。空腔理论的发展，不仅可计算出凝固点空腔有效发射率的分布，且还可把腔内的温度分布计算出来。这对分析温标的定点精度具有很大的实际意义。

3.3.2 黑体辐射源

黑体型辐射源作为标准辐射源，广泛地用做红外设备的绝对标准。然而，我们知道，黑体是一种理想化的概念，在自然界并不存在绝对的黑体。因此，按定义，我们也就不可能制作出一个绝对黑体。由前面的讨论可知，开有小孔的空腔很接近黑体，所以通常就把开有小孔的空腔称为黑体辐射源（或标准黑体辐射源），它可以作为一种标准来校正其他辐射源或红外系统。典型的实用黑体型辐射源的构造如图 3.8 所示，其主要组成部分包括腔体、加热线圈、保温层、温度计和温度控制部分。

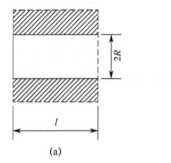
(a)
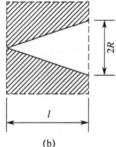
(b)
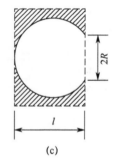
(c)

图 3.8　黑体型辐射源的结构

如按辐射腔口的口径尺寸来分类，则可把黑体型辐射源分为以下 3 类：

大型：$\Phi \geqslant 100$mm；

中型：$\Phi \approx 30$mm；

小型：$\Phi \leqslant 10$mm。

如按工作温度的范围来分类，则可把黑体型辐射源分为以下 3 类：

高温：2000～3000K；

中温：500～900K；

低温：200～400K。

在设计制造黑体型辐射源时，应考虑以下几个问题。

1. 腔形的选择

一般考虑选用圆锥、圆柱或球形腔体，如图 3.8 所示。根据 Gouffé 理论，对于给定的 l/R 值，球形腔的有效发射率最大，但是球形腔体难以加工制作，也不易均匀加热。圆柱和圆锥形腔体，相对球形腔体而言，比较容易制造和均匀加热。大多数黑体型辐射源，取 $l/R \geqslant 6$。增加 l/R 值可以提高有效发射率，但 l/R 值太大就会造成均匀加热困难。

2. 对腔芯材料加热的要求

做成腔体的材料称为腔芯。理想的腔芯应满足下列 3 个要求：

① 具有高的热导率，以减少腔壁的温度梯度；
② 在使用温度范围内（尤其在高温时），要有好的抗氧化能力和氧化层不易脱落的性能；
③ 材料的表面发射率要高。

能满足上述所有要求的材料并不多，所以一般采取一些折中。对于 1400K 以上的腔芯，常用石墨或陶瓷制作。在 1400K 以下，一般用金属制作，其中最好是用铬镍（18-8 系列）不锈钢，它有良好的导热率。加热到 300℃，则表面变暗，发射率可增加到 0.5；用铬酸和硫酸处理表面，发射率可达 0.6；将表面加热到 800℃，则表面形成一层发射率为 0.85 的稳定性很高又很牢固的氧化层。低于 600K 腔芯可用铜制作，铜的热导率较高，但应注意，铜表面由于受热而形成的表面发黑的氧化层是不稳定的，高于 600K 时，氧化层就会脱落。

为增加腔壁的发射率，可对其表面进行粗糙加工，以形成好的漫反射体。另外，还可在腔壁上涂上某种发射率高的涂层，来增加腔壁的发射率。但是，在温度较高时，涂料层较易脱落，故腔壁涂层的方法只适用与温度不太高的情况。

3. 腔体的等温加热

为了使空腔型黑体辐射源更接近于理想黑体，要求腔体要等温加热。实际上开口处温度总要低一些，所以一般要求其恒温区越长越好，而恒温区做得长是很困难的，通常 1/3～2/3 的恒温区就可满足一般实验室的要求。

对腔体的等温加热，通常是用电热丝加热的，即通过绕在腔芯外围的镍铬丝加热线圈进行加热。为改善腔体温度的均匀性，可以改变腔芯的外形轮廓，使其在任意一点上腔芯的横断面面积相等。以保证每一加热线圈所加热的腔芯体积相等。在腔体开口附近，应增加线圈匝数，以弥补其热损失。质量更高的黑体还可用热管式加热器或通过高温气体加热，但其成本要高得多。

恒温区的测量通常有良种方法：一种是测腔壁的温度；另一种是测腔内沿轴线的温度分布。

4. 腔体的温度控制和测量

根据斯蒂芬-玻耳兹曼定律，黑体型辐射源的辐出度 $M = \varepsilon_0 \sigma T^4$。$\varepsilon_0$ 为黑体型辐射源的有效发射率，T 为腔体的工作温度。如果该温度有一个微小的变化 dT，则引起辐射源的辐出度变化为

$$dM = 4\varepsilon_0 \sigma T^3 dT \tag{3-18}$$

于是，辐出度的相对变化为

$$\frac{dM}{M} = 4\frac{dT}{T} \tag{3-19}$$

以上公式说明，腔体温度变化对辐出度变化的影响是很大的。若要求供给红外设备校准用的黑体型辐射源辐出度变化小于 1%，则要求其腔体温度变化能不超过 0.25%。对于一个 1000K 的黑体型辐射源，要保证 0.5% 的辐射精度，则要求温度的控制精度大约为 0.1%，即对 1000K 而言，要求控制和测量精度达 1K。

由此可见，对黑体温度的控制和测量的好坏，直接影响到黑体的性能。为此通常对黑体要提出控温精度和温度稳定性的要求。由于黑体内的温度不可能是完全恒定的，因此测温点的选择就非常重要。一般规定：对圆柱形腔，测温点取在腔的底部中央；对圆锥形腔，测温

点一般取在锥顶点处；而对球形腔，测温点则取在开口的对称中心位置。温度计一般用热电偶或铂电阻温度计。

5. 降低黑体前表面的辐射

黑体的前方，紧挨开口处应放置光阑盘，且用水冷，以降低黑体前表面的辐射。

由于光阑的存在，因此，规定了黑体有一定使用视场，如图3.9所示。通常在标定黑体时，只标定腔底的温度。一般腔的底部及光阑决定了它的视场。若恒温区较稳定且较长，则黑体的视场就可变大。一般要在黑体的视场范围内使用。

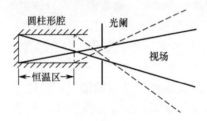

图3.9 黑体视场的示意图

总之，对黑体辐射源有如下一些指标要求：有效发射率、温度范围、孔径尺寸、加热时间、重量、尺寸、控温精度、温度稳定性、视场及恒温区等。要根据使用的场合和目的合理地选择和设计黑体。

3.3.3 其他类型辐射源

3.3.3.1 标准型辐射源

1. 能斯脱灯

能斯脱灯常作为红外分光光度计中的红外辐射源，具有寿命长，工作温度高，黑体特性好和不需要水冷等特性。能斯脱灯一般是由氧化锆（ZrO_2）、氧化钇（Y_2O_3）、氧化铈（CeO_2）和氧化钍（ThO_2）的混合物烧结而成的一种很脆的圆柱体或空心棒。管子两端绕有铂丝，以作为电极与电路的连接，它要求用很稳定的直流或交流供电。在室温下它是非导体，在工作之前必须对其进行预热。当用火焰或电热丝对其加热到800℃时，开始导电。能斯脱灯具有负的电阻温度系数，所以在电路中需要加镇流器，以防止管子烧坏。

由于能斯脱灯都是细长的圆柱形，因而对分光光度计狭缝的照明特别有用。能斯脱灯的主要缺点是机械强度低，稍受压，就会损坏。另外，空气流动很容易引起光源温度的变化等。典型能斯脱灯的各项参数如下：功率消耗为45W、工作电流为0.1A；工作温度为1980K；尺寸为3.1mm（直径）×12.7mm（长度）。

2. 硅碳棒

硅碳棒是用碳化硅（SiC）做成的圆棒。一般硅碳棒的直径为6~50mm，长度为5~100cm。其两端做成银或铝电极，用50V/5A的电流输入，它同样需要镇流器。在空气中的工作温度一般在1200~1400K，寿命约为250h。由于硅碳棒在室温下是导体，加热电流可直接通过，因此不需要像能斯脱灯那样在工作之前进行预热。

硅碳棒的主要缺点是最高工作温度较低，需要镇流的电源设备。同时，由于碳化硅材料的升华效应，会使材料粉末沉积在光学仪器表面上，因此它不能靠近精密光学仪器附近工作。另外，工作时需要水冷装置，耗电量较大等。

3. 钨丝灯、钨带灯和钨管灯

由于钨具有熔点高（3680K），蒸发率较小，在可见光波段辐射选择性好，在高温时有较高的机械强度，容易加工等优点。因此，钨丝灯、钨带灯和钨管灯可以应用于光度测量、高温测量、光辐射测量、旋光测定、分光测定、比色测量、显微术和闪光灯技术等。

钨丝灯也是近红外测量中常用的辐射源。但由于玻璃泡透过区域的限制，这种灯的辐射波长通常在 3μm 以下。有时为了延长红外波段，常将钨丝装在一个充满惰性气体并带有红外透射窗口的灯泡内。使用时，要求供电电源稳定。

钨带灯是将钨带通电加热而使其发光的光源。钨带常做成狭长的条形，宽约为 2mm，厚度约为 0.05mm 左右。通电加热后，整条钨带的温度分布并不均匀，两端靠近两极支架处温度较低，中间温度较高，因此测量时要选择温度均匀的中心部分处的钨带辐射。钨带的电阻很小，因此钨带灯要求低电压、大电流且稳定的供电电源。

钨管灯是由一根在真空或氩气中通电加热的钨管做成的。真空灯的温度可达 1100℃，充氩灯的温度可达 2700℃。

钨管由约 25μm 后的钨皮制成，长约 45mm，直径约 2mm，在一端有一个直径约 1mm 的孔，钨管的辐射就是从这个孔沿钨管轴线向外射出的。通常管心装有一束直径约为 23μm 的细钨丝，钨丝先拧在一起，然后切断成毛刷状的断面，塞入钨管内。这样一个由大量细钨丝做成的发光断面使钨管灯在可见光区域内的光谱发射率很高（可达 0.95），且改变很少（在 500~700nm 范围内只改变千分之几）。同时，钨管灯的温度变化很小。可以说，钨管灯是最接近黑体的辐射源之一，常被用作光谱分布标准光源。

4. 乳白石英加热管

在红外加热技术中，有多种加热辐射源，如金属陶瓷加热器、电阻带、碳化硅板和陶瓷板。与这些加热元件不同，乳白石英加热管不存在基体与涂层之分，不必担心在使用过程中涂层的脱落问题，所以乳白石英加热管是一种新型红外加热元件。

乳白石英加热管是以天然水晶为原料，在以石墨电极为坩埚发热体的真空电阻炉中熔融（1740℃）拉制而成的。在熔融过程中，使气体在熔体中形成大量的小气泡，故外观呈乳白色。乳白石英玻璃材料耐热性能好（可耐 200~1300℃高温），热膨胀系数低，有优良的抗热振性能和电绝缘性能，此外，还具有很好的化学稳定性，但机械强度和耐冲击性能较差。

3.3.3.2 同步辐射源

傅里叶变换红外光谱是化学、物理、材料和生命科学领域的重要分析方法。然而，对于远红外波长范围的测量，以及非常小的样品和极端条件下（高压）的测量，却因为缺少高亮度的光源而受到很大限制。同步辐射光源具有强度高、亮度高、宽可调波长范围等优点，是物质结构和性能研究的重要手段，也给红外光谱学的发展带来重大促进。作为远红外和太赫兹波段的高强度光源，可填补"太赫兹缺口"（THz gap），为太赫兹的科学研究和应用提供了良好的平台。同时，在小入射角的场合，如掠角入射表面研究等，也发挥着重要作用。同步辐射光源的显著优势是高亮度特性。高亮度意味着可开展 throughput 测量，即测量非常小的样品，或者应用于很窄光束的场合。显微光谱就是 throughput 测量的最有代表性的例子，而同步辐射光源就是其最适合的光源。

为满足越来越多的研究需求，许多同步辐射装置都建造或计划建造红外光束线和实验站，开展的研究领域有：显微光谱和成像（美国 NSLS、ALS，欧盟 ESRF，法国 SOLEIL，德国

BESSY、ANKA，日本 Spring-8 等），高压研究（美国 NSLS、日本 UVSOR 等），高分辨分子谱（瑞典 MAX、法国 SOLEIL 等），凝聚态的远红外光谱（法国 SOLEIL、德国的 BESSY、日本 UVSOR、美国 SRC），表面科学（英国 Daresbury、日本 Spring-8 等）。合肥国家同步辐射实验室在二期工程中也建造了一条红外光束线和实验站，主要进行中红外区光谱的研究。同时建立显微光谱和成像实验站，目的在于开展远红外、太赫兹区谱学和红外显微光谱和成像的研究。

在线站建设和应用研究快速发展的同时，对于同步辐射红外光源的研究也取得了重要的进展。人们发现观察到的红外发射不能被经典的同步辐射方程准确描述，法国的 LURE 和美国的 Wisconsin 实验室揭示了一种新的红外发射机制，即边缘辐射。通过对其产生机制的实验和理论的研究，已能预测其空间和谱分布，且有多条光束线采用了边缘辐射。另一个重要进展，是相干同步辐射红外光源，其远红外辐射比非相干辐射高几个量级，德国 BESSY 已观测到其稳定态，美国 ALS 还建了一个专用储存环来产生相干红外辐射。

1. 同步辐射红外辐射产生的主要机制

（1）来自弯铁的红外辐射。这是最常见的产生方式。接近光速的电子在磁场作用下偏转，在轨道切线方向产生同步辐射。垂直于储存环平面的红外波段同步辐射的本征发射角由波长和弯铁半径决定：

$$\theta_{nat} = 1.66188(\lambda/\rho)^{1/3} \tag{3-20}$$

式中　ρ——弯铁半径；
　　　λ——波长。

本征发射内集中了与该波长相应的 90%的发射强度。

（2）边缘辐射。电子径向速度的改变也可产生非常准直的发射，即电子在进入和离开磁场时产生的辐射，主要集中在低能远红外区。Bosch 等详细研究了这种辐射机制，发现当 $R<\lambda\gamma^2$（光源和光束线很容易满足此条件），光强可近似的表示为

$$\frac{dF}{d\Omega} \approx \left(\frac{\Delta\omega}{\omega}\right)\left[\frac{I}{e\pi^2}\cdot\frac{\sin^2(\pi R\theta^2/2\lambda)}{\theta^2}\right] \tag{3-21}$$

由式（3-21）得到的边缘辐射是一个圆柱状对称的中空锥体（图 3.10）。边缘辐射的张角更小，这对于第 3 代同步辐射光源非常有利，因为第 3 代同步辐射光源储存环的真空腔体都较小，对于同样的接收角，采用边缘辐射在远红外区可以获得更高的通量。

来自弯铁的辐射　　　　　　　　　　　来自弯铁边缘的红外辐射

图 3.10　来自弯铁边缘的红外辐射和来自弯铁的辐射

（3）相干红外同步辐射。近些年来，相干同步辐射引起人们的注意，其强度可用下式表示：

$$p = NP_{incoh}(1 + Nf_\lambda) \tag{3-22}$$

式中　　N——电子数；

　　　　f_λ——从电子束团径向电子密度的傅里叶变换得到的系数，它依赖于束团尺寸。

当波长比束团尺寸短时（通常的同步辐射），$f_\lambda=0$，则式（3-22）只剩下第一项，即非相干项，辐射强度线性比例于电子束团中包含的电子数 N。但是当电子束团的尺寸减小到其发射波长时，发射的波就变成相干波，式（3-22）的相干项起主导作用，辐射强度和束团电子数目的平方成正比。

相干辐射在远红外区具有非常高的强度，弥补了太赫兹缺口，受到人们的重视。相干同步辐射最早在直线加速器上观察到，最近，Jefferson 实验室利用亚皮秒电子束团的自由电子激光观察到远红外的宽带相干辐射。对于储存环，相干辐射实现相对困难，人们做了很多努力，但未得到适合远红外光谱的辐射。最近，在德国 BESSY 首次实现了稳定的相干远红外辐射，在 $5\sim40\text{cm}^{-1}$ 获得了比非相干同步辐射光源高 10^5 倍的远红外辐射，亮度比标准 Hg 灯高 1000 倍。美国 ALS 建造了一个储存环 CIRCE，专门用来产生相干同步辐射。相干红外同步辐射在太赫兹区提供一个稳定、高强度和亮度的光源，为利用电磁波谱研究物质的物理性质打开了一个新的窗口，给凝聚态物理、医学、技术、制造、空间科学等领域提供了新的研究和应用机遇，在成像、谱学、飞秒动力学及非线性过程研究中，也有潜在应用。

2. NSRL 同步辐射红外光源的特征

NSRL 的红外辐射采用弯铁的辐射，红外光从 3°端口引出。由 NSRL 的 800MeV 储存环的发射角和波长的关系（图 3.11），波长变长，本征张角迅速增大，在 10cm^{-1} 处已超过 120 mrad，这样大的张角对于储存弯铁的真空腔以及光束线的设计几乎是不可能的。经过弯铁真空腔改造，将水平和垂直接收角度分别定为 75rmad 和 60rmad，此时基本能完全收集波数为 100cm^{-1} 的辐射，满足了远红外研究的要求。同时，这对光束线光学和机械系统的要求也在可接受的范围内。根据这种接收方式，红外源实际上是一个弧长 167mm 的纵深光源，这也造成红外波段比其他的波段聚焦困难。第一块镜子上计算的光谱强度分布如图 3.12 所示。计算采用 SRW 软件，考虑了近场和衍射效应。从图中可明显看出，不同波长时，镜子上的强度分布不同。第一块镜子处的光强随波长变化如图 3.13 所示，图中还给出了不同接收角光强的比较，对于采用的接收几何，水平方向的接收角大小影响整个波段的强度，而垂直方向的接收角主要影响远红外区的强度。

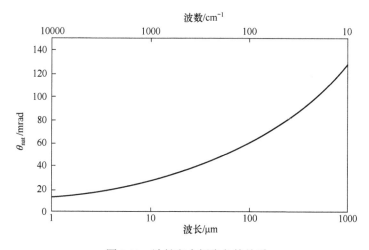

图 3.11　波长和本征张角的关系

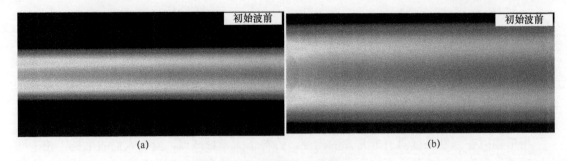

图 3.12　第一面镜子上的强度分布

(a) $1000cm^{-1}$；(b) $100cm^{-1}$。

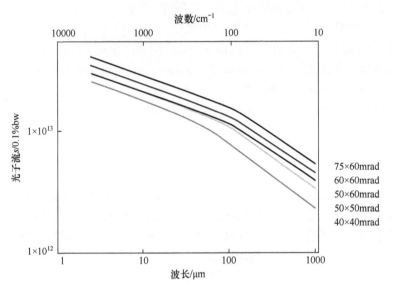

图 3.13　不同接收角时的光强

3.3.3.3　红外微辐射源

随着微电子机械系统（MEMS）技术的发展，研究微型化红外气体传感芯片越来越引起人们的重视。MEMS 工艺中用到很多集成电路的工艺，将电子系统与外界有机联系起来，它不仅感受外界的物理的与化学的信号，如光、声、热等，将这些信号转化为电信号，还可以通过电子系统控制这些信号。因此凡集微型传感器、微型执行器以及信号处理和控制电路、接口电路、通信和电源于一体的微电子机械系统。MEMS 型器件与系统有着传统器件无法比拟的优点，体积小、质量轻、功耗低、可靠性高、性能优异、功能强大、可以批量生产，因此在航空、航天、汽车、生物医学、环境监控、军事以及几乎人们接触到的所有领域中都有着十分广阔的应用前景，是 21 世纪的科学技术的发展方向。与 MEMS 技术相结合，研制气体传感器，并尽可能将整套系统集成在单块芯片上，也必将成为该类器件和系统发展的一种趋势。对红外气体传感器，特别对 MEMS 化的红外气体传感器的研究已经开始受到人们的广泛重视，成为当前研究的热点之一。

1. 基于 MEMS 的红外光源

硅基微型红外光源在过去的十几年中受到了广泛的关注。采用气敏金属氧化物材料制备的气体传感器一直是研究的重点。此外，微型红外光源的低热质比可以实现快速热调制，这也开辟了便携式传感器的新前景。

1998年，离子光学公司介绍了Plus IR高效红外光源，如图3.14所示。随后它成为便携式气体分析仪的光源选择之一，逐渐取代在早期采用的光源例如灰体灯泡或碳硅棒，和调制装置如机械斩波器。

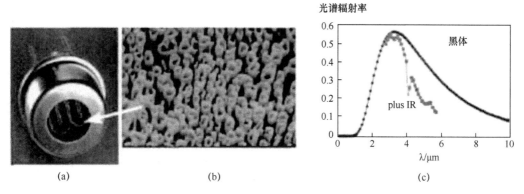

图3.14 plus IR红外光源、扫描电镜下的照片和单色仪扫描的光谱辐射率（与普朗克辐射相比）

该plus IR红外光源是一个可调制光源，其辐射表面通过离子束表面粗糙化加工技术形成无规则排列的表面特征。这些特征使得光源在短波长范围辐射近似黑体（高散射，高辐射），而当波长超过一定范围时，表面仍是一个带有低辐射率的金属平面。plusIR红外光源的这种表面特性使得其能够在波长范围（2~6μm）可以提高辐射强度（信号），当超过这一波长时抑制带外辐射。换句话说，pulsIR源发射的是一种窄带光谱，这使得降低能耗并延长寿命。当减少了传感器零件数量并降低复杂性后，我们还能增加信噪比。这项改进技术有利用减小整个仪器的尺寸（从几立方英尺，减小到公文包大小，甚至是手持式万用表大小）。这在提高仪器的可靠性的同时，还能降低成本。

2005年，离子光学公司研制出体积更小，能耗更低的红外光源。这些MEMS光源最初被应用在气体传感器中，现在还被应用作为红外夜间景象发生器。具有金属—光子晶体结构的MEMS红外光源芯片能够辐射更窄的光谱。不同于无规则的pulsIR光源表面，这种MEMS器件的表面是规则排列的。更确切的说，这种结构为金属—介电常数光子晶体。光子晶体是折射率在空间周期性变化的介电结构，其变化周期和光的波长为同一个数量级。光子晶体也称为光子带隙材料或电磁晶体。

带有光子晶体结构的MEMS红外光源，光子晶体局部放大图以及光源辐射，如图3.15所示，光子晶体结构采用在硅片上刻蚀出规则排列的二维的孔来实现。这种特殊设计使得光源在红外光中可以选择性的吸收（或辐射）特定的窄带。同时，这些光子晶体结构能有效地抑制在邻近的光谱带中的红外辐射，即光子禁带。"光子禁带"是指一定的频率范围，该范围内的电磁波不能在结构中任何方向的传播。光子禁带是光子晶体最重要的特征。

抑制带外发射有两个作用：首先，能有效地利用能量来产生特定波段的光，这意味着增加寿命和减少能耗；其次，在其他的热成像波段，器件很难被发现，具有隐蔽作用。这些撷取的图像（图3.16）显示了两个设备在3种照相机下的图像（近距离）。在中红外和远红外相机的热图像中，热板（约300℃）是清晰可见的，在中红外相机中热板的图形更清晰。这是因为热板是一种中远红外辐射源，却更集中在中红外波段。另外，如图中圆圈所标记的位置是光子晶体红外光源，只有在中红外相机的热成像中可以看到光源，其他两种相机都看不到。

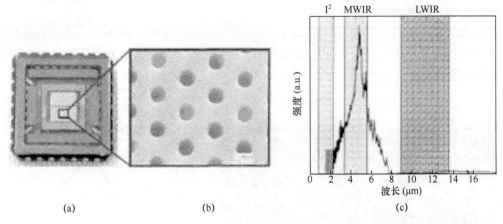

图 3.15　一种光子晶体结构的 MEMS 红外光源、光子晶体表面结构的局部放大图及窄带热辐射

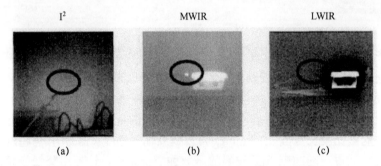

图 3.16　光子晶体红外光源和热板在 3 种相机下的图像。
(a) 普通相机；(b) 中红外相机；(c) 远红外相机。

采用 MEMS 技术制备的光子晶体红外光源与 pulsIR 光源相比功率要求更低。这些硅基光源体积较小同时也意味着较小的热质量和更快的热（冷却）响应。这些器件的最高温度约为 260℃时，50%的调制深度时调制频率达到 50Hz。相比之下，pulsIR 器件的调制频率仅为 10Hz。

Jan Spannhake 等的报告中调查了基于 SOI 晶片的，采用不同的金属和半导体材料制备的红外光源（图 3.17）。他们的调查结果清楚地揭示了半导体材料在高温时的表现明显优于金属。使用重掺锑的二氧化锡作为加热材料的光源可以实现在 1300K 温度下长时间稳定运行。

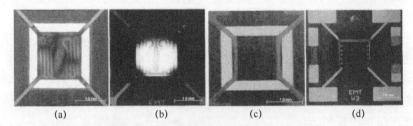

图 3.17　光学显微镜下的悬浮式微型光源
(a) EM1 采用铂丝作为加热材料；(b) 1120K 时的 EM1；(c) EM2 选用硼掺杂的硅层作为加热材料；
(d) EM3 选用半导体 $SnO_2:Sb$ 作为加热材料。

为了满足气体传感器相对中、高温的要求，铂和多晶硅材料作为导电加热材料尤其受到关注。在此基础上，为了达到 1300K 或更高温度，人们正试图引入新材料来设计微型加热器。例如，SIC 和 HfB_2 光源。在工程师们对比金属（Pt 和 PtSi）和半导体材料（Si:B 和 $SnO_2:Sb$）

后特别指出，半导体在 1300K 或更高温度时的表现更好。

2. 光源材料和结构设计

1）材料选择

设计一个性能优良的红外辐射单元，除需要设计合理的器件结构外，还涉及到发热和薄膜材料的选择。由前文可知，发热材料的热熔点、机械性能、红外发射率等影响了器件的性能。

对于电调制红外辐射源，材料选择的一个重要前提就是：加热电极工作于高温时不会产生化学变化或是随着时间推移而产生别的退化，如氧化或腐蚀等而导致电极熔断或机械失效。对于调制式红外光源，需要考虑器件的结构和安排方式以使器件由于不断的重复性加热而产生的机械失效减小到最小。另一个重要要求就是电极要有稳定的尽可能接近 1 的发射率。另外，设计中选择加热电极的电阻最好为 50~200Ω，以避免高的加热电流。而且，要求材料有低的热膨胀系数，以减小器件在反复加热过程中产生的变形和应变。同时要求有小的热传导率以确保加热电极与衬底的最大热隔离。

红外辐射源的设计中所应考虑的首要问题是发热材料的选择。对于工作于空气中的金属电极，其最大的工作温度不仅由金属的熔点决定，还由加热时蒸汽压决定，对于薄的金属电极，蒸汽压占有更为重要的地位，它往往是造成器件工作一段时间后失效的主要原因。一般说来，合金制成的加热电极其最大的工作温度限制在 1000~1300K 范围内。通常，金属点亮时的发射率较低，往往小于 0.35，并随温度升高而增加。实际工作发射率为波长的函数。举例说，铂金（Pt）在 6500nm 时，发射率为 0.35，而在 5μm 时降为 0.08。相对于金属，金属氧化物往往有大于 0.5 的发射率，并且随着温度上升，对于一些非金属材料，如陶瓷和碳，其发射率大于 0.8。不过其发射率随温度上升而下降。

设计中选用铂金作为光源的发热材料，主要是因为它具有相对较高的工作温度和较高的化学稳定性和机械强度，当直接暴露于空气中时不会被氧化。另外，就是铂金具有优秀的机械延展性，不仅可以制得很厚的镀层，还可以加工得到仅纳米级厚的铂金膜层。它的缺点主要是辐射系数小，在表面光滑的情况下，低温时辐射系数仅为 0.08，即使在 1000K 时仅为 0.15。设计中，可以针对铂金极小的红外发射率，对器件的表面特性作相应的改进，如将电极表面纤维化或者在表面覆盖一层 SiNx 或 SiC 等的钝化层，通过电极对钝化层的加热，激发出红外光，或者直接在表面涂上一层高发射率的材料。

2）结构设计

基本的辐射材料确定以后，辐射源的性能就通过结构来实现，由 Plank 定理知，辐射能量的大小由发热体的温度、占空比和辐射系数决定，所以要在尽可能低的功耗下得到最大的辐射能量，首先需要设计结构合理的辐射单元，这也是决定器件性能和器件稳定性及寿命的前提条件。

要成功设计性能优良的电调制红外光源时，首先要满足以下两个条件。

（1）加热部件的体积与表面积之比要尽可能的小。这也是为什么选用金属丝和金属薄片作为源结构的原因。

（2）除了合适的热特性外，还要求结构要有好的机械参数，因为受热过程中由于元件的振动或是形变通常会引起红外探测信号的微扰，进而影响探测的准确性，所以机械的稳定性和尽可能小的热质量必须折中考虑。在微辐射源中，热量通过热传导、对流、和热辐射 3 种热传输方式冷却。红外辐射源的部分热量是通过热辐射释放出去，这种降低源温度的方式称为自冷却辐射。对于电调制辐射源，如何在保证一定调制频率的情况下，提高自冷却辐射在热传输中的比重,即尽量提高对外的红外辐射能量,成为设计的关键。目前,已经发展了3种结构,薄膜电阻、微桥电阻和支撑薄膜电阻来满足设计的要求。

硅基 MEMS 红外光源如图 3.18 所示,封装后的 MEMS 红外光源如图 3.19 所示。如图 3.20 所示,图 3.20(a)是单个红外光源,图 3.20(b)是 4 个红外光源组成的阵列式红外光源,两者都是在 1000K 温度的图像。可以看出,器件温度达到约 1000K 时,可见红光出现,单个的红外光源的电阻值大约是 360Ω。

图 3.18 硅基 MEMS 红外光源

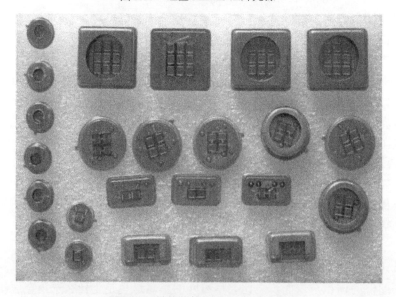

图 3.19 封装后的 MEMS 红外光源

显示不同阵列的 MEMS 红外光源如图 3.21 所示。其中 1×2 红外光源阵列采取先将两个光源连接,后连接到引脚的方式。2×2 红外光源阵列是采用先将两个光源并联,后串联的方式,它的电阻值与单个 MEMS 红外光源的电阻值相等。3×3 红外光源阵列是采取现分别将 3 个 MEMS 红外光源串联,形成了 3 个大电阻,这时 3 个大电阻的电阻值达到了单个红外光源的 3 倍,然后将这 3 个大电阻并联,最终得到的电阻值与单个 MEMS 红外光源电阻值相等。

图 3.20 单个红外光源和 4 个红外光源组合的阵列式光源

图 3.21 1×2 和 2×2，3×3 红外光源阵列

单个 MEMS 红外光源在不同温度下的热成像图如图 3.22 所示。可以看出，每个温度下的热成像颜色不同，而且光源中心的温度比周围高，不同红外光源阵列的热图像如图 3.23 所示。

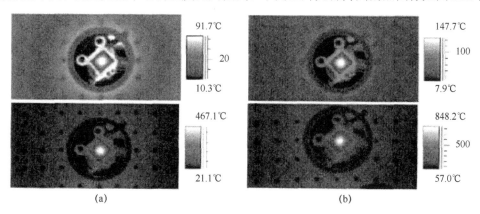

图 3.22 单个红外光源在不同温度时的热成像图

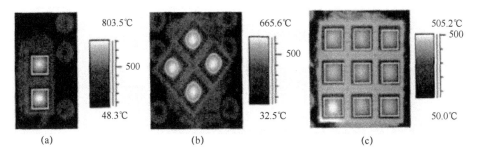

图 3.23 不同红外光源阵列的热图像

3. 等离子体 MEMS 红外光源的研究进展及展望

美国 I. Puscasu 等在 2002 年首先报道了等离子体 MEMS 红外光源器件的制作,该器件因其结构简单和制作工艺技术成熟等而备受研究者的关注。其中,I.Puscasu 研究小组系统地讨论了该器件的不同参数(如晶格周期、晶格对称性、介电常数、圆孔形状、圆孔深度和采用人为的点缺陷设计等)对其热辐射性能影响。这些参数不仅决定了热辐射工作波长,而且还影响热辐射共振峰的带宽。例如,高度对称的正六边形晶格圆孔阵列结构的热辐射共振峰较窄。圆孔径大小也会影响其热辐射共振峰的带宽,较小的圆孔会形成非常窄的共振峰,相比之下其热辐射效率也较小;较大的圆孔径会得到较大的热辐射效率,但其共振峰要宽得多。

最近几年,C. Y. Chen 和 M. W.Tsai 等报道了由银/二氧化硅/银 3 层膜复合结构替代银/二氧化硅二层膜结构制作的等离子体 MEMS 红外光源器件。这种新型的金属/电介质/金属"三明治"夹层微型结构不仅会进一步提高其热辐射效率,而且还会形成更加复杂的组合型热辐射光谱,这是由于银/二氧化硅/银三层膜复合结构上下银表面中不同的圆孔阵列的 SPP 相互耦合作用的结果。

目前,I. Puscasu 等提出了一种以二氧化硅/铝为衬底的正六边形晶格铝圆柱阵列组成的新结构,这种新结构同样也能够形成可调谐窄带红外热辐射光谱。这些发现可以进一步丰富和发展等离子体 MEMS 红外光源的研究。

红外气体传感器工作的基本原理是依赖于气体独特的红外吸收特征波长(其中大部分气体分子的波长在 2~14μm 之间),这就需要利用高性能、可调谐窄带的相干光来定性判别待测气体分子的种类和定量分析其浓度大小。I. Puscasu 等已经成功研制出了高性能的等离子体 MEMS 红外光源器件。该器件一般是采用 MEMS 技术在单晶硅衬底上制作二维金属/电介质光子晶体(MDPC)结构,经加热后就能够辐射出可调谐窄带红外光谱。这项先进技术使得将组件复杂且制作成本高的 NDIR 红外气体传感系统 MEMS 成为可能。

等离子体 MEMS 红外光源是人们利用 MDPC 对黑体热辐射光谱的剪裁特性而研制出的能够发射出可调谐窄带的相干光,它在 MEMS 芯片 NDIR 气体传感系统和微型光谱分析仪等方面都有极大的应用前景。随着半导体微纳米制造工艺的进一步发展,该器件一定会成为纳米光学领域的研究热点之一,对该课题未来的研究方向我们应该着重把握以下两个方面。

(1)深入地研究等离子体 MEMS 红外光源器件的工作机理,挖掘其所表现出的独特性能。其中,对其性能的控制和优化有以下 3 点值得关注:可选择性的滤波;热辐射效率的提高;热辐射光束的聚焦。人们只有充分理解这些特性背后的真正原因,才可期望制作出集成以上 3 种性能于一体,且具有良好可调谐窄带方向性的下一代高性能等离子体 MEMS 红外光源。

(2)继续拓宽等离子体 MEMS 红外光源器件的应用领域。除了它在 MEMS 芯片 NDIR 气体传感系统中的应用之外,人们还注意到它在 MEMS 芯片红外光声气体传感系统、生物光感应反应系统和微型光谱分析仪等方面存在广泛潜在的应用价值。

3.4 辐射源的应用

3.4.1 军事应用的辐射源

3.4.1.1 目标类辐射源

目标类辐射源有两个概念,真实的军事目标和模拟这些军事目标的假目标。

真实的军事目标,如飞机、坦克、舰船等,随着型号的不同,辐射特性也各不相同。研究它们的目的是为了更好地实施探测,针对这些目标的辐射特性研发合适的探测装置,以便更快、更早地发现目标,进行打击。对于真实军事目标辐射特性的研究,是红外技术领域的重要课题,所以已经有很多典型军事目标的红外辐射特性都是人所共知的。

模拟的假目标是典型的人工辐射源。按照军事目标的辐射特性,制作各种各样的仿真目标,目的是对研制的武器装备进行模拟实验。有实验室用的仿真目标和野外用的靶标两大类。这方面研究人员和研究工作都很多,但是能够公开的资料很有局限性。

还有一类假目标属于伪装类辐射源,是实战时使用的,就是利用各种低成本材料,干扰敌方的侦察,使敌方真假难辨,增大敌方武器弹药的使用量。这方面内容在本节后面论述。

3.4.1.2 诱饵类

红外诱饵弹也称红外曳光弹,是实战使用的红外干扰器材之一,用来对抗技术日益先进、数量日益增多的红外制导导弹,它可从地面、飞机或舰艇上发射,诱骗空空、空地、地空和反舰导弹等,使其脱离对目标的跟踪,从而达到保护目标的目的。红外诱饵弹具有与真实目标相似的红外频谱特征、能比较迅速地形成高强度的红外辐射、较高的效费比、形成时间短而持续时间长、可多载多投等特点。

1. 红外诱饵的基本要求

(1) 诱饵所发射的红外光谱要能覆盖保护对象的红外光谱,它们的波谱相似,而且其有效波段内的红外辐射功率比被保护对象的红外辐射功率大 2~10 倍。

(2) 诱饵必须与被保护目标同时出现在来袭导弹寻的器的视场内,并保持足够长的时间,以保证被保护目标能顺利离开寻的器视场。

(3) 根据红外告警装置提供的信息,可按预编程序或自动编排的投放顺序手动、半自动、自动或微机控制等方式发射诱饵,并可控制诱饵发射的方向和速度,从而达到能逼真地模拟飞机、舰船或其他被保护目标的热轮廓。

(4) 诱饵能与被保护目标保持最佳的距离,并具有最合适的运动轨道。

2. 红外诱饵的主要种类

1) 烟火剂类诱饵

烟火剂类诱饵是利用物质燃烧时的化学反应产生大量烟云,并发射红外辐射的一类诱饵。一般由燃烧剂、氧化剂和黏合剂按一定比例配制而成。其中燃烧剂常选用燃烧时能产生大量热量的元素,如 Er、Al、Ca、Mg 等。由于这几种元素的氟化物的发热量一般比氧化物大,因此通常选用高分子聚合物作为氧化剂。若配比合适,燃烧时将产生大量游离态的碳,有利于提高诱饵的辐射强度。这一类诱饵的辐射波长一般为 1.8~5.2μm,若添加了四氯化钛,也可拓展到 8~12μm。

2) 凝固油料类诱饵

凝固油料燃烧将产生 CO、CO_2、H_2O 等物质,并发射红外辐射,它们是选择性辐射,CO_2 辐射的主要红外光谱带是 2.65~2.80μm、4.15~4.45μm 和 13.0~17.0μm。H_2O 的红外辐射主要谱带是 2.55~2.84μm、5.6~7.6μm 和 12~30μm。凝固油料类诱饵与武器装备的发动机燃料燃烧所发射红外光谱相近所以能较好地模拟目标热辐射性质。

3) 红外热气球诱饵

在特制气球内充以高温其他作为红外诱饵称为红外热气球诱饵,它在空中可停留较长时间，用以保护重要的战略目标。

4）红外综合箔条

金属箔条的一面涂以无烟火箭推进剂作为引燃药，投放时，大量箔条燃烧在空中形成"热云"吸引红外寻的导弹，金属箔条另一面光滑，布散到空中，通过对太阳光的散射，在近紫外、可见到近红外波段对导弹形成干扰。同时，长短合适的金属箔条还可形成雷达的假目标，所以这是一种可实现宽波段干扰的诱饵。

5）面源型红外诱饵

虽然一般的红外成像导引头均有目标识别能力，但由于各种限制，识别能力有限，在目标与干扰物的图像重叠或部分重叠时，不可能根据图像灰度差辨认出目标和干扰物，从而摒弃干扰物而只对目标跟踪。因此，对抗红外成像导引头，面源型红外诱饵是较好的干扰物。

面源型红外诱饵弹主要采用液体弹药（碳氢化合物或更复杂的化学制品）和固体弹药（Mg/PTFE材料、金属燃料和磷的水合氧化物等），由投放器从军用飞机、舰船、装甲车辆投射到距军用飞机、舰船、装甲车辆一定距离和方向的空中，点燃后迅速燃烧产生强烈的红外辐射源，形成红外假目标。凝固油料类诱饵与舰艇等武器装备的发动机燃料燃烧所发射的红外光谱相近，所以能较好地模拟目标热辐射性质。

3. 影响红外诱饵红外辐射强度的主要因素

1）原材料

红外烟火药剂属于机械混合物，主要由氧化剂、可燃剂和黏合剂等组成。药剂中采用的原材料，决定了红外烟火药剂的燃烧热效应、燃烧产物的生成热及氧化剂生成热的大小，决定了燃烧产物中凝聚相物质熔点和沸点的高低以及火焰中灼热、聚集的游离碳粒子和气态产物的多少。对火焰平均温度、火焰辐射系数、火焰辐射面积和辐射效率有至关重要的影响。可以说，原材料的种类是决定红外诱饵红外辐射强度的关键因素。

2）原材料粒度

原材料粒度是指可燃剂和氧化剂粒度，由于粒度减小，比表面增加，红外诱饵的燃烧速度和质量流速随可燃剂和氧化剂粒度的减小而增大，因为红外药剂中的氧化剂分解温度较低，所以可燃剂粒度对红外辐射性能的影响更为显著。由于减小可燃剂粒度，增大了可燃剂颗粒的比表面，提高了红外诱饵燃烧时的质量流速，使火焰温度得到提高。同时，由于质量流速增大，增大了火焰的辐射面积，降低了红外诱饵燃烧时的热量损失，从而使红外辐射强度和总辐射能量得到提高。因此，在可能的情况下，应尽量使用小粒度的可燃剂。

3）可燃剂与氧化剂配比

药剂原材料确定后，在特定条件下，该药剂所能达到的最大红外辐射强度和总能量是一定值。也就是说，原材料决定了红外诱饵药剂燃烧时所能达到的红外辐射强度和总能量。而可燃剂与氧化剂配比则决定了该药剂是否能够达到这一辐射强度和总能量。通常可燃剂与氧化剂配比是根据氧平衡进行设计和调整，从理论计算角度讲，药剂为零氧平衡时，有最大热效应，对红外药剂来说应有最大辐射强度和总辐射能量。但是，由于零氧平衡时药剂燃速较低，质量流速小，造成药剂燃烧时热量损失增大，使燃烧温度和火焰辐射面积下降，从而导致红外辐射强度和总能量降低。当红外药剂配方为正氧平衡时，由于过量氧化剂的存在，使药剂中参与燃烧反应的有效成分减少。同时，由于红外药剂中氧化剂聚四氟乙烯导热系数小，不利于燃烧反应区的热量向未反应区传导和扩散，致使燃烧反应速度减慢，热量损失增大，燃烧反应温度降低，导致红外辐射强度和总能量下降；当燃烧反应的放热量小于向环境的散热量，向未反应区传导热量的速度小于向环境散失的热量速度时，燃烧反应将不能进行，即出现药剂燃烧不完全。当药剂配方为负氧平衡时，由于红外诱饵药剂大多采用铝粉、镁粉或铝镁合金粉作为可燃剂，这些金属可燃剂具有较大的导热系数，负氧平衡时这些导热系数大的金属粉含量增加，使药剂的导热系数明显增大，燃烧反应区传给未反应区热量的速度加快，燃烧速度加快，质量流速增大，燃烧过程中的热量损失减小，使药剂燃烧温度提高，火焰辐射面积增大。另外，药剂负氧平衡状态时，因过量镁粉的电负性小，先与空气中的氧反应，有利于保护氧化剂和黏合剂等高分子材料在燃烧过程中产生的游离碳粒子不被空气中的氧所氧化。从而使红外辐射强度和总能量提高。当负氧平衡超过一定限度，既金属可燃剂含量达到一定程度时，由于药剂中的氟和空气的氧不足以使过量的金属可燃剂完全被氧化，部分金属可燃剂未完全燃烧，药剂燃烧热效应降低，导致红外辐射强度下降。

4）黏合剂

红外诱饵药剂中黏合剂的主要作用是保证成型后的诱饵有一定的机械强度。药剂所用黏合剂主要有两种类型，一种是在药剂组分中只起黏合剂的作用，另一种既有黏合剂的作用，还具有氧化剂或可燃剂的作用，也就是含能黏合剂。目前，国内外红外诱饵药剂中的黏合剂大都采用氟橡胶等高分子材料，这些材料在药剂组成中不仅起黏合剂的作用，同时还具有氧化剂的作用。药剂中黏合剂含量的多少，主要由两个因素决定，一是保证红外诱饵有要求的机械强度，二是药剂成型后不出现内外部裂纹。实验表明，随着黏合剂含量的增加，诱饵燃烧速度和质量流速下降，燃烧时间延长，辐射强度峰值下降，黏合剂含量在一定范围内时，总辐射能量变化不大。当黏合剂含量超过这一范围时，由于燃烧时间过长，燃烧过程中热量损失明显增大，使辐射强度峰值和总辐射能量都明显降低。因此，在满足红外诱饵机械强度和结构强度的情况下，应使黏合剂含量控制在对总辐射能量影响较小的范围内。当黏合剂含量控制在一定范围内时，诱饵可获得良好的机械强度、较高的红外辐射强度和总能量。由于黏合剂具有降低燃速的作用，在一定范围内，可通过调节黏合剂含量多少来调节燃烧持续时间。

5）药剂密度

红外诱饵的燃烧线速度随药剂密度的增加而减小，但质量流速变化不大，因此药剂密度的变化对总辐射能量影响较小。随着药剂密度的增加，诱饵火焰感度逐渐降低，当密度过大时，会出现诱饵难于点燃，或不能持续燃烧现象。

6）诱饵表面形状

红外诱饵的燃烧是从表面开始，诱饵表面积增大，燃烧面积增加，质量流速提高，使燃烧温度和辐射强度得到提高。因此，表面形状对诱饵红外辐射强度具有至关重要的影响。由于受体积和重量等指标的制约，红外诱饵的外形尺寸不可能很大，靠增大外形尺寸的方法来提高红外诱饵表面积是非常有限的，通常的做法是将诱饵制成异型表面，来达到增大诱饵表面积的目的。实验证明，异型表面使诱饵红外辐射强度明显提高。而且，异型表面在增大诱饵燃烧面积，提高诱饵红外辐射强度和总辐射能量效果的同时，还大大改善诱饵减面燃烧效应，使诱饵在一段时间内燃烧的质量流速和火焰温度保持稳定，维持接近恒定的辐射强度。

从上述分析和讨论结果可看出，在红外诱饵体积和重量一定和满足一定燃烧持续时间的情况下，要获得较大的红外辐射强度和总辐射能量，应重点考虑以下几方面的问题：选择氧化剂和可燃剂等原材料时，应掌握氧化剂有较小生成热、燃烧产物要有较大生成热和药剂有较大燃烧热效应的原则；可燃剂和氧化剂材料的粒度，尤其是可燃剂粒度应尽可能小；尽量采用质量流速大的药剂成分配比；使燃烧产物中有适量的气态生成物和尽可能多的游离碳粒子；使诱饵有尽量大的表面积。

由于红外诱饵的燃烧和燃烧过程中的火焰辐射是非常复杂的化学和物理过程，受多种因素影响，而且红外诱饵有些性能参数又互相制约，如对同一种药剂来说，由于红外辐射的总能量是一定的，燃烧时间延长，辐射强度就会降低。因此以使红外诱饵获得最佳的红外辐射效果成为一方面的研究课题。

4. 红外诱饵的辐射计算

红外诱饵属于红外辐射源，其辐射均属热辐射，因此计算的基础是描述绝对黑体热辐射的普朗克定律。对于常用辐射量的计算，一般采用前几章的辐射量计算公式。但在实际应用中，对于烟火剂类红外诱饵和凝固油料类红外诱饵，由于其燃烧时辐射面积难以确定，所以，常用经验公式来计算诱饵燃烧时的辐射量。

将燃烧的红外诱饵按点源处理，其辐射强度为

$$I_0 = mE_\lambda \tag{3-23}$$

式中　m——燃烧的燃烧率，用 gs^{-1} 作单位；

E_λ——燃料的比辐射强度，用 $Jg^{-1}Sr^{-1}$ 作单位。

$$E_\lambda = \frac{1}{4\pi} H_c F_{\Delta\lambda,T} \mathrm{d}e \mathrm{d}\omega \mathrm{d}s \tag{3-24}$$

式中　H_c——燃料燃烧热值，以 Jg^{-1} 为单位；

$\mathrm{d}e$——辐射源静态辐射因子，在绝大多数情况下，取为 0.75；

$\mathrm{d}\omega$——气流衰减因子，其值根据诱饵飞行条件的不同由实验确定，取值范围在 0.1～1.0 之间，诱饵在静止时取 1.0，接近音速时取 0.1；

$\mathrm{d}s$——诱饵燃烧时羽流的形状因子，与对羽流的观测方向有关，粗略地可看作在某方位，视场所观测到的辐射源面积与在尾追时观测到的面积之比，一般取值 1.0～2.0；

$F_{\Delta\lambda,T}$——辐射源总的辐射出射度值与其在有效波段内的光谱段辐射出射度之比，一般可用下式表示：

$$F_{\Delta\lambda,T} = \frac{1}{\varepsilon\sigma T^4} \int_{\Delta\lambda} \frac{\varepsilon_\lambda c_1}{\lambda^5} \frac{1}{\mathrm{e}^{c_2/\lambda T}-1} \mathrm{d}\lambda \tag{3-25}$$

式中　ε——平均发射率，通常假设为 1.0；

ε_λ——光谱发射率；

σ——斯蒂芬-玻耳兹曼常数。

燃料燃烧率 m 由下式决定，

$$m = \rho_f sr \tag{3-26}$$

式中　ρ_f——燃料粒子的密度；

s——燃烧的表面积；

r——燃烧表面的线性衰退率，可用下式求得：

$$r = aP^n \tag{3-27}$$

式中　P——周围大气的压强；

n——经验常数，与样品的燃烧率相关，通常小于 1；

a——经验常数。

由于运行中的诱饵其表面所受到的滞止压强比大气压强 P 多出一项 $\frac{1}{2}\rho_a v^2$

式中 ρ_a——大气密度;

v——诱饵运动速度,所以其燃烧速率略有增加,这一点已被风洞实验所证实。

由于烟火剂类诱饵主要靠燃烧产物中的固体微粒产生辐射,因此,诱饵的辐射强弱不但与微粒的组成有关(焦炭粒子辐射强烈,一般灰粒相对较弱),也与微粒尺寸相对于辐射波长的大小有关。当微粒直径 $d<0.2\lambda$ 时,诱饵燃烧的火焰对辐射呈半透明状态,若 $d>2\lambda$,则火焰队辐射呈不透明状态,此时带微粒火焰本身对辐射也有衰减作用,其衰减系数为

$$K = \frac{3}{2} \cdot \frac{G}{d\rho} \tag{3-28}$$

式中 G——单位体积中所有微粒的总质量;

ρ——单个微粒的密度;

d——按球体看的微粒的直径。

由此可见,带微粒火焰的辐射的发射与吸收与各微粒总的质量浓度和微粒的直径有很大关系。

3.4.1.3 伪装类

现代伪装技术基本可以分为:植物伪装、迷彩伪装、人工遮障伪装、假目标伪装、烟幕伪装、灯火伪装、音响伪装、电子伪装等。

植物伪装就是利用植物的枝叶,使自身与自然环境融为一体,达到在视觉上伪装自己的目的。迷彩伪装就是利用迷彩服或者迷彩涂料,使战斗员,坦克,舰艇,飞机等与自然背景融合,难以发现,同时减少自身明显的棱角在视觉上被发现的概率。

人工遮障伪装就是用伪装网,达到在视觉上、雷达上、红外上的伪装隐蔽。假目标伪装就是利用各种低成本材料,干扰敌方的侦察,使敌方真假难辨,增大敌方武器弹药的使用量。烟幕伪装,就是释放烟幕弹,干扰敌方的光学侦察。灯火伪装和音响伪装类似于假目标伪装。

伪装类的技术中很大一部分是涉及红外辐射特性的,因为单纯的可见光观瞄系统越来越少,取而代之的都是多光谱组合系统,其中红外部分所占比重较大。

世界上各国的红外成像制导导弹的制导基本上是采用被动红外凝视焦平面阵列成像探测器,它通过探测目标的热辐射来迅速地发现、识别和跟踪目标。其能够发现目标必须具备3个条件:目标表面与所处背景之间存在辐射亮度的差别;适合红外成像探测器接收的足够强的红外辐射;待观察目标的大小和形状。如果能够改变目标和背景的辐射特性,减少两者之间的对比度,或者大幅度地衰减进入导引头红外成像传感器系统的辐射强度,都可以使红外成像导引头系统受到干扰。如果干扰的强度相当大,红外成像导引头分辨不出目标的热图像,便可达到伪装的目的。目前普遍采用的红外伪装方法是在目标表面涂以低发射率涂料或披挂伪装网。装备表面涂覆低发射率涂料,可明显降低其辐射能量,它的静态应用已取得较好的效果。

迷彩伪装是用涂料、染料和其他材料改变目标和背景的颜色、图案所实施的伪装。目前军事领域最常用的迷彩伪装手段是使用热图迷彩。热图迷彩是利用不同辐射特性的材料涂覆于目标表面,以形成表面辐射温度不同的热图斑点,从而达到歪曲目标图像的目的。例如,对于导弹阵地,可采用由我国航天系统研制的多频谱隐身涂料、聚氢酯涂料,涂在导弹发射车、发射井盖、发射场坪等设施上可有效地对抗可见光、近红外、热红外和雷达波的侦察。

红外烟幕干扰是一种被动的对抗手段,作为一种军事遮蔽和伪装武器,在现代战争中的

作用越来越重要。实质是凭借大量的微小颗粒对红外辐射进行吸收与散射的综合作用，把入射的红外辐射衰减到光电瞄准探测系统不可能可靠工作的程度，造成导引头不能拾取足够的辐射能量（信息）以区分目标和背景，引起导引失败。例如，当目标产生的红外辐射通过遮蔽烟幕的透过率小于 15%时，被动红外成像系统将无法显示完整的目标图像，起到对红外成像的干扰作用。即使不能完全阻断红外辐射进入红外探测系统，红外烟幕也会对跟踪系统的特征提取和特征选择产生干扰作用。红外烟幕有干扰时间长、面积大、温度和目标温度接近及干扰波段宽等优点，最好与红外诱饵结合使用，这会对红外成像系统识别和跟踪目标产生强烈的干扰效果。

假目标伪装是为欺骗敌人，模拟目标的暴露征候所实施的伪装。假目标伪装在海湾战争、科索沃战争、阿富汗战争等最近几场高技术战争中取得了较好的效果。根据红外成像制导对 $3\sim5\mu m$ 和 $8\sim14\mu m$ 波段敏感的特点，设置假目标、假热源来模拟真目标的各种外形特征，欺骗、迷惑精确武器制导系统。使其产生错误指令，进而保存了目标。

动态变形伪装是一个新概念，是传统伪装技术的延伸和发展，采用的是假目标伪装的原理，在真目标表面及其附近大面积覆盖光电器材或其他结构型器材，预警雷达得到信号时，启动该系统，待成像制导武器进入目标区以后，系统就模拟真目标的外形和热图像进行渐变，逐渐远离真目标，使武器的制导系统随着系统的渐变改变制导方向进而偏离真目标。

3.4.2 工业应用的辐射源

3.4.2.1 红外辐射加热的基本原理及特点

物质的吸收、反射、透射份额的大小由物质的性质所决定，称为该物体对外来辐射能流的吸收率 A、反射率 R 和透过率 T，即

$$A = \frac{Q_A}{Q_E}, \quad R = \frac{Q_B}{Q_E}, \quad T = \frac{Q_T}{Q_E} \tag{3-29}$$

根据能量守恒定律，则：

$$A+R+T=1$$

从物理意义上看，A、R、T 每一个量只能在 $0\sim1$ 之间变化。被反射和透射的辐射能流除了一部分被空间介质沿途吸收外，又将落在周围其他物体上，依次被吸收。由此可见，自然界中，每个物体都在不断地向空间发射辐射能的同时，又在不断地吸收来自周围其他物体的辐射能。辐射与吸收的综合结果即成为辐射换热，这种相互作用的概念十分重要。如果入射的红外线频率和分子固有频率相符，则物质分子就会表现出对红外线的强烈吸收。红外辐射加热技术是利用这个原理工作的。

红外辐射以电磁波的形式将能量传递出去，根据斯蒂芬-玻耳兹曼定律，辐射能量正比例于绝对温度的四次方，高温的物体必然向低温的物体传递热能，形成辐射加热。因此人们制造了一些这种高温物体作为加热元件。

红外辐射加热有很多优点，因此广泛应用于工业领域。

（1）"热"辐射后，不被物质周围空气吸收，而直接传动被加热物体表面。经过物体吸收后，使其温度升高，其传递的深度受物质种类大小，物理性质，如密度、比热容、反射率、吸收系数、吸收波长等影响。

（2）传热迅速。辐射之热量与热源与照射物体间温度四次方之差成正比，热对流受到热

源周围温度及被加热物体温度等影响；

（3）有机物因热辐射的红外线与其分子间产生共振作用而将辐射能吸收。因此，由于物体色泽所引起的加热效果差异不大，所得到均匀地加热。

（4）热辐射时，光子能级低，因辐射所造成的化学分解作用小，不致触及物体固有特性。

（5）红外线具有光的性质：直线性、散射性、反射性，因此在短时间内，很容易利用辐射的供给、切断来控制温度。

（6）不需热传介质传递，热效率良好。

（7）热惯性小，不需要暖机，节省人力。

3.4.2.2 红外辐射加热元件

红外辐射加热装置一般由加热器和控制器两大部分组成，加热器通常是由加热元件及红外涂层构成，加热元件被加热后向红外涂层提供足够的热量，使涂层能够发射出具有所需波段宽度和较大功率的红外线。

1. 红外辐射加热管

红外辐射加热管，一般是用耐高温稀有金属制成的丝状辐射体，经特殊工艺绕制后封闭在特种透明石英玻壳或金属管内，再经抽真空、充以惰性混合气体或绝缘粉末制成。电流在通过以特殊材料制成的加热管的加热丝时，加热管会辐射出一定波长的红外线，当红外线被物体吸收时，物体即被加热。

加热丝（灯丝或碳素纤维等）的温度决定了加热管辐射强度随波长的分布。根据光谱分布中最大辐射强度的位置，将红外辐射加热管分类为：短波（波长 $0.76\sim1.6\mu m$ 左右）、中波（波长 $1.6\sim4.0\mu m$ 左右）和长波（波长 $4.0\mu m$ 以上）的产品。

2. 远红外陶瓷发热体

远红外陶瓷以能够辐射出比正常物体更多的远红外辐射为主要特征功能。利用这一特殊性能，远红外陶瓷的应用主要分为两个方面：高温区的应用和常温区的应用。在高温区主要应用于锅炉的加热，烤漆，木材、食品的加热和干燥等，在常温区主要应用于制造各种远红外保暖材料，如远红外陶瓷粉、远红外陶瓷纤维、远红外陶瓷聚酯，以及远红外功能陶瓷等。

陶瓷发热体元件是将电热体与陶瓷经过高温烧结，固着在一起制成的一种发热元件，根据本体温度的高低调节电阻大小，从而能将温度恒定在设定值，不会过热，具有节能、安全、寿命长等特点。

金属陶瓷发热体（Metal Ceramics Heater，MCH），是一种新型高效环保节能陶瓷发热元件，又称为 MCH 发热片、MCH 陶瓷发热片、金属陶瓷发热片、氧化铝陶瓷发热片、陶瓷发热元件（High-Temperature Co-fired Ceramics，HTCC）、HTCC 陶瓷发热元件发热组件。它是将金属钨或者是钼锰浆料印刷在陶瓷流延坯体上，经过热压叠层，然后在 1600℃氢气氛保护下，陶瓷和金属共同烧结而成的陶瓷发热体，具有耐腐蚀、耐高温、寿命长、高效节能、温度均匀、导热性能良好、热补偿速度快等优点，而且不含铅、镉、汞、六价铬、多溴联苯、多溴二苯醚等有害物质，符合环保要求。

随着纳米技术的广泛应用，纳米陶瓷随之产生，其克服了工程陶瓷的脆性，使陶瓷具有像金属一样的可加工性。于是人们用这种陶瓷制成了加热器，性能指标更好，发热效率更高。

红外加热技术研究方面，主要涉及红外加热系统优化设计中效能量化研究问题、红外辐射与物质作用机理数值模型化问题、耐高温红外辐射涂料研发技术问题、高效红外加热源研制问题、红外加热的测试方法研究问题等等。

3.4.3 激光辐射源

激光器是 20 世纪 60 年代发展起来的一种新型光源。与普通光源相比，激光具有方向性好、亮度高、单色性和相干性好等特点。激光器的出现从根本上突破了以往普通光源的种种局限（如亮度低、方向性和单色性差等），赋予光电技术于新的生命力，不仅产生了许多新的分支学科，如全息照相、光信息处理、非线性光学等，而且在现代化的科学研究、工业生产、医疗和军事等领域发挥着越来越重要的作用。

3.4.3.1 激光器的基本组成

任何激光器都有 3 个基本组成部分：泵浦源，谐振腔和工作物质。

（1）泵浦源。泵浦源是整个激光器系统的能量来源，用以激励工作物质，使其产生并维持特定能级间的粒子数反转，实现受激辐射。按照能量来源方式不同，泵浦源又可以分为：电激励、光激励和化学激励等。

（2）工作物质。工作物质是产生受激辐射的载体，在泵浦源的激励下实现特定能级间的粒子数反转，并实现受激辐射。工作物质必须具有尖锐的荧光线、强吸收带和针对所需荧光跃迁的相当高的量子效率。工作物质可以是气体、液体和固体。对于固体基质材料还要求其具有好良好的光学、机械和热特性、能接收掺杂离子、上能级具有较长的能级寿命等特点。

（3）谐振腔。谐振腔是激光器实现正反馈，实现激光放大并约束振荡光子的频率和方向以保证激光输出实现高单色性和高定向性的装置。根据谐振腔能否满足稳定振荡条件，谐振腔可以分为稳定腔和非稳定腔两种；根据谐振腔具体结构不同，谐振腔又可以分为直谐振腔、V 型谐振腔、Z 型谐振腔和环型谐振腔等。

3.4.3.2 激光器的基本工作原理及激光特性

激光器的最基本的工作原理的基础是爱因斯坦的受激辐射理论。工作物质在激励源（泵浦源）的激励下首先产生自发辐射，自发辐射的光子在相位和传播方向上杂乱无章，完全是自发的状态，因此自发辐射的光是不相干的。但是，由于谐振腔的存在，约束沿谐振腔主轴方向传播的光子能够反馈回谐振腔，再次通过工作物质时由于工作物质处于粒子数反转状态。因此，工作物质会产生"感应发射"，即发射到谐振腔内的光子具有与激发跃迁相同的相位和频率，这就是受激辐射。由于谐振腔的不断反馈放大，使谐振腔内具有相同频率和相位的光子越来越多，在一定的泵浦功率条件下，损耗和增益达到平衡时，激光器就实现了稳定的激光输出。因此，从激光产生的基本原理出发不难看出激光器与普通光源相比，具有以下优点。

（1）方向性好。普通光源发出的光向四面八方发射，分散到 4π 立体角内，而激光发射的光束，其发散角很小，一般为几个毫弧度。所以激光的方向性很强，光束的能量在空间高度集中。例如，普通光源中方向性较好的探照灯，其光束在几千米外也要扩展到几十米的范围，而激光光束在几千米外，扩展的范围不到几厘米。

（2）亮度高。一般激光器发射的立体角 $\Delta\Omega$ 约为 10^{-6} sr。而且有些激光器（如 Q 突变激光器）可使能量集中在很短的时间内发射（约 10^{-9} s 内），这样激光器发出的瞬时功率很大，所以激光光源可具有非常高的亮度。例如，一台红宝石巨脉冲激光器，每平方厘米的输出功率可达 1000MW，其亮度可达 10^9 MW/（cm^2·sr），而太阳的亮度只有 0.16sb，因此，此种激光器的亮度可以比太阳的亮度高几十亿倍。

（3）单色性好。激光器的另一特点就是谱线宽度很窄。我们通常所说的单色光，实际上都包含一定的谱线宽度，例如普通光源中单色性最好的氪灯（Kr^{86}），它所发出红光的波长$\lambda=605.7nm$，在低温条件下其谱线宽度为$4.7\times 10^{-4}nm$。与之相比，单模稳频氦氖激光器发出的激光波长$\lambda=632.8nm$，其谱线宽度可窄至$10^{-8}nm$，可见该激光的单色性要比氪灯高10万倍。

（4）相干性好。因为每个粒子在跃迁的过程中所发出的光都是一个有限长度的波列，对于激光，每个波列的频率、传播方向和初相位高度一致，所以同一波列在空间相遇时将出现干涉现象，其相干长度与每个波列维持的时间成正比。光源发出的光的相干长度与谱线宽度$\Delta\lambda$成反比，与辐射的波长λ_2成正比，即$l=\lambda_2/\Delta\lambda$。把氪灯的数据代入此式，则相干长度为38.5cm，而单模稳频的氦氖激光器的相干长度可达几十千米。由于相干长度越长，波列维持的时间越长，因此激光时间相干性好。除时间相干性外，激光光束还具有很好的空间相干性，即在辐射场的空间波场中，波前各点都是相干的，所以激光器是理想的相干光源。

3.4.3.3 激光器的分类

1. 从工作物质状态出发，激光器可以分为气体激光器、固体激光器和液体激光器

（1）气体激光器。这类激光器采用的工作物质为气体，可以是原子气体、分子气体和电离化离子气体。在原子气体激光器主要采用的是惰性气体（氦、氖、氩等）和部分金属原子蒸汽（如铜、锌等）。分子气体激光器采用的工作物质主要有CO_2、CO、N_2、HF和水蒸气等。离子气体激光器采用的工作物质主要有氩离子、氪离子等。在红外波段最常用的气体激光器主要是指CO_2气体激光器。目前，单机一体化连续横流CO_2激光器的最大输出功率可以达到万瓦级，可以广泛应用于钢铁、冶金、航空航天、机电产品和船舶等行业的热处理熔覆、焊接和快速成型等，具有广阔的发展前景。CO_2激光器又称为"隐身人"，因为它发出的激光波长为$10.6\mu m$，处于红外，肉眼不能觉察，而且正好是大气窗口，因此在国防上有很重要的应用，是巡航导弹制导系统的重要光源，现已到了技术基本成熟阶段。另外，CO_2激光器在医疗行业也具有重要的应用。

（2）固体激光器。在红外波段，发射波长为$1.064\mu m$固体激光器的工作物质YAG已发展到棒状，片状和光纤等多种形式，主要应用在航空航天、汽车制造、电子仪表、化工等行业的激光打孔。目前，打孔用YAG激光器的平均输出功率已经提高到了800～1000W，最大峰值功率已经达到30～50kW。而氪灯泵浦室温工作的Cr：Tm：Ho：YAG激光器发射的波长为$2.1\mu m$的激光，则主要用于外科手术，包括切骨术、硬组织烧融和结石碎裂等。

（3）液体激光器。液体激光器也称为染料激光器，因为这类激光器的工作物质主要是有机染料溶解在乙醇、甲醇或水等液体中形成的溶液。这类激光器的特点是波长可调谐。

2. 按工作方式不同，激光器可分为如下4种

（1）单次脉冲方式工作。按此方式，工作物质的激励以及激光发射均是一个单次脉冲的过程，一般的固体激光均以此方式工作，可获得大能量激光输出。

（2）重复脉冲方式工作。按此方式，激励是采取重复脉冲的方式进行的，故可获得相应的重复脉冲激光输出。

（3）连续方式工作。按此方式，工作物质的激励和激光的输出均是连续的。

（4）Q突变工作。这是一种特殊的超短脉冲工作方式，其特点是将单次激光能量压缩在极短的振荡时间内输出，从而可获得极高的脉冲输出功率。当激光器在这种状态下工作时，通常在工作物质和组成谐振腔的反射镜之间放置一种特殊的快速光开关,当激励开始后,开关处于关闭状态,切断了腔内的光振荡回路这时工作物质虽然处于粒子数反转状态,但不能形成有效的振荡。只有当工作物质的粒子数反转增大到一定程度后,光开关才迅速打开,形成光振荡回路,在极短的时间内形成极强的受激发射。这种开关作用,是控制谐振腔内的一个反射面的光学"反馈"能力的,即是控制谐振腔内的品质因数 Q 值的,所以通常称为 Q 开关,这种方法称为 Q 突变方法。

另外,激光器还可以按照输出波长分为紫外、可见、红外和远红外激光器。下面我们就按照激光器的输出波长介绍几种目前应用比较广泛或在该领域研究比较集中的红外激光器。

3.4.3.4 红外激光器

1. YAG 近红外固体激光器

钇铝石榴石激光器常简写为 YAG 激光器,这是目前发展最为成熟,应用最广泛的一种激光器,也是 LD 泵浦全固体激光器(DPSSL)技术的典型代表。Nd:YAG 激光器具有量子效率高、受激辐射截面大,且激发阈值低,加之 YAG 晶体的热导率好,易于散热。因此,Nd:YAG 连续激光器的最大输出功率已超过 1kW;在高重复频率(如 5000Hz)脉冲状态下,其峰值输出功率也高达 kW 以上;对于几十赫兹重复频率调 Q 激光器,其峰值功率可高达几百兆瓦。由于激光功率大,在军事上常与非线性光学媒质组合应用于激光核聚变应用上;在工业上广泛应用于激光加工等领域。首先我们看一下目前发展热点之一的 LD 泵浦全固体激光器与传统激光器相比有哪些优点。

与传统的闪光灯泵浦固体激光器相比,由于 LD 泵浦全固体激光器兼备了 LD 和固体激光器两者的优点,并且互相弥补了对方的某些缺点,使激光器的各项性能指标及在实现产业化方面都取得了极大的进步。突出优点表现在以下几点。

(1) 总体转换效率有很大提高,可达 15% 以上,这比传统灯泵浦固体激光器的总效率提高了 5~10 倍。其主要原因是可以将 LD 的发射波长准确调整到固体激光晶体的吸收峰上(图 3.24),从而使泵浦光能更多地用来增加反转粒子数。

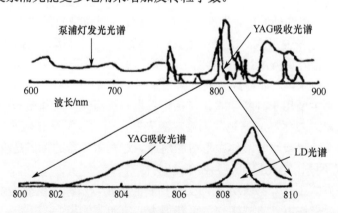

图 3.24 Nd:YAG 的吸收光谱与闪光灯、LD 发射光谱的比较

(2) 频率稳定性更高。其原因是 LD 输出功率稳定性很高,降低了泵浦功率的波动对线宽的影响;同时,激光晶体可以不吸收无用辐射,热效应也大大减小,因此激光器的噪声特性可以得到很大改善。目前,LD 泵浦全固体激光器的频率稳定性和线宽已可以和气体激光器相媲美。

（3）光束质量高。激光晶体热负载的减小可以提高光束质量。目前，一台千瓦级灯泵的固体激光器其光束发散角是衍射极限的 40~60 倍。而同等功率的 LD 泵浦固体激光器的光束发散角仅为衍射极限的 2 倍。在纵向泵浦时，可以产生近于衍射极限的激光输出。

（4）可靠性高，寿命长。LD 泵浦的全固体激光器，寿命可长达 10^4~10^5 小时，而灯泵固体激光器的寿命通常只有 400h。

（5）体积小，重量轻，可实现小型化；电源驱动方便，更适于实现全固体化。

另外，LD 泵浦全固体激光器的优点，从一定程度上弥补了 LD 的不足。

（1）线宽窄。固体激光器线宽通常为 0.0001~0.01nm，而 LD 的线宽通常为 0.02~2nm。

（2）峰值功率高。固体激光增益介质有较长的亚稳态能级寿命和相对宽的发射谱，易于实现粒子数反转，光增益大，而且通过调 Q 或锁模等方式可以获得更高的峰值功率。

（3）光束质量好。端面泵浦的固体激光器很容易做到基模衍射极限的光束。

（4）输出波长确定。LD 输出波长具有不确定性，随温度升高而增长，漂移量为 0.2~0.3nm/℃，而固体激光器具有确定的输出波长。

（5）可以制成多种新波长器件和特种器件。LD 泵浦固体激光器通过采用不同的激光晶体以及频率变换技术，可以得到多种新的振荡波长，波长覆盖比 LD 宽，而且可以利用多个 LD 泵浦，获得比单个 LD 大许多的输出功率；同时 LD 泵浦固体激光器还可以获得如：双波长、可调谐等器件。而 LD 的频率不易调节，限制了它的应用范围。

所有以上这些优点都表明，LD 泵浦的全固体激光器不仅能够完成传统激光器的各种功能，而且在光束质量、稳定性和可靠性等方面实现了较大程度的改善。可以说是激光器的一场"革命"。因此，从 20 世纪 80 年代发展到现在，LD 泵浦全固体激光技术已发展了倍频、混频、参量振荡、主/被动调 Q、锁模和放大器等多种激光技术，实现了红外光（1.3μm、1.06μm），可见光（670nm、660nm、627nm、594nm、532nm、473nm、457nm、451nm、430nm）和紫外光（355nm、266nm）等多种波长的连续、脉冲或宽波段可调谐激光输出，成为激光技术发展领域中的主导方向。而 Nd：YAG 激光器无疑是该领域发展最成熟的技术之一。

1）Nd:YAG 激光器

YAG（$Y_3Al_5O_{12}$）称为钇铝石榴石晶体，石榴石原指一系列天然矿石，因其外形很像石榴子而得名。YAG 激光器中作为激光媒质的是使用了掺有 Nd^{3+} 激活离子的 $Y_3Al_5O_{12}$ 的晶体（简称 Nd:YAG）。

处于基态的 Nd^{3+} 离子吸收泵浦源发射的相应波长的光子能量后（吸收带的中心波长是 750nm，810nm，带宽为 30nm），再经过无辐射跃迁快速弛豫过程下落到 $^4F_{3/2}$ 能级。$^4F_{3/2}$ 能级是一个寿命仅为 0.23ms 的亚稳态能级。处于该能级的 Nd^{3+} 离子能向多个终端能级跃迁并产生辐射。Nd:YAG 激光器主要有 $^4F_{3/2}$-$^4I_{9/2}$、$^4F_{3/2}$-$^4I_{11/2}$ 和 $^4F_{3/2}$-$^4I_{13/2}$ 3 个跃迁谱线，对应的波长分别为 946nm、1064nm 和 1319nm。其中跃迁概率最大的是 $^4F_{3/2}$-$^4I_{11/2}$ 能级的跃迁，因为该跃迁属于四能级系统，因此激光阈值比较低，即只需很低的泵浦能量就能实现激光振荡。因此，Nd:YAG 激光器的振荡波长通常在 1064nm。对于 $^4F_{3/2}$-$^4I_{13/2}$ 能级的跃迁，虽然也属于四能级系统，但跃迁概率要小很多，只有设法将 1064nm 激光抑制情况下，才能产生 1319nm 的激光。而 $^4F_{3/2}$-$^4I_{9/2}$ 跃迁属于准三能级系统，有再吸收损耗，因此需要的泵浦能量比较高，而且泵浦能量的提高又增加了对晶体的散热要求，因此，946nm 谱线相对于 1064nm 和 1319nm 要困难得多。

美国 CEO（Cutting Edge Optronics,Inc.）公司生产的高功率激光二极管泵浦 Nd:YAG 棒的

泵浦组件（型号：RE63-2C2-CA1-0021），其内部结构如图 3.25 所示。组件内部的 Nd:YAG 棒的尺寸为 φ6.35mm×146mm，掺杂浓度为 0.6%，在棒的两个端面各磨有 1m 半径的凹球面以补偿工作时 YAG 棒产生的热透镜效应，并且均镀有 1064nm 波长增透膜。5 组激光二极管条对称地排列在 YAG 棒周围，能够均匀地泵浦激活介质 YAG 棒，同时棒的表面也作了磨砂处理，以便在 YAG 棒中产生更加均匀的泵浦光分布。整个泵浦组件（包括激光二极管和 YAG 棒）由流动的冷却水提供冷却，最大流量 2.0GP/min。每组二极管条由 16 个最大功率 20W 的二极管组成，二极管连续工作，总的最大泵浦功率为 1600W。

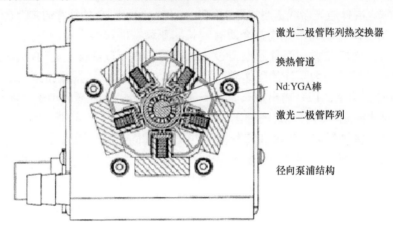

图 3.25 LD 泵浦 YAG 组件的剖面结构图

CEO 公司对高功率激光二极管泵浦头进行了测试，测试腔长：280±5mm 为短腔，全反镜为平面反射镜，输出平面反射镜在 1064nm 处的反射率为 70%，在温度设定为 25℃、电流为 21A 时最大连续输出功率为 450W。

大功率 Nd：YAG 调 Q 激光器是在谐振腔内放置声光调制开关，谐振腔的结构图如图 3-26 所示。在声光调 Q 激光器中，由于是在高功率运转条件下，单个声光开关常常不能够完全抑制谐振腔内的激光振荡，从而得不到足够高的峰值功率密度。但是可以通过调整声光开关的偏转角度或多个调制开关同步调制的方法提高关断功率，从而提高峰值功率密度。据报道，采用同样的泵浦组件，在腔长为 34cm 的情况下，当泵浦电流为 20A 时，1064nm 红外激光输出功率达到 340W，总的电光效率可以达到 15%以上。

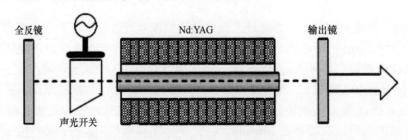

图 3.26 声光调 Q Nd：YAG 激光器结构示意图

2）Yb:YAG 激光器

随着 LD 阵列输出功率的不断提高，需要高抽运强度的准三能级 Yb 激光介质受到了越来越多的重视，特别是 20 世纪 90 年代初 LD 抽运的 Yb 激光器室温运转以来，激光材料及器件的性能得到了广泛的研究。由于 Yb 离子特有的两多重态能级特性（抽运和激光跃迁发生于 Stark 子能级之间），不存在激发态吸收、上能级转换等不利因素，同时，Yb 激光介质普遍具有毫秒级的荧光寿命、宽的吸收谱，特别适合于功率受限的 LD 抽泵浦。LD 泵浦的 Yb 激光器大多运行于连续模式，或者高重复频率方式，鲜见于低重复频率（数十赫兹以内）、长抽运脉宽的脉冲储能方式。目前，基于 Yb 介质的 DPSSL，特别是大能量的脉冲储能装置同样得到了世界各大实验室的重视，主要目的在于发展重复频率脉冲波（PW）系统的抽运源，以及惯性聚变能源（IFE）激光驱动器的研究平台。

整个实验装置由 LD 泵浦源、泵浦耦合系统以及激光谐振腔组成。泵浦源采用德国 DILAS 公司的峰值功率为 12kW（120A 时）LD 阵列，工作中心波长为 940nm，泵浦脉冲宽度为 1ms，谱线宽度为 4.6nm；泵浦耦合系统采用空心导管型耦合系统，耦合效率大于 90%，该耦合系统具有结构简单、耦合效率高、传输性能好等诸多特点，激光谐振腔采用"V"型有源镜构形平凹稳定腔，使用掺杂原子数分数为 10%，厚度为 1.5mm，口径为 Ø10mm 的 Yb:YAG 晶体片，正面抽运（抽运面积 7mm×6mm），背面水冷。激光介质前表面镀有对 940nm 和 1030nm 增透（T>98%）的介质膜，背面镀有对 940nm（R>96%）和 1030nm 高反（R>99.8%）的介质膜，介质背面镀 940nm 高反射膜，是为了提高抽运光的利用率。谐振腔的腔长为 43cm，后腔全反镜（镀 1030nm 高反膜）的曲率半径为 2m，输出镜为镀 1030nm 部分反射膜的平面镜。

在 LD 阵列输出峰值功率为 7.6kW，介质表面的抽运功率密度约为 13kW/cm^2，实验表明当输出耦合镜的反射率为 73%时，激光器输出效率最佳。1Hz 重复频率输出稳定运行于 2.43J，光转换效率为 32%，斜率效率为 54.5%；10Hz 重复频率，输出稳定运行于 1.76J，光转换效率为 23.2%，斜率效率为 43.3%。

2. 中红外 OPO 固体激光器

中红外波段，主要指的是波长为 3～5μm 这个波段，该波段激光是大气的窗口波段，该波段的激光对大雾、烟尘等具有较强的穿透力，受气体分子吸收和悬浮颗粒散射影响小，故而该波段的激光在空气污染检测、遥光谱分析以及军事上具有很高的应用价值。

目前，能产生中红外激光的激光器可大概分为以下几种。

（1）气体激光器：CO_2 可调谐范围为 0.8～9.2μm，倍频后输出波长范围为 4.6～5.4μm，进一步差频输出波长可到 3μm。CO_2 激光器的特点是功率高，全封闭技术能够保证小体积、长寿命；缺点是体检大、造价高、传输受大气影响大等。

（2）化学激光器：化学激光器是另一类特殊的气体激光器，其泵浦源为化学反应释放的能量。这类激光器大部分以分子跃迁方式工作，典型波长范围为近红外到中红外光谱区。最主要的是氟化氢（HF）和氟化氘（DF）两种装置。前者可以在 2.6～3.3μm 之间输出 15 条以上的谱线；后者约有 25 条谱线处于 3.5～4.2μm 之间。这两种器件目前均可实现数兆瓦（MW）的输出。因为有较强的军事应用价值而发展迅速；缺点是体积大、造价高和结构复杂。

（3）二极管激光器：GaSbInAs 激光器波长范围为 1.5～4.7μm，但还没有脱离低温工作条件，大的发射角使其在很多应用中受到限制。

（4）固体激光器：二极管泵浦的固体激光器（DPSLL）容易实现高重复频率、高峰值功率、高光束质量、窄线宽，可做成轻型、紧凑、高效器件，因而在军事应用非常广泛。

（5）主要几种掺杂类中红外激光器：掺 Tm^{3+} 光器：它的两个波长区间分别为 1.9～2μm 与 2.2～2.4μm，可掺杂在 YLF、YAG、YSGG、YAlO$_3$、和 GdVO$_4$ 等晶体以及光纤里，它是连续可调的,且需要的泵浦源波长分别为 780~795nm 和 805~810nm,它分别工作在连续或者脉冲方式。掺 Ho^{3+} 激光器:它的两个波长区间分别为 1.95~2.15μm 与 2.85~3.05μm,它可掺杂在 YLF、YAG 和 YSGG 等晶体以及光纤里,它是离散可调的,即它有多条分立的谱线,且需要的泵浦源可由二极管激光器提供,其波长为 970nm,它分别可工作在连续或者脉冲方式。掺 Cr^{2+} 激光器:它的波长区间为 1.9~3.1μm,所以它有很宽的连续波长调节范围,可掺杂在 ZnSe、ZnS 和 CdSe 等材料里,它可直接输出 2~2.4μm 波长的中红外激光。

(6) 量子阱激光器:该种激光器具有非常宽的发射光谱,约为 3.5~160μm,较容易实现集成化和轻型化;缺点是在 3~5μm 波段效率较低,输出功率较小。

(7) 固体激光器泵浦的 OPO:OPO 由泵浦激光器、非线性晶体和光学谐振腔构成。在强的泵浦光作用下,晶体中产生的信号光、闲频光由噪声功率水平逐渐建立起来,形成与泵浦光相当的功率输出。普通的激光器只输出一种或几种波长的激光,而 OPO 输出经倍频和红外扩展,调谐范围可从紫外 200nm 到远红外 10μm 以上,可以满足不同应用场合的需求。

3. CO_2 激光器

CO_2 激光器是以 CO_2、N_2 和 He 的混合气体作为激光工作物质的气体放电激发的激光器,主要特点是能量转换效率高,输出功率大,既能工作在脉冲激发状态,也能工作在连续激发状态,它最强的一条发射谱线的激光波长为 10.6μm,正好处于大气窗口,在大气探测、红外通信和军事(光雷达等)上是难得的中远红外光源,同时,在激光切割加工和医疗方面也有广泛的应用。

需要强调说明的是,10.6μm 的激光(谱线)正好处于大气窗口,该中远红外激光在大气通信、军事探测、医疗等领域有广泛的应用,并常用于中红外领域的激光分光上。

CO_2 激光器的激发方式有很多种,其相应的结构也不相同。常见的有普通密封式 CO_2 激光器、掺 N_2 的 CO_2 混合气体循环方式激光器、横向放电激励大气压(TEA)激光器、起动 CO_2 激光器和波导型 CO_2 激光器等。

一种普通密封式脉冲 CO_2 激光器的工作示意图如图 3.27 所示。这种 CO_2 激光器包括气体放电管、由两反射镜组成的谐振腔、水冷却系统和脉冲激励电源等组成。

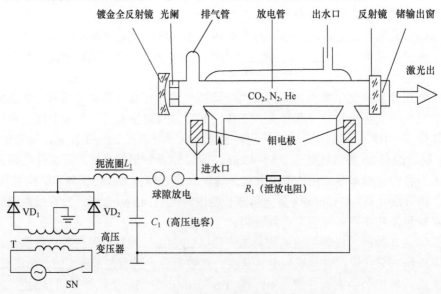

图 3.27 普通密封式脉冲激励 CO_2 激光器结构

工作气体循环的 CO_2 激光器结构图如图 3.28 所示,它的显著特点是设计了混合气体的循环措施。

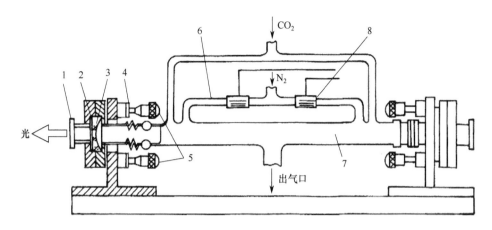

图 3.28　工作气体循环的 CO_2 激光器结构图
1—输出窗口；2—垫片；3—谐振腔反射镜；4—波纹管；5—调节螺钉；6—氮气放电区域；7—发生碰撞的区域；8—电极。

上面介绍的两种 CO_2 激光器,其气体流动方向和放电管光轴轴向一致,一般称为纵向放电激励方式。但是,普通的纵向放电,电极间距离较长,又因随着气压升高,极间放电电流密度分布不均匀,使激光功率受到影响。横向放电激励大气压（TEA）CO_2 激光器结构示意图如图 3.29 所示。其采用将放电电极设置在与光轴垂直的方向,即采用电场与光轴垂直的横向放电方式,这种激光器被称为 TE 型激光器。这种横向放电方式,可使电极间距离大大缩短,放电均匀性的提高还可进一步提高放电管内的气压,使激光功率得以提高。

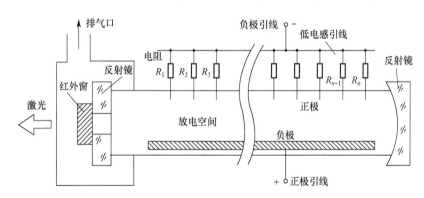

图 3.29　横向放电激励大气压 CO_2 激光器结构

CO_2 气动激光器是一种连续辐射的大功率激光器件。使预先加热了的混合气体迅速膨胀来实现粒子数反转分布并辐射激光的气体激光器,称为气动激光器。这是近代喷气技术与激光技术相结合的产物。CO_2 气动激光器的结构简图如图 3.30 所示。

CO_2 气动激光器的连续激光输出功率很大,从上百千瓦到上百万千瓦。但它要消耗大量可燃气体,且总体效率不高（约 5%）。CO_2 气动激光器输出的强光束可用于材料（厚钢板）加工、受控核聚变、激光制导等领域。

波导型 CO_2 激光器是一种放电管管径仅 1~4mm 的小型激光器。由于放电管的放电孔径小,气体压强可达 20kPa 左右,具有较宽的调谐范围。单位长度输出功率在 50W/m 左右,适于制作数百毫瓦到数十瓦的小型激光器。它既能在脉冲激射状态下工作，也可在连续激射状态下工作。纵向放电波导 CO_2 的结构示意图如图 3.31 所示。

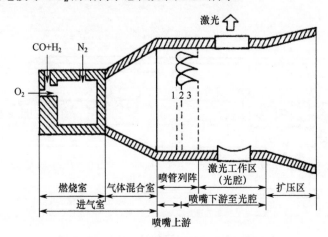

图 3.30　CO_2 气动激光器结构简图

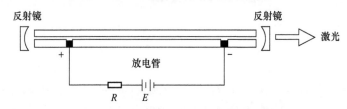

图 3.31　纵向放电波导 CO_2 的结构示意图

4. 量子级联半导体激光器

远红外激光器在激光通信、激光雷达、等离子体诊断、激光化学及激光光谱学等许多方面有着重要的用途。目前能工作于远红外的激光器主要有远红外气体激光器和远红外半导体激光器。

半导体激光器是用半导体材料作为工作物质的一类激光器，由于物质结构上的差异，产生激光的具体过程比较特殊。常用材料有砷化镓（GaAs）、硫化镉（CdS）、磷化铟（InP）、硫化锌（ZnS）等。

半导体激光器件，可分为同质结、单异质结、双异质结等几种。同质结激光器和单异质结激光器室温时多为脉冲器件，而双异质结激光器室温时可实现连续工作。

半导体激光器是一种相干辐射光源，要使它能产生激光，必须具备 3 个基本条件。

（1）增益条件：建立起激射媒质（有源区）内载流子的反转分布。在半导体中代表电子能量的是由一系列接近于连续的能级所组成的能带，因此在半导体中要实现粒子数反转，必须在两个能带区域之间，处在高能态导带底的电子数比处在低能态价带顶的空穴数大很多，这靠给同质结或异质结加正向偏压，向有源层内注入必要的载流子来实现。将电子从能量较低的价带激发到能量较高的导带中去，当处于粒子数反转状态的大量电子与空穴复合时，便会产生受激发射作用。

（2）要实际获得相干受激辐射，必须使受激辐射在光学谐振腔内得到多次反馈而形成激光振荡，激光器的谐振腔是由半导体晶体的自然解理面作为反射镜形成的，通常在不出光的那一端镀上高反射多层介质膜，而出光面镀上减反膜，对 F-P 腔（法布里–珀罗腔）半导体激光器可以很方便地利用晶体的与 PN 结平面相垂直的自然解理面构成 F-P 腔。

（3）为了形成稳定振荡，激光介质必须能提供足够大的增益，以弥补谐振腔引起的光损耗及从腔面的激光输出等引起的损耗，不断增加腔内的光场.这就必须要有足够强的电流注入，即有足够的粒子数反转，粒子数反转程度越高，得到的增益就越大，即要求必须满足一定的电流阀值条件。当激光器达到阀值，具有特定波长的光就能在腔内谐振并被放大，最后形成激光而连续地输出。可见在半导体激光器中，电子和空穴的偶极子跃迁是基本的光发射和光放大过程。

量子级联激光器的发明被视为半导体激光理论的一次革命和里程碑。量子级联激光理论的创立和量子级联激光器的发明使中远红外波段高可靠、高功率和高特征温度半导体激光器的实现成为可能。如上所述，量子级联激光器的重要技术意义在于其波长。波长完全取决于量子限制效应，通过调节阱宽可调节激射波长。用同种异构材料，可跨越从中红外至次千米波区域很宽的一个光谱范围，其中一部分光谱对于二极管激光器是不易获得的。量子级联激光器利用源于量子限制效应的分立电子状态如图 3.32 所示。

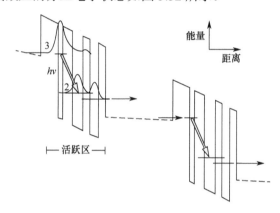

图 3.32　量子级联激光器的分离四暗自状态示意图

相应的能量子带几乎是平行的。结果导致电子发生辐射跃迁至更低子带（从 $n=3$ 到 $n=2$），所发射的所有光子有相同的频率 v，能量为 $hv = E_3 - E_2$，这里 h 是普朗克常量，如果粒子数反转在这些激发态中实现，即可产生激射发光。总的来说，由于量子级联激光器是在子带间跃迁基础上的新型激光器，其工作原理与传统二极管激光器的工作原理有本质不同，并且激射波长可覆盖大部分中红外和部分远红外光谱区域。由于红外及太赫兹频率光谱的重要应用价值，使得量子级联激光器作为其可靠光源而在这十年间迅速发展。太赫兹量子级联激光器的产生与发展解决了长久以来太赫兹光源缺乏的问题，使太赫兹频率光谱的广泛应用成为可能。但由于目前太赫兹量子级联激光器的工作温度还较低，对实际应用有一定困难，实现室温下的太赫兹激射将成为今后研究的重点。

半导体激光器最大的缺点是:激光性能受温度影响大，光束的发散角较大（一般在几度到 20°之间），所以在方向性、单色性和相干性等方面较差。

3.4.3.5　红外激光器的应用

1. 红外激光器在工业生产中应用

在工业加工领域，利用高功率/高能量激光束进行焊接、切割、表面处理和快速成型具有精度高、型变小、速度快和可用材料范围广的独特优势。具体应用举例如下。

1）激光清洗技术在石材行业清洗中的应用

激光清洗技术以其自身的许多优点在众多领域中逐步取代传统清洗工艺。激光清洗就其清洗机理而言，可分为两大类：一类是利用清洁基片（也称为母体）与表面附着物（污物）对某一波长激光能量，具有差别很大的吸收系数。辐射到表面的激光能量，大部分被表面附着物所吸收，使之受热或气化蒸发，或瞬间膨胀，并被表面形成的蒸气流带动脱离物体表面，达到清洗目的。而基片由于对该波长的激光吸收能量极小，不会被损伤。对此类激光清洗，选择合适的波长和控制好激光能量，是实现安全高效清洗的关键。另一类是适用于清洁基片与表面附着物的激光能量吸收系数差别不大，或基片对涂层受热形成的酸性蒸气较敏感，或涂层受热后会产生有毒物质等情况的清洗方法。

2）三维激光加工在汽车车身工业中的应用

与传统的模具或手工加工不同，激光切割不但具有切缝窄（0.1～0.3mm）、加工精度高（尺寸偏差小于 0.1mm）、热影响区小的优点，而且切口光滑平整，没有毛刺和飞边，加工后的零件不会对下一道冲压工序中的模具形成任何损坏。激光加工的另一个突出的特点是：它是一种没有切削力的加工方式，在切割过程中零件本身不受力，因此，三维激光切割零件的夹具设计和制造非常简单，可以大大节省夹具的成本和缩短制造周期。由于这些优点，三维激光加工一经推出就马上被汽车设计公司所采用，在样车试制和小批量试生产中发挥了巨大的作用，并逐渐地被广泛应用于模具制造和小批量的变形车及特种车生产等领域。另外激光器还被广泛用于激光打标、金属雕刻、划线等工业生产中。

3）激光应用于药片打孔加工

用于口服的药片和胶囊，其结构日益复杂，这使得制药商能够生产更多有用的药物以服务大众。激光打标和微加工技术在一些药物的生产上扮演了重要角色。功率在 100W 至 500W 的脉冲二氧化碳激光器被用来进行加工，因为它的输出波长在 10.6μm，几乎能够被应用于药物的所有有机物吸收。但也有许多有机物是不吸收 10.6μm 激光的，这些有机物还能够很好地吸收紫外光，但是紫外激光器无法提供足够的功率以得到所需的生产率。在这项应用中，使用脉冲式激光更为合适，因为它能够输出更高的峰值功率，峰值功率高就使得加工速度更快，脉冲的激光还能够降低由加热带来的负面效果，如材料变色或者碎屑的产生。

2. 红外激光器在激光医疗中的应用

二氧化碳激光机是目前实用激光机中能量转换效率最高的气体激光机，它以较小的体积和供电就可获得较大的输出。采用射频激励结构，使激光机体积大为缩小，其脉冲调制更容易进行激光输出。波长 10.6μm，输出功率 0.5～6W，焦点光斑直径小于 0.5mm，采用关节导光臂，需用半导体激光引导定位。二氧化碳激光的波长处于水的吸收高峰，其能量很容易被含水组织吸收，因此，对组织穿透力不如 YAG 激光，但其热效应强，从而使组织凝固、碳化、迅速产生切割。临床上常用于软组织疾病的手术治疗，特别是大面积切割治疗，与常规的手术方法比较，其手术时间短，止血效果好，反应和副作用小。

另外，半导体激光器也是临床常用的激光源。半导体激光机操作简便、价格低廉，具有电光转换效率高、体积小、寿命长（一般在万小时以上）的特点。目前用于口腔的半导体激光机的中心波长在 790～800nm 左右，只需用 5V 直流电压供电，即可输出功率为几十万毫瓦的激光。由于其功率小，一般用于理疗和诊断。临床上多用于诊断牙髓炎和根尖周炎、止痛、促进肉芽生长、加强软组织的愈合与再生等。随着激光治疗机的进一步完善，使整机成为医疗设备的重要组成部分，引入计算机技术和图像处理技术，可以实现程序控制使其具备功率控制故障自检、自动保护、脉冲调制等功能。

3. 红外激光器在激光检测中的应用

采用光学吸收方法进行气体检测具备固有的特异选择性，是国际通用的标准方法。众多污染和有毒有害气体的基频特征吸收光谱都落于中红外（2~25μm）波段，其吸收强度可比在近红外波段高数个量级，因此在此波段进行检测可达到很高的检测灵敏度，但由于传统光谱仪器结构精密、笨重价高，实时检测和现场使用困难，限制了其广泛应用。采用中红外半导体激光器和光电探测器，用可调二极管激光吸收光谱（TDLAS）方法进行气体检测可以克服这些缺点。近年来，中红外半导体光电器件性能优化和实用化方面已经取得了一系列突破，研制出包括中红外波段的量子级联激光器、锑化物激光器和光电探测器在内的一系列室温工作实用化器件，并成功地将这些器件应用于中红外 TDLAS 气体检测研究。例如，中红外分布反馈量子级联激光器在 7.7μm 波长上实现了气体检测演示和锑化物激光器和 InGaAs 探测器在 2.1μm 波长上进行温室效应气体测量。新型中红外 TDLAS 气体传感器检测灵敏度已达亚 ppm 量级。

4. 红外激光器在军事方面的应用

高功率激光直接用于军事领域的表现形式极为丰富，如以激光能量为杀伤力的新概念武器，以激光能量为干扰力或控制力的光电对抗等。激光武器利用高亮度强激光束携带的巨大能量摧毁和杀伤敌方飞机、导弹、卫星和人员等目标。强激光武器有着其他武器无可比拟的优点，强激光武器具有速度快、精度高、拦截距离远、火力转移迅速、不受外界电磁干扰、持续战斗力强等优点。目前，可实现的平均输出功率在千万级或万瓦级。固体激光器体积小、重量轻、性能稳定，适用于制造便携式、车载和机载等轻型战术激光武器。

除此之外红外激光器还在其他的领域如安防夜视领域、科学研究、激光光谱、测量等领域有重要的应用价值。总之，激光器以其特有的优点正在广泛地深入到现代化生产的各个领域，发挥着越来越重要的作用。

小　　结

本章主要介绍了红外辐射源的作用及分类，举例说明了天然辐射源、人工辐射源等，论述了空腔辐射理论，给出了实际物体表面发射率计算的基本方法，描述了辐射源在军事及国民上的应用等。

习　　题

1. 已知空腔的材料发射率为 0.5，腔长与开口半径比等于 9，试求：
（1）球形腔的发射率；
（2）圆筒形腔的发射率；
（3）圆锥形腔的发射率。

2. 对于球形腔，材料发射率为 0.8，要求直径为 20mm 的圆形开口，若想达到有效发射率为 0.998，应如何设计腔长？

3. 设计一个圆柱形腔黑体，材料表面发射率为 0.85，腔体开口半径为 1cm，腔体长度为

$L = 6$ cm,试求腔体的有效发射率。

4. 如习题 4 图所示,圆柱-圆锥形空腔,圆柱部分长 $l = 5.4$ cm,半径 $R = 1.5$ cm,开口半径 $R' = 1.0$ cm。圆锥部分高 $h = 2.6$ cm,顶角 $\theta = 60°$。腔壁发射率 $\varepsilon = 0.78$,试计算其腔孔的有效发射率 ε_0 为多少?

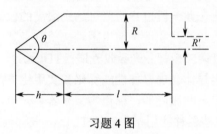

习题 4 图

5. 激光器由哪几个基本部分组成各部分的作用是什么?
6. 激光与普通光源相比有什么特点?
7. 为使氦氖激光器的相干长度达到 1km,它的单色性 $\Delta\lambda/\lambda$ 应为多少?
8. 激光器从工作物质、工作方式出发,各分为哪几种?
9. 简述 LD 泵浦全固体激光器的优点。
10. Nd:YAG 激光器常用的 3 条跃迁谱线的波长分别是什么?
11. 能产生中红外激光的激光器可大概有几种及各自输出波长范围。
12. 二氧化碳激光器的激发方式种类。
13. 半导体激光器产生激光的基本条件和半导体激光器的缺点。
14. 红外激光器在工业应用中的清洗机理。

第 4 章　红外辐射在大气中的传输

红外辐射在大气中传输时会发生衰减，影响正常的接收和应用，因此研究红外辐射在大气中的传输是红外技术中的重要内容。本章介绍红外辐射在大气中发生衰减的物理起因、红外辐射在大气中的传输特性以及计算大气透射率的相关软件。

学习目标：

掌握大气的基本组成；掌握大气透过率计算的基本方法；掌握红外大气传输模型及大气红外辐射传输软件的应用。

本章要点：

1. 大气的基本组成及气象条件；
2. 大气中的主要吸收和散射粒子；
3. 大气透过率计算的基本方法；
4. 红外大气传输模型；
5. 大气红外辐射传输软件的应用（包括 LOWTRAN、MODTRAN 等）。

红外辐射在大气中的传输问题一直受到人们的普遍重视。这是因为红外辐射自目标发出后，要在大气中传输相当长的距离，才能达到观测仪器，由此总要受到大气中各种因素的影响，给红外技术的应用造成限制性的困难。其中主要有三方面的研究人员对此比较关注：首先是分子光谱研究工作者，他们试图通过大气中出现的分子吸收光谱来研究分子结构与分子吸收和散射的机理；其次是大气物理工作者，他们希望把红外辐射通过大气的分子吸收光谱作为一种工具，借此研究大气中的许多物理参量，如辐射热平衡、大气的热结构、大气的组成成分等；最后是红外系统与天文工作者，他们关心的是被测目标所发出的红外辐射在大气中发生的变化，借助大气红外透过特性来考虑目标探测问题或考察星体的物理性质等。因此，了解红外辐射在大气中的传输特性，对于红外技术的应用是相当重要的。

红外辐射在大气中传输时，主要有以下几种因素使之衰减。

（1）在 $0.2\sim0.32\mu m$ 的紫外光谱范围内，光吸收与臭氧（O_3）的分解作用有联系。臭氧的生成和分解的平衡程度，在广的衰减中起着决定性的作用。

（2）在紫外和可见光谱区域中，由氮分子（N_2）和氧分子（O_2）所引起的瑞利（Rayleigh）散射是必须要考虑的。解决这一类问题应注意散射物质的分布，散射系数对波长的依赖关系。

（3）粒子散射或米（Mie）氏散射。这种散射大都出现在云和雾之中，当然在大气中某些特殊物质的分布也会引起米氏散射。这种现象对于观察低空背景是特别重要的，因为这些特殊物质的微粒一般都是处在低空中的，到达一定高度时这种散射现象就不那么强烈了。

（4）大气中某些元素原子的共振吸收，这主要发生在紫外及可见光谱区域内。

（5）分子的带吸收是红外辐射衰减的重要原因。大气中的某些分子具有与红外光谱区域响应的振动–转动共振频率，同时还有纯转动光谱带，因而能对红外辐射产生吸收。这些分子是水蒸气（H_2O）、二氧化碳（CO_2）、臭氧（O_3）、一氧化二氮（N_2O）、甲烷（CH_4）以及一氧化碳（CO）等，其中水蒸气、二氧化碳和臭氧能引起最大的吸收量，这是因为它们均具有强烈的吸收带，而且它们在大气中都具有相当高的浓度。对于一氧化碳、一氧化二氮和甲烷这一类的分子，只有辐射通过的路程相当长或通过很大浓度的空气时，才能表现出明显的吸收。

当某一辐射源所发出的辐射通过大气时，为了较准确地计算辐射的大气衰减，需要考虑到上述的每一种情况。然而，每一种衰减的机理都是很复杂的，故对各种情况分别进行处理时较为适宜的。当然，因为应用的不同，研究的侧重点也就不同。这里主要讨论吸收和散射所导致的大气对红外辐射的衰减，以及大气透射率的计算方法等。

还必须指出，在红外辐射所通过的路程上，每一处都有其特有的气象因素，包括气压、温度、湿度以及每一种吸收体的浓度等，每一种因素均会对辐射的大气衰减有着直接的影响。同时还要注意到给定的光谱间隔，乃至于每一根谱线的位置、强度和形状等。不仅要注意到辐射衰减与气象因素有关系，而且还要注意到气象因素的变化所带来的影响。尤其是在低层大气中，水蒸气和其他的一些气体，甚至灰尘，都在不断地变化着。因此，红外辐射在大气中的传输状态也就随着天气情况和海拔高度而变化。可见，定量地描述红外辐射在地球大气中的透过情况，是一件相当困难的事情。

4.1 地球大气的基本组成和气象条件

红外辐射通过大气所导致的衰减主要是因为大气分子的吸收、散射，以及云、雾、雨、雪等微粒的散射多造成的。要想知道红外辐射在大气中的衰减问题，首先必须了解大气的基本组成。

4.1.1 大气的基本组成

包围着地球的大气层，每单位体积中大约有78%的氮气和21%的氧气，另外还有不到1%的氩（Ar）、二氧化碳、一氧化碳、一氧化二氮、甲烷、臭氧、水汽等成分。除氮气、氧气外的其他气体统称为微量气体。

除了上述气体成分外，大气中还含有悬浮的尘埃、液滴、冰晶等固体或液体微粒，这些微粒通称为气溶胶。有些气体成分相对含量变化很小，称为均匀混合的气体，例如氧气、氮气、二氧化碳、一氧化二氮等。有些气体含量变化很大，如水汽和臭氧。大气的气体成分在60km以下都是中性分子，自60km开始，白天在太阳辐射作用下开始电离，再90km之上，则日夜都存在一定的离子和自由电子。如果把大气中的水汽和气溶胶粒子除去，这样的大气称为干燥洁净大气。在80km以下干燥洁净大气中的含量如表4.1所示。

表 4.1 海平面大气的成分表

气体	相对分子质量	容积百分比/%
氮（N_2）	28.0134	78.084
氧（O_2）	31.998	20.9476
氩（Ar）	39.948	0.934
二氧化碳（CO_2）	44.00995	0.0322

续表

气体	相对分子质量	容积百分比/%
氖（Ne）	20.183	0.001 818
氦（He）	4.0026	0.000 524
氪（Kr）	83.80	0.000 114
氢（H_2）	2.015 94	0.000 05
氙（Xe）	131.30	0.000 008 7
甲烷（CH_4）	16.043	0.000 16
一氧化二氮（N_2O）	44	0.000 028
一氧化碳（CO）	28	0.000 007 5

4.1.2 大气的气象条件

大气的气象条件是指大气的各种特性，如大气的温度、强度、湿度、密度等，以及它们随时间、地点、高度的变化情况。一般说来，大气的气象条件是很复杂的，尤其地球表面附近的大气更是经常变化的，这就给我们详细研究大气特性带来了很大的困难。为了对我们所使用的红外装置的性能做出评价，就必须对红外装置将要应用的地区的气象条件做详细的调查和研究。有了充分的气象资料之后，我们方可恰当地、较为准确地估算大气对红外辐射的衰减。然而，一个国家或某一地区的详细气象资料一般是高度保密的。因此，我们这里只能介绍大气的主要气象条件梗概，以及典型的气象条件数据。

海拔100km内大气温度随高度变化的情况如图4.1所示（该图曲线为国际民用航空组织标准模型大气和空军研究与发展（美）模型大气）。为了便于叙述温度随着海拔高度的变化而改变的情况，一般地将地球大气分成4个同心层。从海平面到10km高度之间的大气，称为对流层。在对流层中，随着高度的增加，温度逐渐减小。

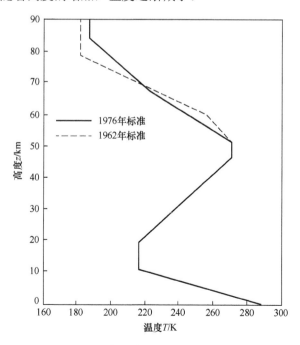

图4.1 标准大气温度-高度廓线

我们把海拔 10~25km 之间的大气层称为同温层，或称为平流层。在同温层内大气的温度基本上是保持不变的。从海拔 25~80km 的大气层称为中层大气，也称为中间层大约在 25~50km 内随着高度的增加温度逐渐上升，在 50~60km 的区域温度达到最高。这段内温度的升高时由于臭氧对太阳紫外线的选择吸收所致。尽管臭氧的大部分位于 30km 以下，但是臭氧的形成和消失却主要在 30km 以上关于这方面的知识，这里就不讨论了。在中层大气中，由 60~80km 内随着高度的增加温度由逐渐下降。海拔 80~8000km 称为热层。其中由 80~90km 之间温度达到最低，以后温度又以每千米 4℃ 的速率上升。在 100km 以上，昼夜气温有很大的差异，这是由于电离层中白昼与夜间离子浓度有很大的变化的缘故，而最高温度是出现在白昼需要说明的是，在任何高度上，温度值只是一个代表值，不论用什么不同的方法或者取同一种方法，各次测量的结果是有很大差异的。即使是在同一时刻，由于地理位置不同，在同一高度处大气的温度也会有一些差异。在指定的地理位置，大气温度也会随时间变化，当然也只是围绕着平均值起伏的。

大气的压强也是随着高度的不同而变化的。以后我们说高度，一般地就是指海拔高度。在同温层以下的大气，通常称为低层大气。由于通常的红外装置大都在低层大气中使用，所以，这是人们最关心的部分。在这样的区域测量温度所用的工具就是实验室中常用的温度计、电阻温度计以及温差电偶。因为空气密度较大，热量由空气到温度表的传导作用，足以使温度表可靠地指示出空气的温度。同时也由于该处空气密度较大，所以古典流体动力学的运动方程可以应用。因为气压并不大，所以，可应用理想气体状态方程式，即

$$p = kn(z)T(z) \tag{4-1}$$

式中　p——空气的压强；

　　　k——玻耳兹曼常数；

　　　$T(z)$——指定高度 z 处的绝对密度；

　　　$n(z)$——空气的分子数密度，即在高度 z 处每单位体积内的分子数目。

式（4-1）说明了空气的压强、分子数密度以及绝对温度之间的关系。

在指定高度上的大气压强，恰好等于它上面的空气所施加的压强。因此，大气压强随着温度的增加而降低。

4.2 大气中的主要吸收气体和主要散射粒子

大气中的主要吸收气体由水蒸气、二氧化碳、和臭氧等。下面主要介绍这些气体的浓度和变化范围。

4.2.1 水蒸气

在大气中，水表现为气体状态时就是水蒸气。水蒸气在大气中，尤其在低层大气中的含量较高，是对红外辐射传输影响较大的一种大气成分。在大气组分中，水是唯一能以固、液、气 3 种状态同时存在的成分。水在固态时表现为雪花和微细的冰晶体形式，液态时表现为云雾和雨，而气态就是水蒸气。水的固态和液态对红外辐射主要有散射作用，而气态的水蒸气，虽然人眼看不见，但它的分子对红外辐射有强烈的选择吸收作用。

1. 水蒸气含量描述

可用如下概念对水蒸气的含量进行描述。

（1）水蒸气压强。

水蒸气压强是大气中水蒸气的分压强，用符号 P_w 表示，其单位是 Pa。

（2）绝对湿度。

绝对湿度是指水蒸气的密度，是单位体积空气中所含有的水蒸气的质量，通常用符号 ρ_w 表示，其单位为 g/m^3。

（3）饱和水蒸气压。

在由气体转变为液体过程中的水蒸气，称为饱和水蒸气。在饱和空气中，水蒸气在某一温度下开始发生液化时的压强，称为在该温度下的饱和水蒸气压，用 P_s 表示，它就是饱和状态下水蒸气的分压强，只是温度的函数。

（4）饱和水蒸气量。

某一空气试样中，处于某一温度时，单位体积内所能容纳最大可能的水蒸气质量，用 ρ_s 表示，其单位是 g/m^3。饱和空气中的水蒸气量，即饱和水蒸气密度，只与温度有关。ρ_s 的数值如表 4.2 所示。

表 4.2　大气中的饱和水蒸气量　　　　　　　（单位：g/m^3）

温度/℃	0	1	2	3	4	5	6	7	8	9
−20	0.89	0.81	0.74	0.67	0.61	0.56				
−10	2.15	1.98	1.81	1.66	1.52	1.40	1.28	1.18	1.08	0.98
−0	4.84	4.47	4.13	3.81	3.53	3.24	2.99	2.99	2.54	2.34
0	4.84	5.18	5.54	5.92	6.33	6.67	7.22	7.70	8.22	8.76
10	9.33	9.94	10.57	11.25	11.96	12.71	13.50	14.34	15.22	16.14
20	17.22	18.14	19.22	20.36	21.55	22.80	24.11	25.49	27.00	28.45
30	30.04	31.70	33.45	35.28	37.19	39.19				

（5）相对湿度。

相对湿度是空气试样中水蒸气的含量和同温度下该空气试样达到饱和是水蒸气含量的比值，用百分数 RH 表示，即

$$\text{RH} = \frac{\rho_w}{\rho_s} = \frac{P_w}{P_s} \tag{4-2}$$

由此式可知，如果已知大气的相对湿度，就可以用相对湿度乘以同温度下的 ρ_s 值，得到绝对湿度。

（6）露点温度。

露点温度是给定空气试样变成饱和状态时的温度。

2. 水蒸气的分布

水蒸气是由地面水分的蒸发后送到大气中的气体。由于大气中的垂直交换作用，使水蒸气向上传播，而随着离蒸发源距离的增大，水蒸气的密度变小。此外，低温及凝结过程也影响大气中水蒸气的含量。由于这些因素的作用，大气中水蒸气的密度随着高度的增加而迅速地减小。大气平均每增加 16km 的高度，大气压强就要降低一个数量级。水蒸气大约每增加 5km 高度，其分压强就降低一个数量级。几乎所有的水蒸气都分布在对流层以下。总之，水

蒸气压强随高度的变化规律类似于大气压强随高度的变化规律。

在特定的区域中，水蒸气的含量有很大变化，甚至于在短短一小时内，就可以发现水蒸气的显著变化。同一气候区在不同季节的水蒸气含量的差别很大，同一时间不同气候区的水蒸气含量差别也很大。这一类数据可在相应的气象局、台、站找到。

4.2.2 二氧化碳

二氧化碳是大气中的固定组分，一直到 50km 左右的高度，二氧化碳的浓度（体积比）仍然保持不变。二氧化碳是 3 种最重要的红外吸收分子中唯一一种在大气中近似均匀混合的气体。二氧化碳在大气中的平均含量体积比为 0.033%，因此二氧化碳和大气一样，即高度每增高 16km，其分压强就降低一个数量级。与水蒸气比较，二氧化碳含量随高度的减少要比水蒸气慢得多，随着高度的增加，二氧化碳对红外辐射的吸收虽然减少，但不如水蒸气吸收减少得那么显著。因此，在低空水蒸气的吸收对红外辐射的衰减起主要作用，在高空，水蒸气的吸收退居次要地位，二氧化碳的吸收变得更重要了。

二氧化碳以及其他在大气中不凝结的气体组分，在视线路程中的含量用大气厘米数（atm·cm）表示。假想一个大气圆筒，其长度为辐射通过大气的距离 X，以 cm 来表示，其界面为 ΔS。把在圆筒内的所有二氧化碳的分子，都单独抽出来置于一底面积也是 ΔS 的圆筒容器内，并将它们压缩为具有标准状态的体积，这时二氧化碳的厚度 D 的单位为 atm·cm，称为二氧化碳的大气厘米数。

4.2.3 臭氧

大气吸收太阳光中的紫外辐射，既能成为臭氧的形成条件，又能成为臭氧的破坏条件。氧气对于波长小于 0.20μm 的紫外辐射具有强烈的吸后能力，同时还能吸收 0.24μm 附近的辐射。分子氧（O_2）吸收了波长小于 0.24μm 的一个光子的能量之后，就能完全分解为原子氧（O）。一个氧分子和一个氧原子，在有另一个中性分子时（此中性分子可以是氧也可以是氮），如果发生碰撞，就可以生成臭氧。当臭氧吸收了波长短于 1.10μm 的辐射能量以后，就会发生臭氧的分解过程。由于离解臭氧所需要的能量很小，因而臭氧在阳光下很不稳定。臭氧的形成和分解，并不是个别进行的。在同一空间和同一时间内，臭氧一方面在形成，另一方面在分解。这样的形成和分解过程，就决定了臭氧的浓度分布以及臭氧层的温度。臭氧在大气中的成分是可变的原因也在于此。在低空，臭氧的含量通常是在亿分之一左右。例如，在海平面上臭氧的浓度约为亿分之三。臭氧含量随高度的分布，大约是从 5~10km 高度起浓度开始慢慢增加，以后增加较快，在 10~30km 处含量达到最大值。再往上浓度又重新减小，到 40~50km 时，含量是极少的，几乎是零。臭氧的含量通常是用标准温度和气压下，在某一高度以上每千米所具有的臭氧的大气厘米数（或毫米数）来表示的。

大气中除了水蒸气、二氧化碳和臭氧是吸收气体以外，还存在其他的吸收气体，如甲烷、一氧化碳、一氧化氮、氨气、硫化氢等和氧化硫等，但它们的含量及其微少，总量一般不超过 1atm·cm，通常可以不考虑它们对红外辐射的影响，只有在很长距离传输时，它们的影响才显示出来。

4.2.4 大气中的主要散射粒子

除了吸收气体外,大气中还有一些悬浮的粒子对辐射造成衰减。如空气分子、气溶胶和云雨滴,如表 4.3 所示。

表 4.3 大气中的散射质点

类　型	半径/μm	粒子数密度/cm^{-3}
空气分子	10^{-4}	10^{19}
Aitken	$10^{-3} \sim 10^{-2}$	$10^4 \sim 10^2$
霾	$10^{-2} \sim 1$	$10^3 \sim 10$
雾滴	$1 \sim 10$	$100 \sim 10$
云滴	$1 \sim 10$	$300 \sim 10$
雨滴	$10^2 \sim 10^4$	$10^{-2} \sim 10^{-5}$

气溶胶是指悬浮在气体中的小粒子,其尺度范围为 $10^{-3} \sim 10\mu m$。气溶胶可分为吸湿性气溶胶(如海盐)、非吸湿性气溶胶(如尘埃)两种。它们包括云、雾、雨、冰晶、尘埃、碳粒子、烟、盐晶粒以及微小的有生命机体。

有时将尺度为 $0.01 \sim 1\mu m$ 的气溶胶称为里霾,尺度为 $10^{-3} \sim 10^{-2}\mu m$ 的气溶胶称为爱根核(Aitken nuclei),它们通常是有很小的晶粒、极细的灰尘或燃烧物等弥散在大气中的细小微粒构成的。通常在工业区看到蓝灰色的上空,就是霾对太阳光散射的结果。在湿度大的地方,潮湿的水蒸气在这些微粒上凝结,可使它变得很大,并把这种粒子称为凝聚核。由于盐粒自然地吸收潮气,因此它是非常重要的凝聚核。当凝聚核逐渐增大成为半径超过 $1\mu m$ 的水滴或冰晶时,就形成了雾。云的成因与雾相同,二者以习惯感觉来区分,即接触地面的称为雾,不接触地面的称为云。按照国际上通用的说法,雾的能见度小于 1km,而薄云的能见度大于 1km。形成雾和云的小水滴半径一般在 $0.5 \sim 80\mu m$ 之间,而大部分在 $5 \sim 15\mu m$ 之间。以水滴形式落到地面的沉降物称为雨,半径尺寸约为 0.25mm,被工业废物污染的雾称为烟雾。

在辐射传输研究中常用的气溶胶尺度谱模式有以下 3 种。

(1) Diermendjian 谱模式,其公式为

$$\frac{dN(r)}{dr} = ar^{\alpha} \exp(-b^{\gamma}) \tag{4-3}$$

式中　N——单位体积中的粒子数;

r——粒子半径;

a、b、α、γ——依来源而定的常数。

(2) Junge 谱模式,其公式为

$$\frac{dN(r)}{d\lg r} = cr^{-\nu} \tag{4-4}$$

式中:c、ν 为谱参数,c 一般取 $2 \sim 4$,ν 与总浓度有关。

(3) 对数正态谱模式,其公式为

$$\frac{dN(r)}{d\ln r} = \frac{N}{\sqrt{2\pi}\ln\sigma} \exp\left[-\frac{(\ln r - \ln R)^2}{2(\ln\sigma)^2}\right] \tag{4-5}$$

式中:σ、R 为谱参数。

在近地面大气中气溶胶的浓度约为 $10^2 \sim 10^3$ 个每立方厘米,随高度呈指数递减。一般以下面的公式拟合气溶胶随高度的变化:

$$N(z) = N(0) \exp\left(-\frac{z}{z_0}\right) \qquad (4\text{-}6)$$

特征高度 z_0 在 1.0～1.4km 范围内变化,一般取 z_0=1.2km。在对流层上部,其溶胶浓度减至约 0.01 个每立方厘米,但在平流层 20km 高度左右,经常存在一层浓度为 0.1 个每立方厘米的气溶胶层,在强火山爆发之后,此层的浓度可增大 1～2 个量级,并可影响其后 1～3 年的全球辐射平衡。

4.3 大气的吸收衰减

介质中的辐射场强度与介质的透过率密切相关。因此,研究因大气的吸收和散射对辐射产生的衰减是非常重要的,本节将研究大气吸收产生的衰减

为了确定给定大气路程上分子吸收所决定的大气透射率,可以有如下几种方法。
(1) 根据光谱线参数的详细知识,一条谱线接一条谱线地做理论计算;
(2) 根据带模型,利用有效的实验测量或实际谱线资料为依据,进行理论计算;
(3) 在所要了解的大气路程上直接测量;
(4) 在实验室内模拟大气条件下的测量。
本节主要讨论单线吸收和带模型理论,同时介绍以实验测量为基础的表格计算法。

4.3.1 大气的选择吸收

太阳光谱表示当太阳辐射通过大气时,由于大气组分在一些中心频率附近产生的吸收谱线。由于大气对红外辐射的吸收,可以用各种不同强度的重叠光谱线组成的离散带来表征,重叠的程度取决于谱线的半宽度,而这些谱线在整个吸收带内的分布取决于吸收分子,因而才出现不同吸收带。一氧化碳在 $4.8\mu m$ 处有一个吸收带;甲烷在 $3.2\mu m$ 和 $7.8\mu m$ 处各有一个吸收带;$7.8\mu m$ 处也可以观察到一氧化二氮的吸收带,然而一氧化二氮最强的吸收带在 $4.7\mu m$ 处;臭氧有 3 个吸收带,其中 $4.8\mu m$ 处的吸收带很弱,所以有的文献上只写有另外两个吸收带。剩下的两种气体就是二氧化碳和水蒸气,它们是研究大气吸收最重要的对象二氧化碳在 $2.7\mu m$、$4.3\mu m$ 和 $15\mu m$ 处有 3 个强吸收带;水蒸气比其他任何气体有更多的吸收带,其位置在 $0.94\mu m$、$1.14\mu m$、$1.38\mu m$、$1.87\mu m$、$2.7\mu m$、$3.2\mu m$ 和 $6.3\mu m$ 处,其中 $3.7\mu m$ 处的吸收是重水(HDO)的吸收带。

事实上,任何处在绝对零度以上的分子中的原子,总是在它们的平衡位置处振动,而且在振动的同时,还伴随着转动,因而这些吸收带都是分子的转动——振动光谱带,它是由大量的转动结构的光谱线组成的。如果我们使用高分辨率的仪器来测量水蒸气和二氧化碳的吸收光谱,就会发现每个吸收带都是由许许多多的细微结构组成的。同时,我们也看到,像二氧化碳这样的线型分子,其光谱线的间隔和强度分布都是由一定规律的,而水蒸气(弯曲型分子)的光谱线的间隔和强度是无规律的,并且许多谱线分不开。

大气的红外吸收的特点是具有一些离散的吸收带,而每一吸收带都是由大量的,而且有不同程度重叠的各种强度光谱线组成的。这些谱线重叠的程度与半宽度由直接的关系,并且

还与谱线的间隔有关系,当然与谱线的实际线型也是有关的。谱线的半宽度是与气压、温度等气象条件有关的。至于谱线的位置以及谱线的强度分布则与吸收分子的种类有关。

4.3.2 表格法计算大气的吸收

表格法计算大气的吸收是一种利用红外和大气工作者编制的大气透过率表格可以方便地计算大气吸收。根据人们的实验数据,采用适当的近似,已经整理出各种形式的大气透射率数据表。这里列出的透射率是波长为 0.3~13.9μm,对于水蒸气来说其含量是 0.1~1000mm 的可凝结水量。海平面上水平路程水蒸气的光谱透射率的数值如表 4.4 所示。海平面上水平路程二氧化碳的光谱透射率数值如表 4.5 所示,其光谱范围和表 4.4 时相同的,但二氧化碳的含量是按 0.1~1000km 的路程长给出的,这就避免了计算大气厘米数。

表 4.4 海平面上水平路程水蒸气的光谱透过率

(a) 波长 0.3~6.9μm

波长/μm	可降水量/mm												
	0.1	0.2	0.5	1	2	5	10	20	50	100	200	500	1000
0.3	0.980	0.972	0.955	0.937	0.911	0.860	0.802	0.723	0.574	0.428	0.263	0.076	0.012
0.8	0.989	0.984	0.975	0.965	0.950	0.922	0.891	0.845	0.758	0.663	0.539	0.33.	0.168
1.3	0.726	0.611	0.432	0.268	0.116	0.013	0	0	0	0	0	0	0
1.8	0.792	0.707	0.555	0.406	0.239	0.062	0.008	0	0	0	0	0	0
2.5	0.930	0.902	0.844	0.782	0.695	0.536	0.381	0.216	0.064	0.005	0	0	0
3.0	0.851	0.790	0.673	0.552	0.401	0.184	0.060	0.008	0	0	0	0	0
3.5	0.988	0.983	0.973	0.962	0.946	0.915	0.881	0.832	0.736	0.635	0.502	0.287	0.133
4.0	0.997	0.995	0.993	0.990	0.987	0.977	0.970	0.960	0.930	0.900	0.870	0.790	0.700
4.5	0.970	0.958	0.932	0.905	0.866	0.790	0.707	0.595	0.400	0.235	0.093	0.008	0
5.0	0.915	0.880	0.811	0.736	0.634	0.451	0.286	0.132	0.017	0	0	0	0
5.5	0.617	0.479	0.261	0.110	0.035	0	0	0	0	0	0	0	0
6.0	0.180	0.058	0.303	0	0	0	0	0	0	0	0	0	0
6.5	0.164	0.049	0.002	0	0	0	0	0	0	0	0	0	0
6.9	0.416	0.250	0.068	0.010	0	0	0	0	0	0	0	0	0

波长 7.0~14μm

波长/μm	可降水量/mm									
	0.2	0.5	1	2	5	10	20	50	100	200
7.0	0.569	0.245	0.060	0.004	0	0	0	0	0	0
7.5	0.947	0.874	0.762	0.582	0.258	0.066	0	0	0	0
8.0	0.990	0.975	0.951	0.904	0.777	0.603	0.365	0.080	0	0
8.5	0.994	0.986	0.972	0.944	0.866	0.750	0.562	0.237	0.056	0.003
9.0	0.997	0.992	0.984	0.968	0.921	0.848	0.719	0.440	0.193	0.037
9.5	0.997	0.993	0.987	0.973	0.934	0.873	0.762	0.507	0.257	0.066
10.0	0.997	0.994	0.988	0.975	0.940	0.883	0.780	0.538	0.289	0.083
10.5	0.998	0.994	0.988	0.976	0.941	0.886	0.784	0.544	0.295	0.087
11.0	0.998	0.994	0.988	0.975	0.940	0.883	0.779	0.536	0.287	0.082
11.5	0.997	0.993	0.986	0.972	0.932	0.868	0.753	0.493	0.243	0.059

续表

波长/μm	波长 7.0~14μm									
	可降水量/mm									
	0.2	0.5	1	2	5	10	20	50	100	200
12.0	0.997	0.993	0.987	0.974	0.937	0.878	0.770	0.521	0.270	0.073
12.5	0.997	0.993	0.986	0.973	0.933	0.871	0.759	0.502	0.252	0.063
13.0	0.997	0.992	0.984	0.967	0.921	0.846	0.718	0.437	0.191	0.036
13.5	0.996	0.990	0.980	0.961	0.905	0.819	0.670	0.368	0.136	0.019
13.9	0.995	0.988	0.977	0.955	0.891	0.793	0.629	0.313	0.98	0.010

表 4.5 海平面上水平路程二氧化碳的单色透过率

波长/μm	路程长度/km												
	0.1	0.2	0.5	1	2	5	10	20	50	100	200	500	1000
0.3	1	1	1	1	1	1	1	1	1	1	1	1	1
0.4	1	1	1	1	1	1	1	1	1	1	1	1	1
0.5	1	1	1	1	1	1	1	1	1	1	1	1	1
0.6	1	1	1	1	1	1	1	1	1	1	1	1	1
0.7	1	1	1	1	1	1	1	1	1	1	1	1	1
0.8	1	1	1	1	1	1	1	1	1	1	1	1	1
0.9	1	1	1	1	1	1	1	1	1	1	1	1	1
1.0	1	1	1	1	1	1	1	1	1	1	1	1	1
1.1	1	1	1	1	1	1	1	1	1	1	1	1	1
1.2	1	1	1	1	1	1	1	1	1	1	1	1	1
1.3	1	1	1	0.999	0.999	0.999	0.998	0.997	0.996	0.994	0.991	0.987	0.982
1.4	0.996	0.996	0.992	0.998	0.984	0.975	0.964	0.949	0.919	0.885	0.838	0.747	0.649
1.5	0.999	0.999	0.998	0.998	0.997	0.995	0.993	0.990	0.984	0.976	0.967	0.949	0.927
1.6	0.996	0.995	0.992	0.998	0.984	0.975	0.964	0.949	0.919	0.885	0.838	0.747	0.649
1.7	1	1	1	0.999	0.999	0.999	0.998	0.997	0.996	0.994	0.992	0.987	0.982
1.8	1	1	1	1	1	1	1	1	1	1	1	1	1
1.9	1	1	1	0.999	0.999	0.999	0.998	0.997	0.996	0.994	0.992	0.987	0.982
2.0	0.978	0.969	0.951	0.931	0.903	0.847	0.785	0.699	0.541	0.387	0.221	0.053	0.006
2.1	0.998	0.997	0.996	0.994	0.992	0.987	0.982	0.974	0.959	0.942	0.919	0.872	0.820
2.2	1	1	1	1	1	1	1	1	1	1	1	1	1
2.3	1	1	1	1	1	1	1	1	1	1	1	1	1
2.4	1	1	1	1	1	1	1	1	1	1	1	1	1
2.5	1	1	1	1	1	1	1	1	1	1	1	1	1
2.6	1	1	1	1	1	1	1	1	1	1	1	1	1
2.7	0.799	0.718	0.569	0.419	0.253	0.071	0.011	1	1	1	1	1	1
2.8	0.871	0.804	0.695	0.578	0.432	0.215	0.079	0.013	1	1	1	1	1
2.9	0.997	0.995	0.993	0.990	0.985	0.977	0.968	0.954	0.927	0.898	0.855	0.772	0.683
3.0	1	1	1	1	1	1	1	1	1	1	1	1	1
3.1	1	1	1	1	1	1	1	1	1	1	1	1	1

续表

波长/μm	路程长度/km												
	0.1	0.2	0.5	1	2	5	10	20	50	100	200	500	1000
3.2	1	1	1	1	1	1	1	1	1	1	1	1	1
3.3	1	1	1	1	1	1	1	1	1	1	1	1	1
3.4	1	1	1	1	1	1	1	1	1	1	1	1	1
3.5	1	1	1	1	1	1	1	1	1	1	1	1	1
3.6	1	1	1	1	1	1	1	1	1	1	1	1	1
3.7	1	1	1	1	1	1	1	1	1	1	1	1	1
3.8	1	1	1	1	1	1	1	1	1	1	1	1	1
3.9	1	1	1	1	1	1	1	1	1	1	1	1	1
4.0	0.998	0.997	0.996	0.994	0.991	0.986	0.980	0.971	0.955	0.937	0.911	0.859	0.802
4.1	0.983	0.975	0.961	0.994	0.921	0.876	0.825	0.755	0.622	0.485	0.322	0.118	0.027
4.2	0.673	0.551	0.445	0.182	0.059	0.003	0	0	0	0	0	0	0
4.3	0.098	0.016	0			0	0	0	0	0	0	0	0
4.4	0.481	0.319	0.115	0.026	0	0	0	0	0	0	0	0	0
4.5	0.957	0.949	0.903	0.863	0.807	0.699	0.585	0.439	0.222	0.084	0.014	0	0
4.6	0.995	0.993	0.989	0.985	0.978	0.966	0.951	0.931	0.891	0.845	0.783	0.663	0.539
4.7	0.995	0.993	0.989	0.985	0.978	0.966	0.951	0.931	0.891	0.845	0.783	0.663	0.539
4.8	0.976	0.966	0.945	0.922	0.891	0.828	0.759	0.664	0.492	0.331	0.169	0.030	0.002
4.9	0.975	0.964	0.943	0.920	0.88	0.82	0.7	0.65	0.4	0.313	0.153	0.024	0.001
5.0	0.999	0.998	0.997	0.995	0.994	0.990	0.986	0.979	0.968	0.954	0.935	0.897	0.855
5.1	1	0.999	0.999	0.998	0.998	0.996	0.994	0.992	0.988	0.984	0.976	0.961	0.946
5.2	0.986	0.980	0.968	0.955	0.936	0.899	0.857	0.799	0.687	0.569	0.420	0.203	0.072
5.3	0.997	0.995	0.993	0.989	0.984	0.976	0.966	0.951	0.923	0.891	0.846	0.760	0.666
5.4	1	1	1	1	1	1	1	1	1	1	1	1	1
5.5	1	1	1	1	1	1	1	1	1	1	1	1	1
5.6	1	1	1	1	1	1	1	1	1	1	1	1	1
5.7	1	1	1	1	1	1	1	1	1	1	1	1	1
5.8	1	1	1	1	1	1	1	1	1	1	1	1	1
5.9	1	1	1	1	1	1	1	1	1	1	1	1	1

例如，要想求得某一段水平路程上与水蒸气有关的透射率，那么我们就可以根据已知的气象条件以及水平路程的长度来计算可凝结水量，在通过如表 4.4 所示，查得各波长上的与水蒸气有关的透射率。同样，根据已知的水平路程，可以如表 4.5 所示，查得各个波长上的与二氧化碳有关的透射率。

任意波长上的透射率的知识从表中察到的水蒸气和二氧化碳透射率的乘积，即

$$\tau = \tau_{H_2O} \tau_{CO_2} \tag{4-7}$$

需要强调的是，这些表格只适用于海平面上的水平路程。在高空，由于大气压强随着高度的增加而下降，大气的温度也要下降，因此谱线的宽度变窄。可以预料，通过同样的路程时，吸收变小，所以大气的透射率就要增加。温度对透射率的影响较小，通常可不予考虑，只要考虑压强降低对透射率的影响就可以了。如果稍做些简单的修正，这些表格则可用于高

空。在高度为 h 的水平路程 x 所具有的透射率等于长度为 x_0 的等效海平面上水平路程的透射率，用数字表达式可以表示为

$$x_0 = x\left(\frac{p}{p_0}\right)^k \tag{4-8}$$

式中　p——高度 h 处的大气压强；

　　　p_0——海平面上的大气压强；

　　　k——常数，对水蒸气是 0.5，对二氧化碳是 1.5。

本节给出了一直到 30.5km 高空的修正因子 $(p/p_0)^k$ 的数值如表 4.6 所示。

表 4.6　高度修正因子 $(p/p_0)^k$ 的值

高度/km	高度修正因子 $(p/p_0)^k$		高度/km	高度修正因子 $(p/p_0)^k$	
	水蒸气	二氧化碳		水蒸气	二氧化碳
0.305	0.981	0.940	6.10	0.670	0.299
0.610	0.961	0.888	6.86	0.643	0.266
0.915	0.942	0.840	7.62	0.609	0.266
1.22	0.923	0.774	9.15	0.552	0.168
1.52	0.904	0.743	10.7	0.486	0.115
1.83	0.886	0.699	12.2	0.441	0.085
2.14	0.869	0.660	15.2	0.348	0.042
2.44	0.852	0.620	18.3	0.272	0.020
2.74	0.835	0.580	21.4	0.214	0.010
3.05	0.819	0.548	24.4	0.167	0.005
3.81	0.790	0.494	27.4	0.134	0.002
4.57	0.739	0.404	30.5	0.105	0.001
5.34	0.714	0.364			

等效海平面路程是透射率计算中一个有用的概念。很明显，在具有相同透射率的情况下，高空的路程要比海平面的路程更远一些。如果我们要计算某一高度上的一段路程的透射率时，就可以如表 4.6 所示，查出路程相应的数据，再由式（4-8）算出等效海平面的路程，这样就可以计算出不同高度的水平路程的透射率了。

4.4　大气的散射衰减

辐射在大气中传输时，除因分子的选择性吸收导致辐射能衰减外，辐射还会在大气中遇到气体分子密度的起伏及微小微粒，使辐射改变方向，从而使传播方向的辐射能减弱，这就是散射。一般说来，散射比分子吸收弱，随着波长增加散射衰减所占的地位逐渐减少。但是在吸收很小的大气窗口波段，相对来说散射就是使辐射衰减的主要原因。本节知识扼要地介绍散射理论及其结果，从而确定由散射引起的大气透射率的计算。

4.4.1　气象视程与视距方程式

目标与背景的对比度随着距离的增加而减少到 2%时的距离，称为气象视程，简称为视程或视距。

我们可以在可见光谱区的指定波长 λ_0 处（通常取 $\lambda_0=0.6\mu m$ 或 $0.55\mu m$）测量目标和背景的对比度，因为在这些波长处，大气的吸收很少，因而引起辐射衰减的原因主要是散射这一种因素。取光线路程是水平的，沿光线路径的散射微粒的分布是均匀的，因而此处产生的散射都是相同的在这种情况下，我们可以以背景亮度为标准定义目标的对比度 C，即

$$C = \frac{L_t - L_b}{L_b} \tag{4-9}$$

式中　L_t——目标亮度；

L_b——背景亮度。

当我们观察一系列目标时，会发现目标与背景间的对比度随着观察者距离的增加而减少，最后，对比度弱到使人眼再也不能分开目标和背景了。换而言之，人眼对两个目标亮度的差异的区别能力是有限的，这种限制的临界点称为亮度对比度阈。亮度对比度阈通常以 C_V 表示，对于正常的人眼来说，其标准值为 0.02。

对于同一目标来说，当它距观察点的距离为 x 时，那么观察者所看到的目标与背景的对比度为

$$C_x = \frac{L_{tx} - L_{bx}}{L_{bx}} \tag{4-10}$$

式中　L_{tx}——观察者所看到的目标亮度；

L_{bx}——背景亮度。

当 $x=V$ 处的亮度对比 C_V 与 $x=0$ 处的对比度亮度 C_0 的比值恰好等于 2%时，这时的距离 V 称为气象视距，即

$$\frac{C_V}{C_0} = \frac{(L_{tV} - L_{bV})/L_{bV}}{(L_{t0} - L_{b0})/L_{b0}} = 0.02 \tag{4-11}$$

但是，在实际测量中，总是让特征目标的亮度远远大于背景的亮度，即 $L_t \gg L_b$，而 $L_{b0}=L_{bV}$。因此，式（4-11）可变为

$$\frac{C_V}{C_0} = \frac{L_{tV}}{L_{t0}} = 0.02 \tag{4-12}$$

式（4-12）表明，在实际观察中，如果我们把一个很亮的目标从 $x=0$ 处移到距观测点 $x=V$ 处时，对于波长为 λ_0 的亮度降到原亮度的 2%，此时 V 就是气象视程。如果满足上述的假设，那么以 $x=0$ 到 $x=V$ 之间的大气，在波长 λ_0 处，对大气透射率的影响只是由散射造成的，其透射率为

$$\tau_s(\lambda_0, V) = \frac{L_{tV}}{L_{t0}} = e^{-\mu_s(\lambda_0)V} \tag{4-13}$$

由式（4-12）和式（4-13）可得

$$\ln \tau_s(\lambda_0, V) = -\mu_s(\lambda_0)V = \ln 0.02 = -3.91 \tag{4-14}$$

所以可以得到在波长 λ_0 处，散射系数和气象视程的关系为

$$V = \frac{3.91}{\mu_s(\lambda_0)} \tag{4-15}$$

式（4-15）为视程方程式，V 是长度单位，与 $\mu_s(\lambda_0)$ 相适应即可。在推到视程方程式时，我们假定目标表面亮度是均匀的，地表附近大气背景是均匀的，光线是单色的，光所经过的

路程是水平的，沿光线所经路径的散射微粒的分布也是均匀的。对波长的选取也间接地说明了它是无吸收的，只有散射起作用。

但是，在实际应用式（4-15）时，却不像在推到此公式时那样严格地遵守这些假定。在实际大气中，大多数情况下视程是很短的。V一般小于 16km，甚至小于 5km。在大气透明度很低的情况下，微粒一般说来都是较大的。例如，雾滴，它在散射光线时，对波长是无选择性的。因为此时的散射过程可以看作是直径大于 5μm 的悬浮微粒上的反射和衍射过程的综合效应，所以可以认为满足 $r \gg \lambda$ 的条件，可按几何光学定律来处理。在这种情况下，散射系数 $\mu_s(\lambda_0)$ 将与波长无关，因此也就不必强调是单色光的了。同时，此时的背景光线也多是均匀而弥散的，所以不必担心运用式（4-15）会发生什么问题。尽管在浓阴天或者是在碧空的日子里，从天顶到地平线附近亮度将有 3 倍左右的变化，然而，只要物体漫反射能力很弱，应用此方程就不会产生多大的误差。而事实上，许多天然目标都具有低的反射率，例如深林为 4%~10%，绿色场地为 10%~15%，海湾及河流为 6%~10%等等。

视程及视程方程式都是很有意义的，一是，人们要想知道眼睛能看多远，也就是要知道视程多远，这在空运、海运和陆地上的观察都是十分重要的，在气象学中是更有意义的；二是，人们很想知道一个不熟悉的物体最远在什么距离上可以用眼睛观测到。当然这里还包括有辨认的问题在内，所以它远比第一方面的问题复杂。

4.4.2　测量 λ_0 处视程的原理

按照视程方程式，我们能知道散射系数 μ_s。又因为我们选取的波长通常是 λ_0=0.61μm 或 0.55μm，在这些波长处的吸收近似为零，因此衰减只是由散射造成的。这样就可以由透射率和散射系数的关系，求得气象视程。具体说来，如果在已知的 x 距离上，在波长 λ_0 处，测得大气的透射率为 $\tau_s(\lambda_0,x)$，则

$$\tau_s(\lambda_0,x) = e^{-\mu_s(\lambda_0)x} \tag{4-16}$$

$$\ln \tau_s(\lambda_0,x) = -\mu_s(\lambda_0)x \tag{4-17}$$

如果已知距离 x 在 $0 \sim V$ 之间，由于在整个视程内的 μ_s 都是一样的，因此，可以将此式中的 $\mu_s(\lambda_0)$ 代入视程方程中，得到视程与已知距离处的透射率之间的关系为

$$V = -\frac{3.91x}{\ln \tau_s(\lambda_0,x)} \tag{4-18}$$

由式（4-18）可知，只要测得已知距离 x 及透射率 $\tau_s(\lambda_0,x)$，就可以求得视距。

运用亮度对比度阈和透射率的关系，同样可以得到与式（4-18）类似的关系式，只是将 $\tau_s(\lambda_0,x)$ 换成对比度之比即可，这里就不细讲了。

式（4-18）不仅给出了测量规程的原理，同时，也介绍了通过 V 与透射比的关系来计算气象视程。

[例 1]　在距离 x=5.5km，波长 0.55μm 处测得的透射比 $\tau_s(\lambda_0,x)$ 为 30%，求气象视程 V。

解：将 x、$\tau_s(\lambda_0,x)$ 代入式（4-18）可得

$$V = -\frac{3.91 \times 5.5}{\ln 0.3} = -\frac{3.91 \times 5.5}{-1.204} = 17.9 \text{(km)}$$

即在 0.55μm 处的气象视距为 17.9km。

4.4.3 利用 λ_0 处的视程求任意波长处的光谱散射系数

我们知道，无论是瑞利散射，还是米氏散射，散射系数 $\mu_s(\lambda)$ 都是波长的函数，只是当粒子半径远大于波长之后，才与波长无关，而成为无选择性散射。一般可以将散射系数表示为

$$\mu_s(\lambda) = A\lambda^{-q} + A_1\lambda^{-4} \tag{4-19}$$

式中：A、A_1、q 均为待定的常数。

式（4-19）中，第二项表示瑞利散射。在红外光谱区内，瑞利散射并不重要，因此，只需考虑其中的第一项，即

$$\mu_s(\lambda) = A\lambda^{-q} \tag{4-20}$$

对式（4-20）取对数，有

$$\ln\mu_s(\lambda) = \ln A - q\ln\lambda \tag{4-21}$$

式中：q 为经验常数。

当大气能见度特别好（例如气象视程 V 大于 80km）时，$q=1.6$；中等视见度，$q=1.3$（这是常见的数值）。如果大气中的霾很浓厚，以致能见度很差（如气象视程小于 6km），可取 $q=0.585V^{1/3}$，其中 V 是以 km 为单位的气象视程。

式（4-21）同样应能满足波长 λ_0 处的散射系数。利用式（4-20）和式（4-15）可得

$$\mu_s(\lambda_0) = \frac{3.91}{V} = A\lambda_0^{-q} \tag{4-22}$$

$$A = \frac{3.91}{V}\lambda_0^q \tag{4-23}$$

将式（4-23）代入式（4-20），就可以得到任意波长 λ 处的散射系数 $\mu_s(\lambda)$ 与气象视距及波长的关系式

$$\mu_s(\lambda) = \frac{3.91}{V}\left(\frac{\lambda_0}{\lambda}\right)^q \tag{4-24}$$

把式（4-24）带入由纯散射衰减导致的透射率公式，有

$$\tau_s(\lambda) = \exp\left[-\frac{3.91}{V}\left(\frac{\lambda_0}{\lambda}\right)^q x\right] \tag{4-25}$$

4.5 大气透射率的计算

在前面几节中，我们已经讨论了大气的吸收和散射对辐射的衰减作用，分别给出了纯吸收和纯散射所导致的衰减，并且还相应地给出了计算透射率的公式。根据这些结果，原则上应该能够在给定的气象条件下计算大气的透射率。

在实际大气中，尤其是在地表附近几千米的大气中，吸收和散射是同时存在的，因此大气的吸收和散射所导致的衰减都遵循比尔-朗伯定律。由此，我们可以得到大气的光谱透射率为

$$\tau(\lambda) = \tau_a(\lambda)\tau_s(\lambda) \tag{4-26}$$

式中：$\tau_a(\lambda)$、$\tau_s(\lambda)$ 分别为与吸收和散射有关的透射率。

由此可见，只要分别计算出 $\tau_a(\lambda)$ 和 $\tau_s(\lambda)$ 就可由式（4-26）来计算大气透射率。

然而，大气中并非只有一种吸收组分。假设大气中由 m 种吸收组分，因而与吸收有关的

透射率应该是几种吸收组分的透射率的乘积，即

$$\tau_a(\lambda) = \prod_{i=1}^{m} \tau_{ai}(\lambda) \tag{4-27}$$

式中：$\tau_{ai}(\lambda)$ 为与第 i 种组成的吸收有关的透射率。

将式（4-27）代入式（4-26），得到大气的透射率为

$$\tau(\lambda) = \tau_s(\lambda) \prod_{i=1}^{m} \tau_{ai}(\lambda) \tag{4-28}$$

由此，我们可以将计算大气透射率的步骤归结如下。
(1) 按实际的需要规定气象条件、距离和光谱范围。
(2) 按式（4-25），也就是由气象视程的方法计算出在给定条件下的 $\tau_s(\lambda)$。
(3) 按给定条件，依次计算出各个吸收组分的 $\tau_{ai}(\lambda)$，其办法如下：
① 按照前面所介绍的大气透射率表，计算水蒸气和二氧化碳的吸收所造成的透射率；
② 按照所谓的带模型，计算在给定条件下和指定光谱范围内的各吸收带的吸收率，从而求得透射率。这种方法虽然较为准确，但也较复杂。
(4) 利用所求得的 $\tau_s(\lambda)$ 和 $\tau_{ai}(\lambda)$，根据式（4-28）可以算出大气的透射率。

4.6 红外大气传输模型

4.6.1 雾天气条件下红外传感器所接收的红外辐射能

雾天下红外传感器所接收到的红外辐射一般包含如下几部分：场景点自身发射的辐射能 E_{emitt}、场景点所反射的辐射能 $E_{reflect}$ 以及路径辐射能 E_{path}，可表示为

$$E_{IR\_sensor} = E_{emitt} + E_{reflect} + E_{path} \tag{4-29}$$

式中 路径辐射 E_{path} 包括大气散射辐射 $E_{sacatter}$ 和大气介质自身发射的辐射 $E_{emitt\text{-}atmos}$ 两部分，即路径辐射 E_{path} 可表示为

$$E_{path} = E_{scatter\_atmos} + E_{emitt\_atmos} \tag{4-30}$$

反射辐射 $E_{reflect}$ 也包括两部分：太阳辐射反射 E_{solar} 与天空光辐射发射 E_{sky}。反射辐射 $E_{reflect}$ 可表示为

$$E_{reflect} = E_{solar} + E_{sky} \tag{4-31}$$

在雾天气条件下，太阳辐射反射 E_{solar} 可忽略不计，对于红外传感器，E_{emitt}、E_{sky} 与 E_{path} 是非常重要的，这 3 个量直接决定了所拍摄到的红外图像的成像质量，E_{emitt} 与 E_{path} 决定了绝大部分红外传感器所接收到的红外辐射能量，而 E_{path} 则使得红外图像偏亮、对比度降低并产生一定量的噪声，因此 E_{emitt}、E_{sky} 与 E_{path} 的处理是至关重要的，它对红外大气辐射传输模型的建立具有重要意义。根据红外传感器在雾天气下的成像特点，我们主要考虑场景点辐射能量在穿过大气介质的衰减以及所受路径辐射的影响，因而红外传感器所接收的能量可表示为

$$E_{IR\_sensor} = \int_{\lambda_1}^{\lambda_2} (E_{radiation} + E_{path}) d\lambda \tag{4-32}$$

式中：$E_{radiation} = E_{emitt} + E_{sky}$。

把 E_{emitt} 与 E_{sky} 作为整体来处理，$E_{radiation}$ 看作为场景点所辐射的总能量，辐射 $E_{radiation}$ 经过大气介质时随着传播距离的增大不断地衰减，E_{path} 随着距离场景点越来越远其贡献也越来

越大,下面建立红外大气传输的辐射模型时就以 $E_{\text{radiation}}$ 与 E_{path} 作为基本参量来构建。

4.6.2 红外辐射大气衰减模型

在雾天气条件下,红外辐射能穿过大气悬浮介质时随着传播距离的增大其衰减也越来越大。由 Bouguer 幂定理知,假设辐射能在单位截面柱体内平行沿直线传播,把柱内长度为 x 距离的大气看作是一些厚度为 $\mathrm{d}x$ 的连续薄片,如图 4.2 所示,那么红外辐射的衰减过程可表示为

$$\frac{\mathrm{d}E_{\text{IR\_sensor}}(x,\lambda)}{E_{\text{IR\_sensor}}(x,\lambda)} = -\tau(\lambda)\mathrm{d}\lambda \tag{4-33}$$

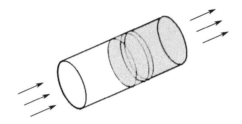

图 4.2 平行辐射光束经过大气悬浮介质时的衰减图

对式(4-33)从 0 到 d 积分可得到其解为

$$E_{\text{IR\_sensor}}(d,\lambda) = E_0(\lambda)\mathrm{e}^{-\tau(\lambda)d} \tag{4-34}$$

式中 $\tau(\lambda)$——大气透过率;
d——场景点到红外传感器的距离。

由于 Bouguer 幂定理在推导的过程中假设辐射能在单位截面的柱体内平行沿直线的传播,而在自然界中辐射能并不总是这样,因而上面的衰减表达式在具体的应用中会存在局限性。为了解决这个局限性,Allard 提出了点辐射源发散辐射的平方倒数定理,把式(4-34)改为

$$E_{\text{IR\_sensor}}(d,\lambda) = g\frac{E_0(\lambda)\mathrm{e}^{-\tau(\lambda)d}}{d^2} \tag{4-35}$$

式中 g——红外传感器相关的参数;
$\tau(\lambda)$——大气透射系数,它与大气中粒子的浓度、类型、形状、大小以及大气温度等因素有关;
d——场景点到红外传感器的距离,也称为大气厚度;
$E_0(\lambda)$——未衰减的场景点辐射强度。

实验表明当雾的浓度比较大时,式(4-35)的效果不是很理想。为了得到更好的效果,下面介绍衰减模型(4-35)的改进模型,其中改进的红外大气衰减模型是通过重新估计 $E_0(\lambda)$ 来实现的。式(4-35)即为红外辐射能经过大气介质的一般衰减模型。

4.6.3 改进的红外辐射大气衰减模型

我们把雾天气条件下场景点的红外辐射能分为天空背景反射辐射 E_{sky} 与自身发射辐射 E_{emitt} 两部分。首先推导天空背景反射辐射。取场景点 P,该场景点所在平面的法向为 $\hat{n}$,$\varOmega$ 为

点 P 所张的有效辐射天空锥体，取面积无穷小的天空块，该天空块的极角为 $\delta\theta$，方位角为 $\delta\varphi$，如图 4.3 所示。

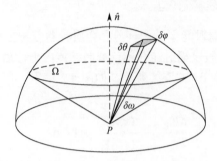

图 4.3 具有法向 $\hat{n}$ 的场景点 P 的辐射模型

该天空块在 P 点所张成的立体角为 $\delta\omega$，在雾天气条件下无穷小天空块所张的锥体 $\delta\varphi$。在 (θ,φ) 方向上的辐射为

$$L_1(\theta,\lambda) = L_\infty(\lambda)(1+2\cos\theta)\delta\omega \tag{4-36}$$

式中 $\delta\omega=\sin\theta\delta\theta\delta\varphi$；

$L_\infty(\lambda)$ 为无穷远处的路径辐射。

那么整个有效辐射天空锥体 Ω 在场景点 P 的辐射为

$$E_1(\lambda) = \iint_\Omega L_\infty(\lambda)(1+2\cos\theta)\cos\theta\sin\theta\mathrm{d}\theta\mathrm{d}\varphi \tag{4-37}$$

设 R 为 P 点的双向反射率分布函数（BRDF），那么从 P 点沿观察方向的天空背景反射辐为

$$L_{\mathrm{sky}}(\lambda) = \iint_\Omega L_\infty(\lambda)f(\theta)R(\theta,\varphi)\mathrm{d}\theta\mathrm{d}\varphi \tag{4-38}$$

式中：$f(\theta)=(1+2\cos\theta)\cos\theta\sin\theta$。

设 P 点的单位邻域块在垂直于观察方向的投影为 σ，那么 P 点的辐射强度可表示为

$$E_{\mathrm{sky}}(\lambda) = \sigma L_{\mathrm{sky}}(\lambda) = \sigma\iint_\Omega L_\infty(\lambda)f(\theta)R(\theta,\varphi)\mathrm{d}\theta\mathrm{d}\varphi \tag{4-39}$$

$L_\infty(\lambda)$ 对于 θ 和 φ 来说是常量，所以可以把它提到积分号外面，即

$$E_{\mathrm{sky}}(\lambda) = L_\infty(\lambda)\gamma_1 \tag{4-40}$$

式中：γ_1 表示有效辐射天空立体角及沿观察方向的反射率。

式（4-40）即为天空背景的红外辐射反射模型。

接下来推导场景点自身发射的红外辐射，还是参考图 4.3 所示的几何模型来描述场景点自身发射的红外辐射。取场景点 P，P 点的绝对温度为 T，该场景点所在平面的法向量为 n，Ω 为点 P 所张的有效发射锥体，取面积无穷小的球面块，该无穷小球面块的极角为 $\delta\theta$，方位角为 $\delta\varphi$，在 P 点所张成的立体角为 $\delta\omega$，则无穷小球面块所张的锥体 $\delta\Omega$ 在 (θ,φ) 方向上自身发射的红外辐射为

$$L_2(\theta,\lambda) = \eta(\lambda,T)B_\lambda(T)\delta\omega \tag{4-41}$$

式中 $\delta\omega=\sin\theta\delta\theta\delta\varphi$；

$\eta(\lambda,T)$——灰体自身发射特征函数，该特征函数是与场景点的材质和温度相关的量；

$B_\lambda(T)$——普朗克函数，其表达式为

$$B_\lambda(T) = c_1\lambda^5/(\mathrm{e}^{c_2/\lambda T}-1) \tag{4-42}$$

那么场景点 P 在整个有效发射锥体 Ω 的自身发射辐射为

$$E_2(\lambda) = \iint_\Omega \eta(\lambda,T) B_\lambda(T) \cos\theta \mathrm{d}\theta \mathrm{d}\varphi \tag{4-43}$$

设 F 为 P 点的自身发射分布密度函数，那么从 P 点沿观察方向的自身发射辐射为

$$L_{\mathrm{emitt}}(\lambda) = \iint_\Omega \eta(\lambda,T) B_\lambda(T) \cos\theta \sin\theta F(\theta,\varphi) \mathrm{d}\theta \mathrm{d}\varphi \tag{4-44}$$

设 P 点的单位邻域块在垂直于观察方向的投影为 κ，那么 P 点的自身发射辐射强度可表示为

$$E_{\mathrm{emitt}}(\lambda) = \kappa L_{\mathrm{emitt}}(\lambda) = \kappa \iint_\Omega \frac{L_\infty(\lambda)}{L_\infty(\lambda)} \eta(\lambda,T) B_\lambda(T) \cos\theta \sin\theta F(\theta,\varphi) \mathrm{d}\theta \mathrm{d}\varphi \tag{4-45}$$

$L_\infty(\lambda)$ 对于 θ 和 φ 来说是常量，所以可以把它提到积分号外面，即

$$E_{\mathrm{emitt}}(\lambda) = L_\infty(\lambda) \gamma_2 \tag{4-46}$$

其中

$$\gamma_2 = \kappa \iint_\Omega \frac{\eta(\lambda,T)}{L_\infty(\lambda)} B_\lambda(T) \cos\theta \sin\theta F(\theta,\varphi) \mathrm{d}\theta \mathrm{d}\varphi$$

γ_2 表示场景点自身发射有效发射立体角，场景点的材质属性以及沿观察方向的自身发射辐射。式（4-46）即为自身发射辐射的模型。

根据天空背景红外辐射反射模型和自身发射辐射模型，可得

$$\begin{aligned} E_{\mathrm{radiation}} &= E_{\mathrm{emitt}} + E_{\mathrm{sky}} \\ &= L_\infty(\lambda)\gamma_1 + L_\infty(\lambda)\lambda_2 \\ &= L_\infty(\lambda)(\gamma_1 + \lambda_2) \\ &= L_\infty(\lambda)\gamma \end{aligned} \tag{4-47}$$

式中：$\gamma = \gamma_1 + \gamma_2$。

则红外辐射衰减模型的表达式（4-46）用 Eradiation 替代可以得到下面改进的红外辐射衰减模型：

$$\begin{aligned} E_{\mathrm{attenuated}}(d,\lambda) &= g \frac{E_0(\lambda) \mathrm{e}^{-\tau(\lambda)d}}{d^2} \\ &= g \frac{E_{\mathrm{radiation}} \mathrm{e}^{-\tau(\lambda)d}}{d^2} \\ &= g \frac{L_\infty(\lambda)\gamma \mathrm{e}^{-\tau(\lambda)d}}{d^2} \end{aligned} \tag{4-48}$$

式中：γ 为天空背景反射有效辐射天空立体角、自身发射辐射有效发射立体角、沿观察方向的反射率、沿观察方向的自身发射辐射率以及场景点的材质属性。

4.6.4 路径辐射模型

在对流层大气范围内，雾天气下的红外路径辐射是由大气自身发射的辐射 $E_{\mathrm{emitt\text{-}atmos}}$ 与大气散射辐射 $E_{\mathrm{scatter\text{-}atmos}}$ 两部分组成的，这两部分辐射是没有经过地表目标物而直接到达红外传感器的辐射。由于路径辐射的原因所拍得的红外图像相对来说比较亮，这在一定程度上模糊了场景中要跟踪识别目标的红外图像，因此必须对路径辐射进行准确估计。下面我们来推导大气路径辐射的模型，推导该模型的图示如图 4.4 所示。

沿观察方向的路径辐射可以看作是一个常量，但该路径辐射的方向和强度都是未知的。

设观察点所张的立体角 $d\omega$，到目标物的距离为 d，则该立体角 $d\omega$ 和距离 d 内的大气可以看作是一个辐射源，距离观察点 x 处的无穷小体积 dv 为横截面积 $d\omega x^2$ 和厚度 dx 的乘积，可表示为下面的表达式：

$$dv = d\omega x^2 dx \tag{4-49}$$

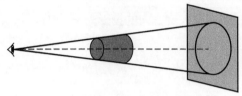

图 4.4 路径辐射几何模型图示

那么，dv 体积内的大气辐射源沿观察方向的辐射强度为

$$dI(x,\lambda) = dv\alpha\tau(\lambda) = d\omega x^2 dx\alpha\tau(\lambda) \tag{4-50}$$

式中 $\tau(\lambda)$——大气透射率；

α——大气路径辐射的属性。

对于 dv 体积的大气辐射源，其辐射强度 $dI(x,\lambda)$ 经过衰减到达传感器的强度可表示为

$$dE(x,\lambda) = \frac{dI(x,\lambda)e^{-\tau(\lambda)x}}{x^2} \tag{4-51}$$

这样可以得到 dv 体积的大气辐射源的辐射为

$$dE(x,\lambda) = \frac{dE(x,\lambda)e^{-\tau(\lambda)x}}{x^2} = \frac{dI(x,\lambda)e^{-\tau(\lambda)x}}{d\omega x^2} \tag{4-52}$$

将式（4-52）代入式（4-51），式（4-52）可化简为

$$dL(x,\lambda) = \alpha\tau(\lambda)e^{-\tau(\lambda)x}dx \tag{4-53}$$

路径辐射随着距离 d 的增大而增大，$dL(x,\lambda)$ 从 $x=0$ 到 $x=d$ 积分，可得

$$L(d,\lambda) = \alpha(1-e^{-\tau(\lambda)d}) \tag{4-54}$$

当距离 d 无穷远时，路径辐射是最大的，当 $d=\infty$ 时，路径辐射的最大值记为无穷远处水平红外辐射 $L_\infty(\lambda)=\alpha$，那么式（4-54）在任意距离 d 处的辐射为下面的表达式：

$$L_{path}(d,\lambda) = L(d,\lambda) = L_\infty(\lambda)(1-e^{-\tau(\lambda)d}) \tag{4-55}$$

式（4-55）也就是路径辐射的模型。

通过红外大气辐射的衰减模型和路径辐射模型，辐射就可表示为

$$E_{IR\_sensor}(d,\lambda) = E_{attenuated}(d,\lambda) + E_{path}(d,\lambda) = g\frac{L_\infty(\lambda)\gamma e^{-\tau(\lambda)d}}{d^2} + L_\infty(\lambda)(1-e^{-\tau(\lambda)d}) \tag{4-56}$$

4.7 大气红外辐射传输计算软件介绍

随着近代物理和计算机技术的发展，大气辐射传输计算方法，由 20 世纪 60 年代的全参数化或简化的谱带模式发展为目前的高分辨光谱透过率计算，由单纯只考虑吸收的大气模式发展散射和吸收并存的大气模式，且大气状态也从只涉及水平均匀大气发展到水平非均匀大气。

大气传输的计算早期都用查表的方法。如水平观察路径的大气透过率可通过查海平面水平路程上主要吸收气体水蒸气、二氧化碳的光谱透过率表。由于二氧化碳成分变化不大，它

的透过率可直接查表。水蒸气是大气的可变成分，它的吸收与气温、相对湿度有关，即与反映每千米可凝水量的绝对湿度有关。查表法对大气传输模型做了大量简化，但未考虑散射，计算繁复，精度较差，已很少使用。目前，工程广泛利用现有的大气传输计算软件：LOWTRAN、MODTRAN、FASCOD、MOSART、EOSAEL 和 SENTRAN 等多种在目标探测和遥感中得到广泛应用的实用软件。

下面简要介绍几种实用软件。

4.7.1 LOWTRAN 软件功能简介

LOWTRAN（LOW resolution TRANsmission）是由美国空军基地地球物理管理局（前空军地球物理实验室和空军剑桥研究实验室 AFRL/VS）开发的一个低分辨率的大气辐射传播软件，它最初用来计算大气透过率，后来加入了大气背景辐射的计算。目前，最高版本为 1989 年发布的 LOWTRAN7。LOWTRAN 软件以 $20cm^{-1}$ 的光谱分辨率计算（最小采样间距为 $5cm^{-1}$）从 $0\sim 50000cm^{-1}$（$0.2\sim \infty \mu m$）的大气透过率、大气背景辐射、单次散射的阳光和月光辐射、太阳直射辐照度。程序考虑了连续吸收、分子、气溶胶、云、雨的散射和吸收，地球曲率及折射对路径及总吸收物质含量计算的影响。

LOWTRAN7 大气模式包括 13 种微量气体的垂直廓线，6 种参考大气模式定义了温度、气压、密度以及水汽、臭氧、甲烷、一氧化碳和一氧化二氮的混合比垂直廓线。程序用带模式计算水、臭氧、一氧化二氮、甲烷、一氧化碳、氧气、二氧化碳、一氧化氮、氨气和二氧化硫的透过率。此带模式以逐线光谱为基础，并与实验室测量作了比较。比较的结果令人满意，精度可满足一般应用的要求（误差小于 15%）。计算结果分得很细，以第 3 种执行方式（计算包括太阳或月亮的单次散射和多次散射）为例，计算结果分为辐射和路径的总透过率。总辐射分为 3 个部分：①大气辐射，包括路径上大气和边界发射的热辐射，并考虑了大气散射和边界反射的热辐射；②路径散射，包括被大气散射的太阳辐射（太阳辐射的单次散射部分被单独列出）；③被边界反射的太阳辐射（包括对直接辐射到边界上的太阳辐射和被大气散射到边界上的太阳辐射）。最后，给出了波段内的 3 类辐射之和的总积分。模式包括了氧分子的紫外吸收带（Schumann-Runge 及 Herzberg 连续谱）和臭氧的紫外带（HaR/Tley 和 Huggins 带）。多次散射参数化计算使用二流近似和累加法，用 K 分布与原 LOWTRAN7 的带模式过率计算衔接。LOWTRAN 增添了取决于风的沙漠模式、新的卷云模式、新的云和雨模式，并包括了更新的有地理和季节代表性的大气模式和气溶胶模式，也可以由用户自己输入模式。

LOWTRAN 共有 5 个主输入卡：卡片 1 选择大气模式、路径的几何类型、程序执行方式、是否包括多次散射、边界状况等；卡片 2 选择气溶胶和云模式；卡片 3 用于定义特定问题的几何路径参数；卡片 4 用于定义计算的光谱区和步长；卡片 5 用以控制程序的循环，以便于一次运行计算一系列问题。

LOWTRAN7 的基本算法有透过率计算方法、多次散射处理和几何路径计算等。

1. 分子吸收衰减

LOWTRAN 把大气分子吸收分成下面几种吸收气体产生的吸收，即水蒸气（H_2O）以及在大气中均匀混合的气体，如二氧化碳（CO_2）、臭氧（O_3）、二氧化氮（NO_2）、甲烷（CH_4）、一氧化碳（CO）等产生的吸收。

LOWTRAN 是一种图表式的计算方法，根据分子吸收的谱带理论和许多实验室数据，由

分子吸收引起的大气透过率可以表示为

$$\bar{\tau} = f(C_v \cdot w^* \cdot DS) \tag{4-57}$$

式中　C_v——光谱吸收截面；
　　　w^*——等效的海平面单位程长的吸收体量；
　　　DS——实际路程长度。

为了简化计算，LOWTRAN 将吸收体量变成标准状态下或海平面的吸收体量 w^*。相应地，只需要计算或用图表查出海平面条件下的吸收系数就可以了。这样就不必去计算不同温度、压强条件下的吸收系数了。

水平路程，w^*可根据光线的实际传输高度，在标准大气表中查出相应的温度及压力后，用下式计算得出

$$w^* = w \left[\frac{p(z)}{p_0} \sqrt{\frac{T_0}{T(z)}} \right]^n \tag{4-58}$$

式中　w——实际高度下单位程长的吸收体量；
　　　p_0、T_0——标准状态下的大气压和温度；
　　　$p(z)$、$T(z)$——实际高度 z 下的大气压和温度；
　　　n——指数，对水汽，$n=0.9$，对均匀混合气体，$n=0.75$，对 O_3，$n=0.4$。

w^*也可根据给定的高度查图线来确定。图线的数据已存入 LOWTRAN 程序中。当给定了频率（波数）后，就可以从 LOWTRAN 所存的图线数据中找到光谱吸收截面 C_v。给定了程长 DS，算出 w^* 及 C_v 后，就可求出其积，即等效的光学深度（$C_v \cdot w^* \cdot DS$）。根据光学深度就可以在 LOWTRAN 中存在的函数关系中找到相应的大气透过率。

LOWTRAN7 中每层大气的总透过率为

$$\tau_{\Delta v}(u_1, u_2) = \tau_1 \cdot \tau_2 \cdot \tau_{mc} \cdot \tau_{ms} \cdot \tau_{as} \tag{4-59}$$

式中　τ_1 和 τ_2——水汽、二氧化碳、臭氧、一氧化二氮、一氧化碳、甲烷和氧气、一氧化氮、二氧化硫、二氧化氮、甲烷等 11 种均匀和非均匀分布吸收气体的透过率；
　　　τ_{mc}——分子连续吸收透过率；
　　　τ_{ms}——分子散射透过率；
　　　τ_{as}——气溶胶消光透过率，包括气溶胶、雾、云和降水的消光。

气体透过率可分布用指数和来表示。

2. 分子散射

分子散射属于瑞利散射，根据瑞利散射的公式以及实验室的数据，分子散射的衰减系数 μ_v（l/km）可表示为

$$\mu_v = 9.8 \times 10^{-20} v^4 \tag{4-60}$$

式中：v 为波数（cm^{-1}）。

LOWTRAN7 对以前各版 LOWTRAN 的一个重大改进就是引入了包括多次散射的辐射传输计算。在 LOWTRAN7 中，采用改造的累加法自海平面开始向上直到大气上界，逐层确定大气分层的每一界面上的包括整层大气和地表、云层反射贡献在内的综合透过率、吸收率、反射率和辐射通量。然后用得到的通量计算散射源函数。

3. 气溶胶衰减

气溶胶的吸收系数和散射系数是根据米氏散射理论计算的。计算时需要确定气溶胶粒子

的数密度及它随高度的变化，粒子尺寸的分布规律。两种视距（5km、23km）条件下的粒子数密度的垂直分布，粒子尺寸分布与霾的模型以及几个波长处的气溶胶的吸收和散射系数对高度变化的数据已存入 LOWTRAN 中。

当气象条件不同，即视距不同时，可采用内插或外插法决定，在 LOWTRAN 中也已有这种程序。

4. 光线几何路径计算

光线所经的几何路径算法直接影响透过率以及沿路径吸收气体含量的计算。从 LOWTRAN 到 LOWTRAN7，对几何路径的计算方法几乎没有改动。算法考虑了地球曲率和大气折射效应，即将大气看作球面分层，在此种结构下逐层考虑大气折射效应。将地球大气划分为一系列同轴球面层，每层定义一平均折射指数，层内折射指数为常数。折射指数的变化表现为层与层之间的差异，根据折射定律和球面三角公式导出各层的有效路径。

4.7.2 MODTRAN 软件功能简介

MODTRAN 是一种分辨率为 $2cm^{-1}$ 的带模式代码，由光谱科学有限公司和空军研究工作实验室/航天器董事会（AFRL/VS）联合开发，广泛应用于 AVIRIS 数据分析，且由于该软件能够高效而准确地对分子和气溶胶/云的发射加散射辐射以及大气衰减进行建模，故还可应用于其他遥感方面。MODTRAN 用的是由均匀层组成的球面对称大气，每一层都由温度、气压的层边界条件以及大气成分的浓度来描述，用 Snell 定理测定 LOS 的折射度。

MODTRAN 升级版本利用 MS 子程序改进了 MODTRAN 和 Disort 接口，已经包括了多次散射（MS）对 LOS 方位角的依赖性，从而可以更好地研究云和稠密气溶胶的多次散射对辐射亮度的贡献。另外，由于 Disort 的优越性，升级了的 MODTRAN 版本还能够适用参数化 BRDF（双向反射分布函数）。

MODTRAN 在算法上对 LOWTRAN7 的改进主要改进 LOWTRAN 的光谱分辨率。它将光谱的半高全宽度由 LOWTRAN7 的 $20cm^{-1}$ 减小到 $1cm^{-1}$。主要改进包括发展了一种 $1cm^{-1}$ 分辨率的分子吸收的算法，且更新了对分子吸收的气压温度关系的处理。MODTRAN 中分子透过率的带参数在 $1cm^{-1}$ 的光谱间隔上计算。这些 $1cm^{-1}$ 的间隔互不重叠，并可用一个三角狭缝函数将其光谱分辨率降低到所需的分辨率。由于这些间隔是矩形的且互不重叠，MODTRAN 的标称分辨率为 $2cm^{-1}$。

多次散射是应用于路径辐射的一个过程，会导致路径辐射减少或增加。其来源主要有两个方面：分子散射（可见光波段较为显著）和（气溶胶）粒子散射（近红外和中红外波段较为显著）。多次散射在 MODTRAN 中属于在沿大气路径各层中计算路径辐射的一个附加项。LOWTRAN7 中多次散射的通量是在观测位置进行计算的，而 MODTRAN 中除此之外还可以在 H2（路径的另一端，或切向高度）处进行计算。另外 LOWTRAN7 中多次散射计算用的是二流近似算法，而 MODTRAN 中新增加了 Disort 算法，可将算法优化至 4、8 或 16 流近似。

MODTRAN 4.0 是一种分辨率比 MODTRAN 3.7 更高的带模式代码，和 MODTRAN 3.7 相比，4.0 版本精度更高，采用的最新的大气的模式，特别是 4.0 版本内置的最新大气组成的浓度，碳氧化合物、臭氧和氮氧化合物等大气混合成分的浓度数据更加精确。比如，二氧化碳的混合浓度由原来的 330ppmv 提高到 360ppmv。MODTRAN4.0 的界面如图 4.5 所示，MODTRAN4.0 与 MODTRAN3.7 的在可见光波段辐射照度的比较图如图 4.6 所示。计算信息：

2008.6.1 日，北京时间 12:00，探测器接收角度 45°，高度 1.0km，无云状态。

MODTRAN 4.0 模型基于压力、温度、线宽。具有计算大气透射率、月亮辐射、太阳入射、大气对太阳的多重散射、背景的热辐射散射等等多项功能。编码中包括了典型的大气尘埃微粒、云雨模型，同时也允许用户根据需要自定义选择模式。在计算大气斜程和路径损耗时，模型考虑了球形折射和地球曲率。所有的功能运算中，通过大气模式，气溶胶模式，几何路径以及光波段设置等选项来确定背景的组分和所需的结果。以下举例说明利用 MODTRAN 4.0 来计算大气透过率及阳光辐射照度。

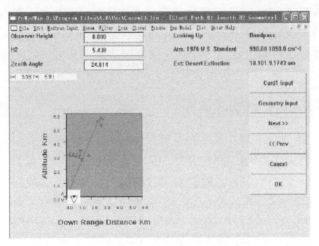

图 4.5　MODTRAN 4.0 的界面

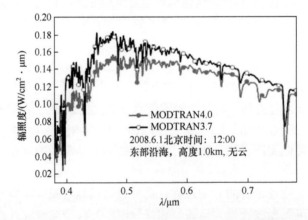

图 4.6　MODTRAN 3.7 与 MODTRAN 4.0 可见光入射照度的比较

1. 大气透射率的计算

入射太阳光经过云层大气尘埃粒子能被强烈地吸收、散射，致使到达地面的直接太阳辐射大大减少。所以在实际计算，我们必须考虑这些的因素对辐射散射的衰减，即是我们所说的透射。

透射率的计算，计算条件如图 4.7～图 4.9 所示：东部沿海（N25°，W240°），H=1.0km，接收角度 45°，北京时间 2008 年 6 月 1 日 12:00，无云。可见光的透射率较大如图 4.7 所示；如图 4.8 所示说明，在 4.2～4.4μm 波段，有一个极强的吸收带，几乎全部吸收；如图 4.9 曲线所示说明，在 9.4～9.9μm 波段，较强的吸收带，透射率急剧降低，局部甚至降到 0.2 左右。

2. 阳光辐射照度的计算

太阳是最强的自然红外辐射源，其辐射强度达 $6200 \times 10^4 \text{W/m}^2$。太阳的平均半径约为 $6.95 \times 10^5 \text{km}$，太阳与地球的平均距离约为 $1.4968 \times 10^8 \text{km}$，那么可以由斯蒂芬－玻耳兹曼定律计算出太阳表面辐射的等效黑体温度，这一温度为 5770K。

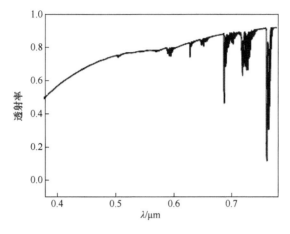

图 4.7　可见光的透射率

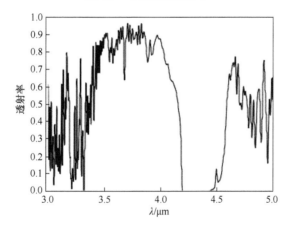

图 4.8　3～5μm 的透射率

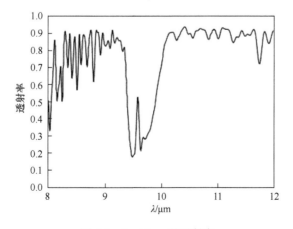

图 4.9　8～12μm 的透射率

若已知大气层外太阳的光谱辐照度为 E_λ，则辐照度 E 可表示为

$$E = \int_0^\infty E_\lambda d\lambda \tag{4-61}$$

太阳在地球大气层外产生的总辐照度（太阳常数）由上式求得为 $S=1353\mathrm{W/m^2}$。

太阳常数是指在平均太阳距离上（地球到太阳的平均距离），在地球大气层外的太阳照度值。它与地球位置或一天的时间无关，而在一年之内是变化的，在冬至日比平均值约大 3.27%。

太阳辐射在穿过大气层到达地面的行程中要受到衰减。大气层中云层和较大尘粒把太阳辐射部分地反射回宇宙空间是其中一种衰减作用；而臭氧、氮气、氧气、水蒸气及尘埃等对太阳辐射的散射和吸收是另一种衰减作用。经过这样的衰减后，到达地球的太阳辐射能还受纬度、海拔、季节、时刻、太阳高度以及地球状态等因素的影响。

地球大气层外的太阳光谱辐照度和太阳天顶角为 0° 时海平面上太阳光谱辐照度近似值，以及 5900K 的黑体分布（利用美国标准大气模式），如图 4.10 所示。

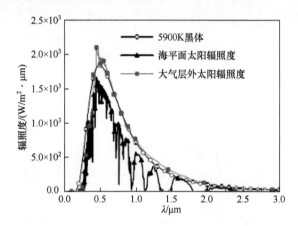

图 4.10　在平均地球-太阳距离下的太阳光谱辐照度图

运用 MODTRAN4.0 计算阳光在可见光和中远红外波段的辐射照度比较分别如图 4.11、图 4.12 和图 4.13 所示。计算条件：东部沿海（N25°W240°），高度 $H=1.0\mathrm{km}$ 探测器接收 45°，无云条件。

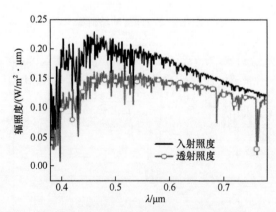

图 4.11　可见光的辐射照度与透射照度

如图 4.11~图 4.13 所示，可以明显看出，太阳的辐射照度未经大气云层的衰减，显现单调衰减，而实际上经过大气云层的衰减之后，显得有较大波动。太阳光在可见光波段，

辐射亮度很大，红外波段相比较而言很小；在红外波段，3~5μm 辐射亮度比 8~12μm 大两个数量级。

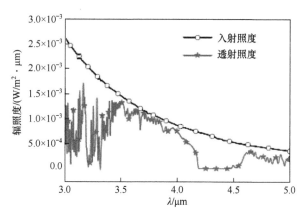

图 4.12　3~5μm 入射与透射

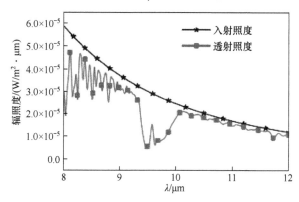

图 4.13　8~12μm 的入射与透射

4.7.3　CART 软件功能简介

通用大气辐射传输软件（Combined Atmospheric Radiative Transfer，CART）是一套辐射传输软件，可用来快速计算空间任意两点之间的大气光谱透过率、散射以及地表反射的太阳辐射、地表和大气的热辐射等，光谱范围为可见光到远红外（1~25000cm^{-1}）。与国际上流行的辐射传输软件（如 LOWTRAN、MODTRAN）相比，CART 软件有其独特的几点：该软件的光谱分辨率为 1cm^{-1}；软件的大气分子吸收部分是采用基于 LBLRTM 逐线积分计算而提出的一种非线性拟合算法，分子吸收线数据库采用最新的 HITRAN04 数据库；除了 6 种 AFGL 大气模式外，还提供了我国典型地区的大气模式、我国典型地表的地表反照率值；提供了一种根据实测尺度谱分布和气溶胶高度分布计算的气溶胶消光模式。

CART 软件的基本功能框图如图 4.14 所示，它主要包括大气透过率、散射太阳辐射（包括单次散射和多次散射及地表反射）、热辐射（地表和大气的热辐射）、太阳直接辐照度 4 个部分。

1. CART 软件计算简介

（1）大气透过率。大气透过率包括大气分子的吸收、分子连续吸收和散射和气溶胶的衰减（吸收与散射）的计算。

CART 软件中各个模块计算分别采用下面的方法：大气分子的吸收考虑 7 种主要吸收气体：H_2O、CO_2、O_3、CO、N_2O、CH_4、O_2。对每种分子用 LBLRTM 逐线积分法计算可见光到远红外波段单色的分子吸收光学厚度，平滑到 $1cm^{-1}$ 的光谱分辨率：

$$\overline{T}_V(t,p,u) = \frac{\int_{v-\Delta v/2}^{v+\Delta v/2} \exp[-k_v(t,p)u] dv}{\int_{v-\Delta v/2}^{v+\Delta v/2} dv} \quad (4\text{-}62)$$

式中　$k_v(t,p)$——温度为 t、气压为 p 时用 LBLRTM 计算的某种气体在波数 v 处的吸收截面；

u——吸收气体含量；

$\Delta v/2$ 固定为 $0.5cm^{-1}$。

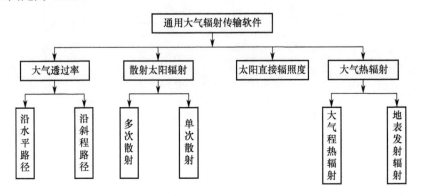

图 4.14　CART 软件的基本功能框图

计算选取 9 个参考温度，9 个参考气压，在每种气压和温度下，计算 50 种气体含量下的值，然后采用基于逐线积分法计算的 4 阶非线性拟合算法来拟合大气吸收随吸收气体含量的关系，计算结果可得到 5 个拟合系数：

$$T_V(t,p,u) = \exp\left\{-u \cdot \exp\left(\sum_{i=0}^{M} c_i(t,p) \log[(u)]^i\right)\right\} \quad (4\text{-}63)$$

式中　$T_V(t,p,u)$——给定波数 v、温度 t、气压 p 和吸收含量 u 下的透过率；

$M=4$，代表 4 阶；

$c_i(t,p)$——给定波数 v、温度 t、气压 p 下拟合得到的 5 个系数（$i=0$，…，4）。

这样，每个波数点上共有 $9×9×5=405$ 个系数可供使用。在实际计算时，用插值法得到任意温度和气压的吸收系数。对于斜程路径大气传输时，考虑大气的非均匀性，通常采用 CuRtis-Godson（CG）近似，拟合系数在传输路径上按含量加权平均。

大气分子连续吸收采用国际上目前比较公认的 MT_CKD 方法，可计算 H_2O、CO_2、O_2、N_2 和 O_3 5 种分子的连续吸收，分子散射则用瑞利散射公式进行计算，由于其算法比较成熟，这里就不作介绍。

气溶胶的衰减（吸收和散射）计算除了采用 MODTRAN 中的气溶胶模式外，还增加了一种根据实测气溶胶尺度谱分布计算的气溶胶模式。现在，实际的气溶胶尺度谱分布已经可以由仪器（如中科院安徽光学精密机械研究所研制的光学粒子计数器 OPC）测得，并按下式拟合成 Junge 谱而提供实时的 Junge 指数 v：

$$\frac{dN}{dr} = N_0 \cdot r^{(-v-1)} \quad (4\text{-}64)$$

给定气溶胶复折射率 m 及其随波长变化,用 Mie 程序计算气溶胶衰减效率因子 Q_e,得到地面上归一化到 0.55μm 波长气溶胶的相对衰减系数 $\sigma_e(\lambda,0)$:

$$\sigma_e(\lambda,0) = \int_{r_2}^{r_1} \pi r^2 Q_e(\lambda,m) \frac{dN}{dr} dr \tag{4-65}$$

$$\sigma_e^1(\lambda,0) = \frac{\sigma_e(\lambda,0)}{\sigma_e(0.55,0)} \tag{4-66}$$

给定地面能见度 vis,则其他波长上的绝对气溶胶衰减系数为

$$\beta(\lambda,0) = \sigma_e^1(\lambda,0) \cdot \left(\frac{3.912}{\text{vis}} - \beta_M\right) \tag{4-67}$$

式中:β_M 表示近地面分子衰减,在海平面一般近似取 0.001159km^{-1}。

根据实测的气溶胶高度分布,如激光雷达测量的衰减系数廓线,归一化到近地面的消光系数,得到雷达波长上、地面到雷达测量高度区间各个高度上的相对消光系数 $N(h)$。雷达测量高度以上至 30km,则直接用 MODTRAN 给出的高度分布 $N(h)$,30km 以上可以不考虑气溶胶的衰减。

任意波长和任意高度的消光系数为地面消光系数 $\beta(\lambda,0)$ 乘以高度分布 $N(h)$,即

$$\beta(\lambda,h) = \beta(\lambda,0) \cdot N(h) \tag{4-68}$$

从而,地面到 H 高度上气溶胶的衰减为

$$T_{\text{aer}} = \exp\left[-\int_0^H \beta(\lambda,h) \cdot dh\right] \tag{4-69}$$

最后得到的总透过率为各部分透过率的乘积。

(2) 太阳直接辐照度。大气外的太阳光谱乘以大气透过率即为太阳直接辐照度。

(3) 散射太阳辐射。利用计算的分层和层节之间的大气透过率,根据分子和气溶胶的散射相函数,采用近似(如单次散射近似)而快速的方法,计算包括太阳和大气的散射、地表耦合在内的散射辐射,得到辐射强度的空间分布。对介质中的多次散射,采用分段拟合,使用公认的离散坐标法(DISORT 计算几个波长上的散射辐射结果,最后根据光学厚度插值得到所有波长上的多次散射辐射。

(4) 热辐射。利用计算的分层和层节之间的大气透过率,根据黑体辐射公式进行计算。

2. CART 软件的应用

1) CART 软件的输入和输出参数

(1) 输入的大气参数。

① 气象参数:大气吸收分子高度分布廓线(H_2O、CO_2、O_3、CO、CH_4、N_2O、O_2 等)、温度、气压廓线,其中水汽和温度廓线随地域和季节有较大的变化,应该输入当时当地的廓线参数。

② 气溶胶参数:气溶胶类型,地面能见度。如果有可能还可以输入气溶胶谱分布(容格指数)和气溶胶高度分布(如标高)。

③ 地表参数:地面光谱反照率,地表温度。

④ 空间几何参数:探测器所在的高度、目标所在的高度、观测天顶角(或目标与探测器的距离)、观测方位角与太阳方位角的差、太阳天顶角(或经纬度和时间用以确定太阳高度角方位角)。

⑤ 仪器参数:测量的波段范围(如可能给出仪器的响应函数)、光谱分辨率(对于分光

仪器)、仪器视场等。

（2）输出参数。$1cm^{-1}$分辨率的大气光谱透过率（包括各种分子吸收、分子散射、气溶胶散射和吸收、各种分子连续吸收及总吸收）；太阳直接辐照度；大气散射辐射（包括单次和多次散射太阳辐射）；大气热辐射和大气光谱亮度（包括大气和地表的热辐射）。

2）CART软件的应用

该通用大气辐射传输软件用于以下方面。

① 用于辐射量测量的大气修正。

在大气中的目标辐射特性测试研究中，由于受到大气的影响，在同样的目标的照度条件下，不同的大气传输特性条件，导致测量得到的目标光学特性有不同的表观结果。用本软件可以根据实际测量的大气参数计算得到测量时刻的仪器响应波段的大气透过率，对测量信号进行修正，得到扣除大气影响的目标的本征辐射值。

② 用于光电仪器的设计和性能评估。

工作于大气中的光电仪器，其性能要受到大气的影响，大气透过率和大气背景辐射影响仪器的作用距离和仪器成功使用的概率，所以在设计和仪器性能评估时，根据仪器使用区域的大气特性范围，需计算大气透过率和背景辐射的变化范围，CART可应用于此工作。

③ 用于气候模式中的大气辐射传输计算。

本软件也可以用于气候模式中的大气能量平衡计算，如大气对太阳辐射的吸收和散射、大气和地表的热辐射计算等

④ 用于大气遥感中的大气透过率和背景辐射计算。

3）CART软件水平透过率计算和实测结果比较

从大气透过率的理论计算可知，大气透过率的大小与观测距离、各种分子含量、气压、温度、地面能见度和相对湿度有关。大气分子中，水汽和二氧化碳的含量随时间、地点的不同变化较大，因而影响大气透过率较大，其他分子含量随时间、地点变化不大，可根据不同时间和地点选择不同的标准模式进行计算。所以，在用FTIR测得红外大气透过率的同时，为了便于比较，还须测得对应时间和地点的各种大气参数。

3组大气条件对CART软件计算结果进行的验证如表4.7所示：a组属于热带地区冬季；b组属于大陆地区春季；c组属于大陆地区夏季。从3组大气参数可以看出，水汽含量、二氧化碳含量、相对湿度和能见度的参数值变化非常大。

表4.7 3组大气参数

参　　数	a组	b组	c组
时间	2006/12/19	2007/04/27	2007/07/18
地点	XIAMEN（厦门）	HEFEI（合肥）	HEFEI（合肥）
范围/m	166	1000	1000
水蒸气含量/ppmv	15883.4	22380.53	17186.9
CO_2含量/ppmv	681	385	380
压强/hPa	1024	1014.4	1017
温度/K	286.5	297.6	291
相对湿度/%	66	90	85
表面能见度/km	26.4	7.02	3.6

利用 CART 软件计算这 3 组条件下的水平大气透过率,和对应时间、地点的实测大气透过率进行比较。由于 FTIR 测得的大气透过率光谱间隔和 CART 软件计算输出的光谱间隔不一致,为了便于比较,把测量值和计算值的分辨率同时降低到 $5cm^{-1}$ 分辨率,然后计算两者的差别,3 组大气条件下的比较结果如图 4.15 所示,各个图的下面表示计算值与实验值的差。

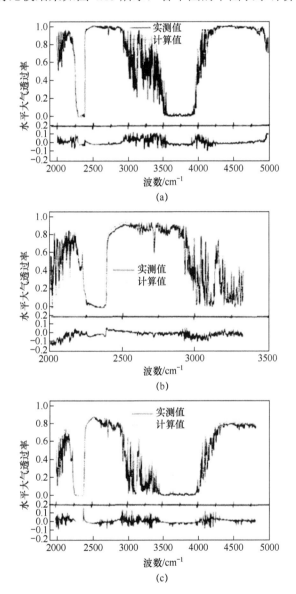

图 4.15 CART 计算值与 FTIR 实测值的比较

3 组大气条件下,CART 软件计算结果与实测值的差的标准偏差如表 4.8 所示。可以看出,在各种大气条件下,两者的差的标准偏差均在 0.04 左右,而且如图 4.15 所示也可以看出,CART 软件计算结果与实测值的最大值大约为 0.1,这一般是仪器本身测量的噪声造成的。另外,还可以看出,CART 软件计算结果的波数和实测的波数非常一致,几乎没有光谱偏差。所以从这些结果可以看出,CART 软件计算水平大气透过率是可靠的。

表 4.8 3 组大气条件下计算值与实测值的差的标准偏差

	a 组	b 组	c 组
标准偏差	0.037	0.036	0.035

通用大气辐射传输（CART）软件，可以计算空间任意两点之间的大气光谱透过率、散射和透射以及地表反射的太阳辐射、地表和大气的热辐射等。和国际上流行的辐射传输软件相比，有自己鲜明的特点，是国内首次开发的一套辐射传输软件。比较结果显示，在各种大气条件下，近距离的测量显示，CART 软件计算水平大气透过率结果和实测结果之间的误差最大小于 0.1，标准偏差在 0.04 左右，而且两者分子吸收线或吸收带的波长位置几乎没有偏差。这就说明 CART 软件计算水平大气透过率是可靠的。

小　　结

本章主要介绍了红外辐射在大气中传输的基本理论，其中包括大气的基本组成、大气中主要吸收和散射粒子以及他们的衰减作用等，举例说明了计算大气透过率的基本方法，给出了红外大气传输的基本模型以及不同大气红外辐射传输软件的应用等。

习　　题

1. 空气温度为 300K，相对湿度为 60%，求 10km 海平面水路程长的可凝结水量（假设水蒸气分布均匀）。

2. 若空气温度为 3℃，相对湿度为 66%，求 5.5km 水平路程长的可凝结水量（假设水蒸气分布均匀）。

3. 在海平面水平路程长为 16.25km，气温为 21℃，相对湿度为 53%，气象视程为 60km，求在 1.4～1.8μm 光谱区间的平均大气透过率（取 λ_0=0.55μm）。

4. 什么是大气窗口？举例说明。

5. 在导弹的起始段，一般用红外制导，其中导弹尾焰的主要成分是二氧化碳气体，而大气中二氧化碳又是主要吸收成分，为什么还能探测到？

6. 某地区夏季的 20km 高空大气压强为 59.5hPa，温度为 218K，求 1km 水平路程二氧化碳大气厘米数。

7. 某地区的气温为 290.8K，相对湿度为 51%，大气压强为 902hPa，二氧化碳和水蒸气均匀分布，求在 1km 水平路程的水蒸气和二氧化碳含量。

8. 在晴朗和霾存在的大气条件下，就水平传输而言，低层大气的主要衰减仅仅是米氏散射，这时可由气象视程的关系式估算大气透射比。取 λ_0=0.55μm，气象视程 4km，求对 1.06μm 激光每公里的透视比。

9. 大气红外辐射传输计算软件的功能和作用是什么？

第5章 红外辐射测温系统

温度跟人类生活有着十分密切的联系，通过对物体自身红外辐射的测量，便能准确地确定物体的表面温度，这就是红外辐射测温，简称红外测温。红外辐射测温具有测温范围宽、测量精度高、反应速度快以及不必接触被测物体等优点。因而在炼钢生产、交通运输、机械加工、电力传输以及农业生产等各方面，都有着广泛的应用。

学习目标：
掌握红外辐射测温的基本原理；掌握全辐射测温仪、亮度测温仪、双波段测温仪的使用方法；掌握红外测温系统的特性参数；掌握红外测温系统中使用的不同种类的制冷器。

本章要点：
1. 红外辐射测温的基本原理（包括定律和公式、表观温度及其测量方法、测温仪器的基本要求等）；
2. 全辐射测温仪、亮度测温仪及双波段测温仪等结构、性质及使用方法等；
3. 红外探测器的特性参数（包括响应度、噪声等效功率、探测率、时间常数和光谱响应等）；
4. 各种制冷的原理及在设计中如何选用。

5.1 红外辐射测温的基本原理

5.1.1 定律和公式

$$M_\lambda = \frac{c_1}{\lambda^5} \frac{1}{e^{c_2/\lambda T} - 1} \tag{5-1}$$

斯蒂芬-玻耳兹曼定律：

$$M = \int_0^\infty M_\lambda d\lambda = \sigma T^4 \tag{5-2}$$

维恩位移定律：

$$\lambda_m T = b \tag{5-3}$$

对于实际的辐射体（非黑体），在整个波长范围内的辐射出射度（即总辐射功率）为

$$M' = \varepsilon \sigma T^4 \tag{5-4}$$

式中：ε 为辐射体的发射率，是光谱发射率的平均效果，可表示为

$$\varepsilon = \left[\int_0^\infty \varepsilon_\lambda M_\lambda d\lambda \right] / \sigma T^4 \tag{5-5}$$

由此可见，如果测得某温度下物体的辐射功率，即可根据上面各式确定物体的温度。

5.1.2 3种表观温度及其测量方法

在实际测量中,由于所测量的波长范围不同,而有不同的测量方法和测量仪器,而且它们所测得的都不是辐射体的真实温度而是表观温度。这是因为,一切辐射体都不是黑体,辐射测温将辐射体的辐射用黑体的辐射来近似表示,以最佳近似得出的黑体温度,即辐射体的表观温度。

辐射体的真实温度是用与辐射体处于热平衡的标准温度计测得的以 K 表示的温度。

下面分别介绍 3 种表观温度及其测量原理。

1. 辐射温度 全辐射测温

物体的辐射温度是用与它有相同总辐射功率的黑体的温度所表示的温度。

设一物体的真实温度为 T,发射率为 ε,则测量该物体的总辐射功率时,仪器输出的电信号为

$$U_s = C\varepsilon\sigma T^4 \tag{5-6}$$

式中 σ——斯蒂芬-玻耳兹曼常数;

  C——仪器的系数,包括探测器的响应度、电子线路的增益等。

用这仪器测量与被测物体有相同总辐射功率的黑体的温度,设该黑体的温度为 T_r,仪器输出的电信号为

$$U'_s = C\sigma T_r^4 \tag{5-7}$$

由于该黑体的总辐射功率与被测物体的总辐射功率相同,所以仪器测量它们的输出电信号也应相等,即应有 $U_s = U'_s$,于是我们有

$$T = \frac{1}{\sqrt[4]{\varepsilon}} T_r \tag{5-8}$$

或

$$T_r = \sqrt[4]{\varepsilon} T \tag{5-9}$$

用此法测得的黑体的温度 T_r,即为物体的辐射温度,它是根据测量波长从零到无限大整个光谱范围物体的总辐射功率用黑体定标的仪器所标定的温度。这种测温法称为全辐射测温,这样用黑体定标的仪器称为全辐射测温仪。由此可以看出,当用一个全辐射测温仪来测量一个非黑体的温度时,测得的是辐射温度 T_r,必须知道物体的发射率 ε 后才能换算成真实温度 T。由于 $\varepsilon \leqslant 1$,所以这样读出的物体的辐射温度 T_r 总是低于物体的真实温度 T,发射率越低,误差越大。

将发射率为 $\varepsilon_{Fe} = 0.8$ 的铁和发射率为 $\varepsilon_{Al} = 0.1$ 的铝均匀加热到 500℃,而用黑体温度定标的全辐射测温仪读出的辐射温度,铁和铝的辐射温度如下。

对于铁:

$$T_{r,Fe} = \sqrt[4]{0.8} \times (500 + 273) - 273 = 458 \text{ (℃)}$$

对于铝:

$$T_{r,Al} = \sqrt[4]{0.1} \times (500 + 273) - 273 = 162 \text{ (℃)}$$

2. 亮度温度 亮度法测温

物体的亮度温度是在给定波长附近一窄光谱范围,用与它有相同辐射功率的黑体的温度所表示的温度。

设在测温仪器装有中心波长为 λ_0、波长间隔为 $\Delta\lambda$ 的滤光片，用这仪器测量物体（一般看作朗伯辐射体）温度时，仪器所接收物体的辐射功率为 $\varepsilon_{\lambda_0} M_{\lambda_0} \Delta\lambda$，仪器输出电信号为

$$U_s = C\varepsilon_{\lambda_0} M_{\lambda_0} \Delta\lambda \tag{5-10}$$

如果我们选取的波长和被测物体的温度范围满足

$$\lambda_0 T \ll c_2 \tag{5-11}$$

式中：c_2 为第二辐射常数，则普朗克公式为

$$M_{\lambda_0} = \frac{c_1}{\lambda_0^5} e^{-c_2/\lambda_0 T} \tag{5-12}$$

于是，式（5-9）可变为

$$U_s = C\varepsilon_{\lambda_0} \frac{c_1}{\lambda_0^5} e^{-c_2/\lambda_0 T} \Delta\lambda \tag{5-13}$$

用这仪器测量与被测物体有相同辐射功率的黑体的温度，设该黑体的温度为 T_b，则仪器输出电信号为

$$U_s' = C \frac{c_1}{\lambda_0^5} e^{-c_2/\lambda_0 T_b} \Delta\lambda \tag{5-14}$$

按定义，式（5-12）与式（5-13）相等，可得

$$\varepsilon_{\lambda_0} = e^{\frac{c_2}{\lambda_0}\left(\frac{1}{T} - \frac{1}{T_b}\right)} \tag{5-15}$$

将式（5-15）两边取对数，得 T_b 与 T 的关系为

$$\frac{1}{T} - \frac{1}{T_b} = \frac{\lambda_0}{c_2} \ln\varepsilon_{\lambda_0} \tag{5-16}$$

则

$$T = \frac{c_2 T_b}{c_2 + \lambda_0 T_b \ln\varepsilon_{\lambda_0}} \tag{5-17a}$$

$$T_b = \frac{c_2 T}{c_2 - \lambda_0 T \ln\varepsilon_{\lambda_0}} \tag{5-17b}$$

此法测得的 T_b 即为物体的亮度温度。它是根据测量给定波长 λ_0 附近一个窄光谱范围的辐射用黑体定标的仪器确定的温度。这种测温方法称为亮度测温，这类用黑体定标的测温仪称为亮度测温仪。用亮度测量物体的温度必须预先知道物体在特征波长 λ_0 的光谱发射率 ε_{λ_0} 后才能换算成真实温度。由式（5-17）可以看出，亮度法所读出的温度 T_b 也是低于物体表面的真实温度 T，并且 ε_{λ_0} 越小，误差越大。

[例1] 仪器特征波长 $\lambda_0 = 0.66\mu m$，并可认为测量波段非常窄。测量温度为 $T=1500$℃的铁水，光谱发射率为 $\varepsilon_{\lambda_0} = 0.8$。仪器用黑体定标，读出铁水的温度为

$$T_b = \frac{1.4388 \times 10^{-2} \times (1500+273)}{1.4388 \times 10^{-2} - 0.66 \times 10^{-2} \times (1500+273) \times \ln 0.8} - 273 = 1468 \text{（℃）}$$

3. 颜色温度——双波段测温

物体的颜色温度（简称色温）是在某两个给定波长附近的窄光谱范围测得物体的辐射功率之比，用与它有相同的辐射功率之比的黑体温度所表示的温度。

设在测量仪器中，有两个中心波长各为 λ_1 和 λ_2、波长间隔为 $\Delta\lambda_1$ 和 $\Delta\lambda_2$ 的滤光片，并设

对所选的波长和所测量的温度范围有 $\lambda_i T \ll c_2\,(i=1,2)$，其中 c_2 为第二辐射常数。用此仪器测量物体的温度，仪器输出的电信号如下。

对于波长 λ_1：

$$U_{s_1} = C\varepsilon_{\lambda_1}\frac{c_1}{\lambda_1^5}\mathrm{e}^{-c_2/\lambda_1 T}\Delta\lambda_1 \tag{5-18}$$

对于波长 λ_2：

$$U_{s_2} = C\varepsilon_{\lambda_2}\frac{c_1}{\lambda_2^5}\mathrm{e}^{-c_2/\lambda_2 T}\Delta\lambda_2 \tag{5-19}$$

仪器对这两个波长间隔测得的物体的辐射功率之比显示为输出电信号 U_{s_1} 与 U_{s_2} 之比值，为

$$U_s = \frac{U_{s_1}}{U_{s_2}} = \frac{\varepsilon_{\lambda_1}}{\varepsilon_{\lambda_2}}\left(\frac{\lambda_1}{\lambda_2}\right)^5\left[\exp\frac{c_2}{T}\left(\frac{1}{\lambda_2}-\frac{1}{\lambda_1}\right)\right]\left(\frac{\Delta\lambda_1}{\Delta\lambda_2}\right) \tag{5-20}$$

用此仪器测量黑体的温度 T_c，得相应的两个特定波长输出电信号之比为

$$U'_s = \frac{U'_{s_1}}{U'_{s_2}} = \left(\frac{\lambda_1}{\lambda_2}\right)^5\left[\exp\frac{c_2}{T_c}\left(\frac{1}{\lambda_2}-\frac{1}{\lambda_1}\right)\right]\left(\frac{\Delta\lambda_1}{\Delta\lambda_2}\right) \tag{5-21}$$

按定义，式（5-20）和式（5-21）相等，得到 T_c 与 T 的关系为

$$\frac{1}{T}-\frac{1}{T_c} = \frac{\ln\varepsilon_{\lambda_2}-\ln\varepsilon_{\lambda_1}}{c_2\left(\dfrac{1}{\lambda_2}-\dfrac{1}{\lambda_1}\right)} \tag{5-22}$$

则

$$T = \frac{c_2\left(\dfrac{1}{\lambda_2}-\dfrac{1}{\lambda_1}\right)T_c}{c_2\left(\dfrac{1}{\lambda_2}-\dfrac{1}{\lambda_1}\right)-T_c\ln\dfrac{\varepsilon_{\lambda_1}}{\varepsilon_{\lambda_2}}} \tag{5-23}$$

$$T_c = \frac{c_2\left(\dfrac{1}{\lambda_2}-\dfrac{1}{\lambda_1}\right)T}{c_2\left(\dfrac{1}{\lambda_2}-\dfrac{1}{\lambda_1}\right)+T\ln\dfrac{\varepsilon_{\lambda_1}}{\varepsilon_{\lambda_2}}} \tag{5-24}$$

此法测得的 T_c 即为物体的颜色温度。它是根据测量两个给定波长 λ_1 和 λ_2 的辐射功率之比，用黑体定标的仪器所确定的温度，这种测温方法称为双色法测温或双波段测温。这类测温仪器也相应地称为双色测温仪或双波段测温仪。

由式（5-24）可见，物体的颜色温度 T_c 可低于或高于物体的真实温度（由 ε_{λ_1} 和 ε_{λ_2} 的相关大小决定）。因此，对于双色测温，只要对被测材料做一了解，选用适当的波段，使两波段的光谱发射率相差不太大，可使读出的温度很接近于物体的真实温度。

[例 2] 一双波段测温仪的两个特定波长为 $\lambda_1=2.05\mu m$，$\lambda_2=2.45\mu m$，测量温度为 424℃ 的抛光铝，若铝在 λ_1 和 λ_2 的光谱发射率分别为 $\varepsilon_{\lambda_1}=0.088$ 和 $\varepsilon_{\lambda_2}=0.076$，则用该仪器测得的抛光铝的色温为

$$T_c = \frac{1.4388 \times 10^{-2} \left(\frac{1}{2.45 \times 10^{-8}} - \frac{1}{2.05 \times 10^{-8}} \right) \times (424 + 273)}{1.4388 \times 10^{-2} \times \left(\frac{1}{2.45 \times 10^{-8}} - \frac{1}{2.05 \times 10^{-8}} \right) + (424 + 273) \times \ln \frac{0.088}{0.076}} - 273$$

=492℃

测量的绝对误差为

$$\Delta T = 492 - 424 = 68℃$$

相对误差为

$$\frac{\Delta T}{T} = \frac{68}{424} = 0.16 = 16\%$$

5.1.3 3种测温方法的比较

1. 温度灵敏度

测温仪器的温度灵敏度 S 的定义（参看下节）为物体相对温度变化 dT/T 引起的仪器输出信号电压的变化 dU_s/U_s，即

$$S = \frac{dU_s/U_s}{dT/T} \tag{5-25}$$

从式（5-6）、式（5-13）和式（5-20）可得3种测温仪的温度灵敏度分别为

$$S_r = 4 \tag{5-26}$$

$$S_b = c_2/\lambda T \tag{5-27}$$

$$S_c = c_2 \left(\frac{1}{\lambda_1} - \frac{1}{\lambda_2} \right) \Big/ T \tag{5-28}$$

结果表明，全辐射测温仪的灵敏度 S_r 不随温度变化，而另两种测温仪和灵敏度 S_b 和 S_c 都随温度变化。

例如，在测量亮度温度时，取 $\lambda_0 = 0.65\mu m$；测量颜色温度时，取 $\lambda_1 = 0.65\mu m$，$\lambda_2 = 0.45\mu m$，则

$$S_r = 4 \tag{5-29}$$

$$S_b = 2.2 \times 10^4/T \tag{5-30}$$

$$S_c = 9.8 \times 10^3/T \tag{5-31}$$

将3种方法的灵敏度随温度的变化情况如图5.1所示，由图可以看出，在不同的测温范围，3种测温仪的灵敏度不同。

（1）当 $T < 2450K$ 时，$S_b > S_c > S_r$；
（2）当 $2450 < T < 5000K$ 时，$S_b > S_r > S_c$。
（3）当 $T > 5500K$ 时，$S_r > S_b > S_c$。

这样，我们可以根据测温范围来选定适当的测温方法。

如果 λ_0、λ_1、λ_2 取其他数值，上面讨论的结果将有所不同。

2. 与真实温度的差别

3种辐射测温法，均以黑体为标准定出，由于被测物体不是黑体，因此，测得的温差与物体的真实温度有差别。下面求出各方法的相对测温误差，进行比较。

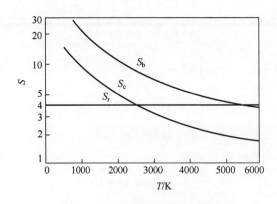

图 5.1 3 种测温法的灵敏度曲线

令 $\Delta T_r = T_r - T$，$\Delta T_b = T_b - T$，$\Delta T_c = T_c - T$，则由式（5-9）、式（5-17）和式（5-23）得各相对误差为

$$\frac{\Delta T_r}{T} = \sqrt[4]{\varepsilon} - 1 < 0 \tag{5-32}$$

$$\frac{\Delta T_b}{T} = T_b \frac{\lambda_0 \ln \varepsilon_{\lambda_0}}{c_2} < 0 \tag{5-33}$$

$$\frac{\Delta T_c}{T} = T_c \frac{\ln(\varepsilon_{\lambda_1}/\varepsilon_{\lambda_2})}{c_2\left(\dfrac{1}{\lambda_1} - \dfrac{1}{\lambda_2}\right)} \tag{5-34}$$

从以上结果及式（5-9）、式（5-17）和式（5-23）可以看出，辐射温度 T_r，亮度温度 T_b 总是低于物体表面的真实温度 T，而颜色温度 T_c 可低于或高于物体表面的真实温度 T，依在两种波长下，物体光谱发射率的相关大小来决定。

3 种方法中，以全辐射法的辐射温度 T_r 与真实温度的差别受发射率的影响最大，故在用此类仪器测温时，须做 ε 值影响的修正。

5.1.4 测温仪器的基本要求

1. 精度

对于测温仪器，要求对温度的测量有一定的精度。测温仪器的精度即是指温度的测量值对温度标准值的误差。测温仪器的测量误差是由温度灵敏度、随机误差和系统误差决定。

温度灵敏度是指被测物体的温度的微小变化时，仪器输出信号电压的变化。测温仪器的温度灵敏度受探测器噪声和电子线路噪声的限制，其极限灵敏度即噪声等效温差。

随机误差是指由一些随机干扰因素造成的测量误差。

系统误差是由环境温度变化、被测物体发射率变化。测量距离变化等所引起的误差，以及显示机构误差的总和。系统误差可以采取不同的方法来补偿和校正。

2. 距离系数

如图 5.2 所示，设 L 为被测物体到测温仪光学系统的距离，D 为被测物体的直径，d 为探测器的直径，f' 为光学系统的焦距。由图可见，当 $\dfrac{L}{D} = \dfrac{f'}{d}$ 时，目标像恰好盖满探测器面积，仪器光学系统接收到的目标辐射能全部落在探测器上。当 $\dfrac{L}{D} < \dfrac{f'}{d}$ 时，仪器接收的能量不变，测量结果与距离无关。对于一定的仪器，光学系统的焦距 f' 和探测器的尺寸 d 为一定值，比值 L/D 为给出距离对测量结果影响的量。

定义

$$K_L = \dfrac{L}{D} \tag{5-35}$$

为测温仪的距离系数。对于一定尺寸的物体，只有在距离 $L < K_L D$ 的范围内，测量结果才与距离无关。在实际测量中，如果被测物体的尺寸和距离不满足 $L < K_L D$ 式的关系，则产生测量误差。若要得到准确读数，须对测量结果进行校正。

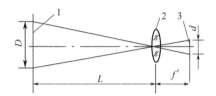

图 5.2　成像关系示意图
1—被测温物体；2—光学系统；3—探测器。

K_L 的值可以从几十到几百，距离系数越大，仪器制造越困难。

5.2　全辐射测温仪

辐射测温仪器和其他红外系统一样，包括如下 4 个主要部分：光学系统、探测器、信号处理电路和显示器或记录机构。

红外辐射测温根据其原理可以测得物体的辐射温度、亮度温度或颜色温度，对应 3 种表观温度的测量，测量仪器的结构也有所不同。因此，相应地测量仪器也分为 3 类，即全辐射测温仪、亮度测温仪和双波段测温仪。本节开始我们将分别介绍它们的结构原理及性能特点。

5.2.1　简单的全辐射测温仪

图 5.3 所示为一简单的全辐射测温仪方框图。被测物体的红外辐射经光学系统（透镜或反射镜）聚焦到探测器上。置于探测器前的调制盘（或斩波器）当不遮挡光路时，探测器接收到来自目标的辐射能，当调制盘挡住光路时，探测器接收到调制盘的热辐射，即调制盘使探测器交替接收目标和调制盘的辐射功率，其差值为

$$P = \dfrac{1}{\pi} \tau_a \tau_0 \dfrac{A_0 A_d}{f^2} \sigma \varepsilon (T_1^4 - T_2^4) \tag{5-36}$$

式中　P——探测器接收到的辐射功率；
　　　T_1、T_2——被测物体和调制盘的温度；
　　　ε——被测物体的发射率；
　　　A_0 和 A_d——光学系统的通光孔径和探测器的面积；
　　　τ_a 和 τ_0——由被测物体到仪器路程的大气透射比和光学系统的透射比；

f——光学系统的焦距；

σ——斯蒂芬-玻耳兹曼常数。

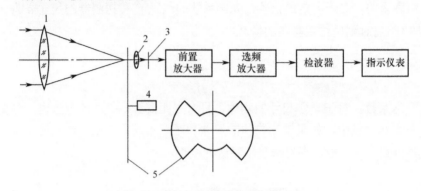

图 5.3 简单的全辐射测温仪
1—聚光物镜；2—场镜；3—探测器；4—电机；5—调制盘

探测器接收到交变辐射后，阻值发生变化。在一定偏置电压或偏置电流下，辐射信号被转换成电信号。信号处理电路包括前置放大器、选频放大器和检波器。前置放大器将探测器输出的微弱电信号进行预放大，选频放大器将给定频率的信号进行放大而抑制其他频率的信号。选频放大器输出信号的幅度与被测物体的温度相对应，检波器将此电信号变为直流信号，送至仪表显示。

这类测温仪的缺点是，调制盘的温度即环境温度，由式（5-36）可见，同样的目标温度下，随着环境温度的改变，探测所接收到的交变辐射功率也改变，探测器的性能也随环境温度的改变而变化，都造成测量误差。此外，不同的目标发射率不同，虽然其温度相同，但仪器输出信号大小不同，也造成测量误差。探测距离对测量结果的影响也需要校正。

5.2.2 环境温度影响的补偿

为消除上述由于调制盘温度随环境温度变化而造成的测量误差，通常采用下面几种方法：
（1）利用温度控制回路使仪器（包括调制盘、探测器、滤光片等部件）恒温，即恒温法。
（2）在仪器内配置标准辐射源，把被测信号和标准信号进行比较后读数，即光学补偿法。
（3）利用一外加电信号，抵消因调制盘温度变化的影响，即电气补偿法。
我们介绍光学补偿和电气补偿两种方法。

1. 光学补偿法

用一参考辐射源，如图 5.4 所示，调制盘交替地使目标辐射 P_1 直接照到探测器上和使参考源的辐射 P_2 被反射到探测器上。因调制盘的反射比很高而发射率很低，故调制盘的辐射可忽略不计。由 P_1 和 P_2 的相位差 π，所以探测器输出信号即为来自目标辐射 P_1 和参考源辐射 P_2 的差值 ΔP 的信号。ΔP 经探测器转换成电信号后经前置放大、主放大和基准信号产生器产生的基准信号一起送入相敏检波器进行相敏检波。然后用检波得到的直流信号去控制参考辐射源的供电电压，使探测器接收到的参考源的辐射功率 P_2 跟随目标的辐射功率 P_1 而保持差值为零。在系统处于"零平衡"状态时 $\Delta P = 0$，这时参考源上的供电电压就对应于目标的温度，由指示仪表指示出来。

下面简单介绍基准信号的产生和相敏检波的原理。

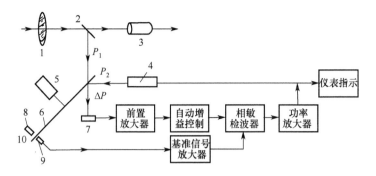

图 5.4 有参考辐射源的辐射测温仪

1—光学系统；2—分束镜；3—瞄准镜；4—参考辐射；5—电机；6—调制盘；
7—探测器；8—照明光源；9—硅光电二极管；10—基准信号产生器。

基准信号的产生如图 5.5 所示，是一种光电式基准信号产生器的原理图。基准信号产生器是由一个照明光源和一个光敏元件（如硅光电二极管）组成。照明光源和光敏元件分别置于调制盘的两侧，当调制盘旋转时，照明光源的辐射光经调制盘调制后变成交变辐射照射到光敏元件上变成交变电信号，即作为基准信号，其频率与目标辐射（或参考源的辐射）经调制盘调制后探测器所产生的电信号的频率相同。适当地选择照明光源和光敏元件的机械位置，使基准信号的相位和目标辐射（或参考源的辐射）的电信号的相位相同（或相反）。基准信号的相位和目标辐射（或参考源的辐射）的信号同步变化，故基准信号也称为相位同步信号。

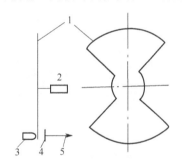

图 5.5 光电式基准信号产生器

1—调制盘；2—电机；3—照明电源；4—光敏元件；5—送至基准信号放大器

相敏检波原理如图 5.6 所示，是由二极管组成的桥式相敏检波电路。4 个二极管的特性完全一致，两个变压器的中心抽头准确。在二极管组成的桥路上，通过变压器分别作用有两个信号 U_1 和 U_2，二者频率相同但初位相不同，设分别为 φ_1 和 φ_2 则初位相差 $\varphi = \varphi_1 - \varphi_2$。二输入信号电压可写成

$$U_1 = U_{10} \sin \omega t \tag{5-37}$$

$$U_2 = U_{20} \sin(\omega t + \varphi) \tag{5-38}$$

设 4 个二极管的伏安特性可表为

$$i_j = a_0 + a_1 U_{Dj} + a_2 U_{Dj}^2 \tag{5-39}$$

式中：U_{Dj}——加在第 j 个二极管 D_j 上的电压（j=1,2,3,4）；

a_0、a_1、a_2——比例系数。

则流过 4 个二极管的电流分别为

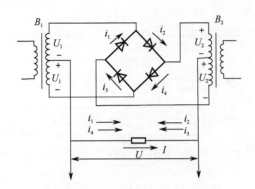

图 5.6 二极管桥式相敏检波电路

$$i_1 = a_0 + a_1(-U_1 - U_2) + a_2(-U_1 - U_2)^2 \quad (5\text{-}40\text{a})$$

$$i_2 = a_0 + a_1(U_1 - U_2) + a_2(U_1 - U_2)^2 \quad (5\text{-}40\text{b})$$

$$i_3 = a_0 + a_1(-U_1 + U_2) + a_2(-U_1 + U_2)^2 \quad (5\text{-}40\text{c})$$

$$i_4 = a_0 + a_1(U_1 + U_2) + a_2(U_1 + U_2)^2 \quad (5\text{-}40\text{d})$$

流过负载 R_L 中的电流瞬时值为

$$i = (i_1 + i_4) - (i_2 + i_3) = 8a_2 U_1 U_2 \quad (5\text{-}41)$$

输出电压的瞬时值为

$$\begin{aligned} U &= iR = 8a_2 R U_1 U_2 \\ &= 8a_2 R U_{10} U_{20} \sin\omega t \cdot \sin(\omega t + \varphi) \end{aligned} \quad (5\text{-}42)$$

输出电压的平均值为

$$\begin{aligned} \bar{U} &= \frac{1}{\pi}\int_0^\pi 8a_1 R U_{10} U_{20} \sin\omega t \sin(\omega t + \varphi) \mathrm{d}(\omega t) \\ &= 4a_2 R U_{10} U_{20} \cos\varphi = U_0 \cos\varphi \end{aligned} \quad (5\text{-}43)$$

式中：$U_0 = 4a_2 R U_{10} U_{20}$。

由式（5-43）可以看出，相敏检波器的输出直流电压 $\bar{U}$ 与两个交变输入电压 U_1 和 U_2 的幅值 U_{10} 和 U_{20} 以及它们的初相位差 $\varphi = \varphi_1 - \varphi_2$ 有关。若将 U_2 作为基准电压，使它的辐射 U_{20} 保持不变，U_1 作为目标辐射或参考源辐射经调制后由探测器输出的信号电压，则此时输出直流电压 $\bar{U}$ 只与输入信号电压 U_1 的幅值 U_{10} 和二者的初相位差 φ 有关了。

由（5-43）也可看出，相敏检波器的输出直流电压与二输入电压初相位差 φ 之间为余弦关系，当 $\varphi = 0$ 或 π 时输出最大，但方向相反；当 $\varphi = \pi/2$ 或 $3\pi/2$ 时输出为零。如图 5.7 所示。

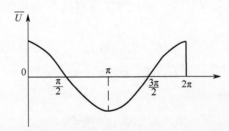

图 5.7 输出电压与二输入电压初相位差之间的关系

以上便是相敏检波的基本原理。以后将要讲到，红外跟踪系统中的坐标变换器即是根据相敏检波的基本原理构成的。

2. 电气补偿法

这种方法是加一个与环境温度 T_2 有关的电信号，抵消因 T_2 变化所带来的输出电压的变化。

根据式（5-36），探测器的输出电压为

$$U_s = R\Delta P = Rm(T_1^4 - T_2^4) \tag{5-44}$$

式中　R——探测器的响应度；

$m = \tau_a \tau_0 \dfrac{A_0 A_d}{\pi f^2} \sigma \varepsilon$，是各项常数的总和。

设放大器和检波器的总增益为 G，则从放大器输出的信号电压为

$$U_s' = GU_s = GRm(T_1^4 - T_2^4) = K(T_1^4 + T_2^4) \tag{5-45}$$

式中　$K = GR$；

m——常数。

取补偿电压

$$U_b = KT_2^4 \tag{5-46}$$

则补偿以后放大器的输出电压为

$$U_\Sigma = U_s' + U_b = KT_1^4$$

即 U_Σ 仅与 T_1 有关而与 T_2 无关，从而消除了环境温度 T_2 的影响，使表头直接指示目标的温度。

补偿电压可在检波前加入，也可在检波后加入，如图 5.8 所示。后者为直流补偿，仅有幅值问题比较易行；前者为交流补偿，有波形和相位问题。

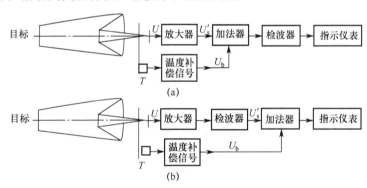

图 5.8　补偿式测温仪电原理图

（a）检波前相加；（b）检波后相加。

U_s' 和 U_b 的关系如图 5.9 所示。由图可见，为了使表头指示摄氏温度，即 $T_1 = 273\text{K} = 0\text{℃}$ 时表头指零，补偿电压为

$$U_b' = K(T_2^4 + 273^4) \tag{5-47}$$

补偿后电压为

$$U_\Sigma' = U_s' + U_b' = K(T_1^4 - 273^4) \tag{5-48}$$

为了准确、迅速地反映调制盘的温度，环境敏感元件应放在尽可能靠近调制盘的地方。

以上对环境温度影响的光学补偿法和电气补偿法不仅在全辐射测温仪中采用，而且在亮度测温仪和双色测温仪中也采用。

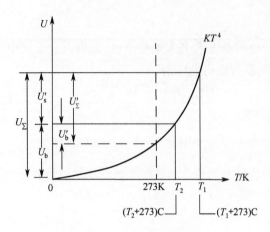

图 5.9 补偿关系示意图

5.2.3 目标发射率影响的校正

除仪器本身的因素之外，测温时，尚应考虑不同目标有不同的发射率 ε。

由式（5-44）可知，如果发射率 ε 和放大器增益 G 的乘积 $G\varepsilon$ 保持不变，则放大后的信号保持不变，目标发射率的影响便可得到校正。这也可通过在主放大器反馈电路中加入一组电阻，根据不同目标的发射率，改变这些电阻值来实现这种校正，如图 5.10 所示。

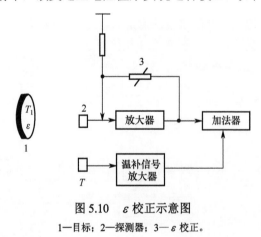

图 5.10 ε 校正示意图
1—目标；2—探测器；3—ε 校正。

5.2.4 测量距离的影响

前面已讲过，若目标到测温仪的距离 L 不满足 $L<K_LD$（D 为目标尺寸、K_L 为仪器的距离系数）时，仪器接收目标的辐射不能盖满探测器的面积，产生测量误差。

在光学系统成像为理想的条件下，距离系数由 $K_L=f'/d$ 确定，当考虑到光学系统的像差及装校误差时，实际的 K_L 值要比计算值大大减小，故 K_L 应取实测值。

距离系数对测量结果的影响，可以通过实际测量来估计。即把目标恒温，在不同的距离 L 下用测温仪测量不同口径 D 的目标计算出距离系数 $K_L=L'/D$ 绘出温度指示的相对值与 K_L 的关系曲线。如图 5.11 所示的是一种典型的红外测温仪的距离系数曲线。从图 5.11 中看出，不同的 K_L 值有不同的测量误差。每种测温仪都有自己的一条距离系数曲线，不同种类的测温仪的距离系数曲线的形状不同。

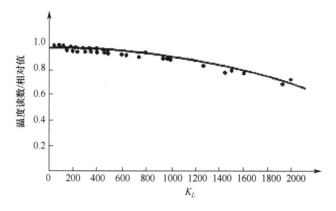

图 5.11 一种典型的红外测温仪的距离系数曲线

5.3 亮度测温仪

亮度测温仪是在某波长附近的一窄光谱范围测量物体的红外辐射以确定物体温度的。所以，设计这类测温仪首先根据所需测量的温度范围确定仪器的工作波段，然后选择适当的探测元件，确定调制频率，再考虑环境温度影响的补偿等。现以某一具体亮温度测温仪为例讨论。

5.3.1 系统的设计分析

（1）工作波段的确定。

某亮度测温仪的测温范围为 200～1200℃，这里着重讨论 800～1200℃ 的情况。

在这范围内要求仪器在 1000℃ 左右具有最大灵敏度。因此，选择所测波段应尽可能地接近 1000℃ 左右黑体辐射的波长。

在 1000℃，峰值波长 $\lambda_m = \dfrac{2898}{1273} \approx 2.3\mu m$；在 800℃ 和 1200℃，峰值波长分别为 2.7μm 和 2μm。为了适应 800～1200℃ 的温度测量，工作波段应选在 2～2.7μm，中心波长为 2.3μm。

设计时还要考虑所选择的工作波段必须在大气窗口范围内。正好 2～2.7μm 是一个大气窗口，这个窗口是符合该仪器所需波段要求的。

为了获得上述波段的红外辐射，有两种方法，一种是用 K_8 或 K_9，光学玻璃做光学系统的透镜材料，配以中心波长在 2.3μm 的红外滤光片；另一种是配以锗片做分色片或作为光敏元件的窗口。因为 K_8 或 K_9 玻璃透射光截止波长为 2.7μm，而锗片对于从 1.8～2.5μm 左右的红外辐射是透明的。因此，这就构成了一个带通滤波器。为了减少锗表面的反射损失，可在其表面上镀上硫化锌抗反射膜。

（2）探测元件的选取在 1.8～2.7μm 波段范围的室温探测器可供选择的有热敏电阻和硫化铅元件，硫化铅比热敏电阻高得多。因此，选用硫化铅为探测元件更为合适。此外，它还同时可作为低温范围的探测元件。

（3）调制频率。

硫化铅元件一般都在调制辐射下使用。调制频率越高，噪声越小；但调制频率越高，同样光照下信号越小，而信噪比在 100Hz 和 10000Hz 之间较高，在低于 100Hz 和高于 1000Hz 时信噪比迅速下降。一般以 800Hz 和 400Hz 为常用频率。应用在 800Hz 较用在 400Hz 时信噪比略大些，但无论是用在 800Hz 还是 400Hz，其信噪比都在 500 以上。该测温仪选用 400Hz 作为调制频率。

5.3.2 仪器的结构及性能

该仪器的工作原理方框图如图 5.12 所示。

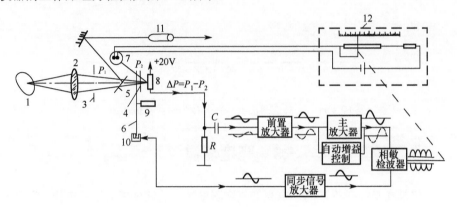

图 5.12　一种亮度测温仪的原理图

1—被测物体；2—透镜；3—孔径光阑；4—视场光阑；5—分束镜；6—调制盘；7—参考光源
8—phs 探测器；9—电机；10—相位同步信号发生器；11—瞄准器；12—显示仪表。

光学系统由聚光系统和瞄准系统两部分组成。来自被测物体的辐射经物镜、视场光阑、调制盘、孔径光阑和滤光片进入元件屏蔽的进光孔入射到探测器上。入射辐射的可见光部分，经反射镜反射到与测量光路光轴成 12°的反光镜上，经倒像、放大后得到被测物体的正立的像，供观察瞄准用。

调制器由调制盘和微型电机组成。调制盘为一个有 8 齿 8 孔等分均匀的平整圆形金属片，如图 5.13 所示。当电机转速为 3000r/min 时，产生 400Hz 的调制频率。微型电机为 28TZ5C 单相磁带同步电动机。

图 5.13　调制盘

探测器所用硫化铅探测器光敏面积为 $6\times 6mm^2$，外形直径 13mm，密封。具体性能指标摘录如下。

探测率：

$$D^*(300K, 400, 1) = 10^9 \sim 10^{10} cm \cdot Hz^{1/2} \cdot W^{-1};$$

时间常数：τ 在 100μs 左右；

光谱响应：0.4～3.2μm，峰值波长 2.2～2.6μm；

信噪比：$\frac{S}{N} > 500$；

暗阻：在 20℃时为 200kΩ～1MΩ

环境温度在 0～50℃、相对湿度 80%±10%范围内，每变化 10℃，暗阻变化不大于基准的 30%，并有良好的重复性。

参考辐射源：采用 6V100mA 小型白炽灯泡。

电子线路：前置放大器、主放大器、相敏检波器部分与一般测温仪基本相同。在主放大器电路中设有自动增益控制（AGC）电路，以改善仪表灵敏度的不均匀性。部分电路如图 5.14 所示。

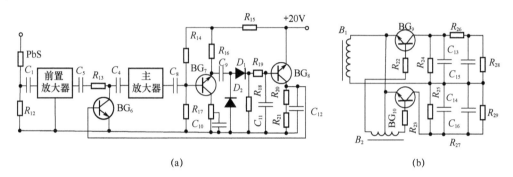

图 5.14　部分电路图

(a) 自动增益控制电路；(b) 相敏检波器电路。

显示仪表　相敏检波器输出的差值信号通过可变电阻控制参考辐射源的辐射，以使差值信号趋于零，此时，与可变电阻滑动触头连动的仪表指针指示被测物体的温度。

5.4　双波段测温仪

双波段测温是通过测量两个波段的辐射功率之比值来确定物体温度的。只要物体的发射率在这两个波段范围内变化缓慢，则此比值主要决定了被测物体的表面温度。

双波段测温仪的原理前面已讲述过，本节就某一具体的双波段测温仪介绍这类仪器的结构原理。

5.4.1　探测器工作波段的选择

设某双波段测温仪的测温范围为 800～1800℃。根据维恩定律，温度为 1000K 的黑体，其辐射峰值在 2.9μm 左右，温度为 2000K 的黑体，其辐射峰值在 1.45μm 左右。要求仪器在 1500K 最灵敏，今选取两个波段（即特征波长）为 $\lambda_1 = 1.6$μm，$\lambda_2 = 2.4$μm，它们在上面两个峰值之间。再考虑到具体的对象，使在选定的两个波段内，发射率变化不大。

在这两个波段上，硫化铅探测器的探测率变化不大，故该仪器选取硫化铅为探测元件。

此外，选择工作波段时，还要考虑仪器的工作环境。如条件差，则必须避开水气分子和二氧化碳分子吸收带的影响。硫化铅探测器工作波段内，水蒸气主要吸收中心为 0.94μm、1.14μm、1.38μm、1.87μm、2.7μm、3.2μm。

5.4.2 光学系统、调制盘及滤光片

所考虑的测温仪的光学系统类似于卡塞格伦系统的物镜，具体光路如图 5.15 所示。

被测物体的辐射经物镜会聚经分色片，可见光部分透过分色片到达分划板成像，用目镜观察被测目标；红外辐射经分色片反射通过带有两块不同波段滤光片的旋转调制盘，使两个波段内的辐射能交替地到达硫化铅探测器。

该仪器的光学系统采用了内调焦方式（改变主镜和次镜之间的距离），虽然整个系统焦距在很大范围内变动，对于不同距离的目标，像距变化很小，使整个系统的视场角基本不变。

光学系统主反射镜孔径 ϕ_1=30mm，次反射镜 ϕ_2=15mm，系统有效通光孔径 ϕ=26mm。

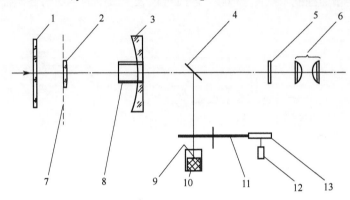

图 5.15 光学系统

1—保护玻璃；2—次反射镜；3—主反射镜；4—分色片；5—分划板；6—目镜；7—可变光阑；8—消杂光阑；9—PbS 探测器；10—半导体制冷器；11—双色调制盘；12—电机；13—传动齿轮。

调制盘如图 5.16 所示。两种滤光片 $\lambda_1 \sim \lambda_1 + \Delta\lambda_1$ 和 $\lambda_2 \sim \lambda_2 + \Delta\lambda_2$ 各一块，镶于调制盘上，探测元件交替接收两个波段的辐射能。

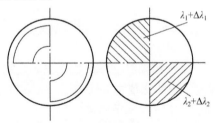

图 5.16 调制盘

滤光片透射光谱特性如图 5.17 所示。

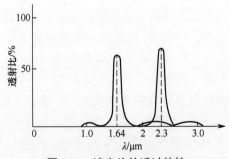

图 5.17 滤光片的透过特性

5.4.3 电子处理系统

电子线路方框图如图 5.18 所示，电原理图略。当探测器交替接收到调制盘上两波段滤光片透过的红外辐射后，转换成电信号，经前置放大器、自动增益电路和主放大器放大，送入恒压器进行处理（即将两信号分开并相除），恒压器工作过程如下。

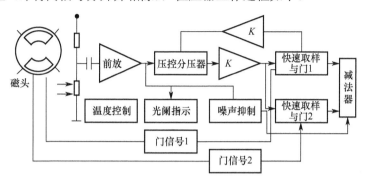

图 5.18 电子线路方框图

调制盘上有两组钢尖，一组有一个，另一组有 4 个。连同调制盘一起转动的两组钢尖分别切割两个磁头的磁力线，使其在调制盘转动一周中分别产生一个清除脉冲和 4 个触发脉冲，送到二位触发器组成的计数器电路并产生两个方波，如图 5.18 所示。

用这两个方波信号分别控制两个与门，使得两个波段的信号分开，并将信号恒压而两波段信号的比值不变。这样，两个信号的差值（用表头指示）就对应于两个信号的商，即对应于某一黑体的温度。

5.5 红外探测器的特性参数

在红外系统中，红外探测器将来自目标，经过光学系统会聚的红外辐射转换成电信号。目前，已研制出的探测器，就其工作机理可分成两大类，即光子探测器和热探测器。前者是基于辐射与探测器相互作用时产生光电效应；后者是基于辐射与探测器相互作用时引起的温度变化，并由此温度变化进而引起探测器的某些物理性质的变化。本节中我们不讨论探测器的微观机理，只介绍表征探测器特性的各参数，以便于系统设计时对探测器的选用。

探测器的特性可用 4 个基本特性参数来描述，即响应噪声等效功率或探测率、时间常数和光谱响应。

5.5.1 响应度

探测器输出信号均方根电压 U_s 与入射到探测器上的均方根辐射功率 P 之比，定义为探测器的响应度，记为 R，即

$$R = \frac{U_s}{P} \tag{5-49}$$

因为大多数探测器前都设置调制盘或斩波器，输入红外辐射和输出电信号都是交变量，因此，相应的量都用均根值。

测 R 时，常用的辐射源为 500K 黑体，这样测得的响应度用 R 表示。如果采用单色辐射

源（波长 λ），则测得的是光谱响应度，记为 R_λ。R_λ 随 λ 而变化，变化的关系称为探测器的光谱响应。R_λ 在某波长（λ_p）下响应最大，称为峰值响应度，记为 R_{λ_p}。

响应度 R 还与调制频率 f 有关。在给出 R 时，应注明调制频率 f 的数值。

5.5.2 噪声等效功率和探测率

使探测器输出信号均方根电压 U_s 等于噪声均方根电压 U_n 时，入射到探测器上辐射功率（均方根值），称为噪声等功效功率，记为 NEP。实际测量时，当 $U_s/U_n=1$ 时，很难测到信号，所以一般在高的信号电平下测量，再根据下式来计算 NEP

$$NEP = \frac{P}{U_s/U_n} = \frac{U_n}{R} \tag{5-50}$$

探测器的 NEP 在测量时是入射辐射的温度 T、调制频率 f 和测量电路的频带宽度 Δf 的函数。测量时，作为入射辐射源一般采用 500K 黑体；调制中心频率取 90Hz、400Hz、800Hz 或 900Hz；电路带宽采用 1Hz 或 5Hz。如果测量条件为黑体温度 500K、调制频率为 800Hz、电路宽度为 1Hz，则记为 NEP（500K，800Hz，1Hz）。

辐射源用单色辐射时，测得的 NEP，记为 NEP_λ。

定义 NEP 的倒数为探测器的探测率，记为 D^*

$$D^* = \frac{1}{NEP} = \frac{U_s/U_p}{P} = \frac{R}{U_n} \tag{5-51}$$

定义归一化探测率 D^* 为

$$D^* = D\sqrt{A_d \cdot \Delta f} \ (\text{cm} \cdot \text{Hz}^{1/2} \cdot \text{W}^{-1}) \tag{5-52}$$

式中　A_d——探测器的面积（cm^2）；

Δf——测量电路的带宽（Hz）。

归一化探测率（有的书上也称为比探测率）的意义是，它表示探测器的面积为 1cm^2，测量电路的带宽为 1Hz 时的探测率。D^* 也与测量条件有关。如用黑体做辐射源，测得的 D^* 要注明黑体的温度 T、调制频率 f 和电路带宽 Δf，记为 $D^*(T,f,\Delta f)$。如测量用单色辐射，就注明波长，这时测得的称为光谱归一化探测率，记为 $D^*(\lambda,f,\Delta f)$ 或 D^*_λ。带宽为 1Hz，这在 D^* 的定义中已表明了。

如果测量时用的单色辐射是使 D^* 为峰值时的波长 λ_{peak}（或记为 λ_p），则将此 D^* 值记为 $D^*_{\lambda_p}$ 或 $D^*(\lambda_p)$。

5.5.3 时间常数

以一个矩形的辐射脉冲照射到探测器上，用示波器观察其输出信号波形。可以看到，输出信号上升或下降都落在矩形脉冲之后。大多数情况，信号上升系按 $1-e^{-t/\tau}$ 规律，其中的 τ 即信号电压从零值上升到 63% 的时间，定义为探测器的时间常数或响应时间。

前面已经提到，探测器的响应度随调制频率的变化关系称为频率响应。大多数探测器的频率响应如图 5.19 所示，用公式表示为

$$R_f = \frac{R_0}{(1+4\pi^2 f^2 \tau^2)^{1/2}}$$

式中　R_f——频率为 f 时的响应度；
　　　R_0——频率为零时的响应度；
　　　τ——探测器的时间带数。

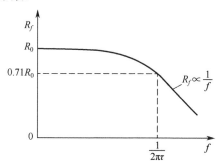

图 5.19　探测器的频率响应与时间常数

如图 5.19 所示，当 $f=f_0=1/2\pi\tau$，R 下降 71%；当在较高的频率即 $f \gg 1/2\pi\tau$ 时，R 与 f 成反比；当在较低的频率即 $f \ll 1/2\pi\tau$ 时，R 与 f 无关。在 R 与 f 无关的频率范围内使用探测器，可以消除调制频率对响应度的影响。

现代光子探测器的时间常数很短，可达微秒甚至纳秒数量级，所以在一个很宽的频率范围内，频率响应是平坦的。热探测器的时间常数较大，热敏电阻为几个毫秒的数量级，因此频率响应平坦的范围只有几十赫兹而已。

在红外系统设计中，选择探测器时应当考虑它的时间常数要比探测器在瞬时视场上的停留时间短，否则探测器的响应速度跟不上扫描速度。

5.5.4　光谱响应

相同功率的各单色辐射入射到探测器上所产生的信号电压与辐射波长的关系称为探测器的光谱响应。纵坐标 R_λ 或 D_λ^* 有时给出准确的测量值，有时只给出相对的数值。前者给出绝对光谱响应，后者给出相对光谱响应。

图 5.20 所示为光子探测器和热探测器的理想光谱响应曲线，由图可见，两类探测器的光谱响应曲线是不一样的。对于光子探测器，只有入射光子能量大于某一极小值 $h\nu_c$ 时，才能产生光电效应使探测器有输出。也就是说，仅仅对于波长小于 λ_c（或频率大于 $h\nu_c$）的光子才有响应。此外，对某一波长的响应与对这个波长的光子的吸收速率成正比，而每秒每瓦的光子数与波长成正比。因此，在单位波长间隔内辐射功率不变的情况下，光子探测器的响应随波长 λ 线性上升，然后到某一截止波长 λ_c 突然下降为零。这样，光子探测器的光谱归一化探测率 D_λ^* 可写成

$$D_\lambda^* = \begin{cases} \dfrac{\lambda}{\lambda_c} D_{\lambda_c}^*, & \text{当} \lambda \leqslant \lambda_c \text{时} \\ 0, & \text{当} \lambda > \lambda_c \text{时} \end{cases} \quad (5-53)$$

式中：λ 为峰值波长（习惯上往往用 λ_p 表示峰值波长）。

对于热探测器，其响应仅同吸收的辐射功率有关，而与波长无关。因此，在单位波长间隔内辐射功率不变的情况下，热探测器的响应与波长无关，光谱归一化探测率可以写为

$$D_\lambda^* = D^*$$

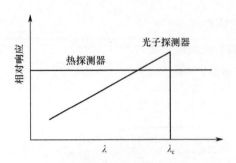

图 5.20　两类探测器的理想光谱响应曲线

上面讲的是理想曲线，实际曲线可能稍有偏离。例如光子探测器的实际响应并不在 λ_c 处突然变为零，而是在 λ_c 附近 1μm 或更大些的波长间隔内逐渐下降。一般指向降到峰值的 50% 处的波长为截止波长。

从系统设计的角度来看，知道各种光子探测器的光谱响应范围是很重要的。因为目标辐射在某一波段内有极大值，就应选用此波段内有峰值响应的探测器与之配合。如果目标辐射的光谱范围比探测器的光谱响应范围（或滤光片带能）大，计算目标能量时，只能取探测光谱响应范围（或滤光片带通）内的值，不能取全波段的值，因为在此范围之外，探测器没有响应（或滤光片通不过）。

5.5.5　红外探测器的性能极限

光子探测器和热探测器的 D^* 最大可以达到多少？限制它们的 D^* 的因素是什么？理想光子探测器将吸收短于截止波长的全部光子，理想热探测器会吸收全部入射辐射功率，因此这些理想探测器本身不产生噪声，它们将为探测器从周围环境——一般称为背景——接收到的光子产生的噪声所限制。当探测器的 D^* 受到背景光子的噪声限制时，这种探测器就称为背景限制的。对于光子探测器通常使用 Blip（Background Limited photodetector）这个词。

在一定波长上，背景限制的光电导型光子探测器的 D^* 理论最大值是

$$D^*_\lambda = \frac{\lambda}{2\pi c}\left(\frac{\eta}{Q_b}\right)^{1/2} \tag{5-54}$$

式中　　$h = 6.626176\times10^{-34}\,\mathrm{W\cdot s^2}$，为普朗克常数；

$c = 2.99792458\times10^{10}\,\mathrm{cm\cdot s^{-1}}$，为真空中光速；

λ——波长（μm）；

η——量子效率；

Q_b——入射到探测器上的半球背景光子辐射出射度（$\mathrm{cm^{-2}\cdot s^{-1}\cdot \mu m^{-1}}$）。

将 h 和 c 的数值代入式（5-31），则

$$D^*_\lambda = 2.52\times10^8\,\lambda\left(\frac{\eta}{Q_b}\right)^{1/2}$$

对于光生伏打探测器，由于没有复合噪声，上式应乘以 $\sqrt{2}$，因此

$$D^*_\lambda = 3.56\times10^{18}\,\lambda\left(\frac{\eta}{Q_b}\right)^{1/2} \tag{5-55}$$

光子探测器已有不少接近背景限。

对于热探测器，背景辐射光子数的起伏将引起探测器温度的起伏，并且探测器本身由于辐射出去能量也将引起统计性温度起伏。如果信号辐射引起的温度变化低于这两种温度起伏，就探测不到信号辐射，因此温度起伏也是一种噪声，称为"温度噪声"。在 300K 时受温度噪声限制的热探测器的 D^* 极限值为

$$D^* = 1.81 \times 10^{10} \quad (\mathrm{cm \cdot Hz^{1/2} \cdot W^{-1}})$$

目前，热敏电阻探测器由于受电流噪声和电阻热噪声的限制，其 D^* 与极限值尚差两个数量级。但是，对热释电探测器由于它不是电阻而可以看成一个电容性器件，不受热噪声限制，电流噪声也较小，因此，它的 D^* 与极限值相差已经不到一个数量级了。

5.5.6 系统设计中需要的其他探测器特性

系统设计中，除上述特性参数外，还希望知道其他一些探测器的特性参数，大致有：

1. R、D^*、U_n 随探测器温度的变化

大多数光子探测器只有在低温下使用时信噪比的值才比较高。例如碲镉汞探测器适宜在液氮温度下使用，锗掺汞探测器适宜在液氦温度下使用。保证所采用的探测器在预定温度下使用是很重要的。因此，在某些室温下使用光子探测器（例如室温锑化铟）和大多数热探测器，由于环境温度变化也会使 R、D^*、U_n 发生变化。知道各种探测器的上述各量随温度变化以便及时掌握探测器的性能是有好处的。

2. U_n 随调制频率的变化

探测器输出的噪声电压 U_n 随调制频率变化，大多数接近 $1/f$ 规律。但若探测器的噪声是白噪声，则 U_n 不随 f 变化。准确地知道 U_n 随 f 的变化规律（即噪声频谱），对于系统设计来说是十分重要的。因为在所选择的调制频率下，设计放大器时，不但要求知道探测器信噪比，而且要求放大器的噪声低于探测器噪声，使整机系统的噪声主要受探测器噪声限制。知道了探测器的噪声频谱，可以通过选择调制频率设法避开某些噪声。

3. 探测器阻抗随噪声变化

光电导型探测器的阻抗是纯电阻的，并且阻值随温度变化。又如热敏电阻探测器就是靠阻值随温度变化来探测热辐射的。大多数光子探测器的电阻随温度下降而增加。在使用微型制冷器给探测器冷却时，常常可以根据探测器阻抗是否达到预定值来判断制冷器是否已经使探测器冷却到了预定的工作温度。"探测器阻值"一般是指探测器处于预定工作温度下的阻值。

探测器可以根据阻值分为低阻（100Ω 以下）、中阻（100Ω～1MΩ 之间）和高阻（1MΩ 以上）3 类。阻值之所以重要是因为：

（1）探测器的阻值决定了对放大器的要求。中阻探测器的放大器比较容易做，低阻低噪声探测器（例如碲镉汞）的放大器最不容易做；

（2）大部分探测器的噪声取决于探测器的电阻，例如受热噪声限制的探测器的噪声电压与阻值的平方根成正比；

（3）阻值很高的探测器的 RC 时间常数往往比探测器材料的载流子寿命大得多，这就会降低探测器的高频响应。

4. 探测器的最佳偏置

为了使探测器能正常工作，常常需要由外电源供给一定的偏流或偏压（通常是直流的），这称为探测器的偏置。探测器的偏置分恒流偏置、恒压偏置和恒功率偏置 3 种。

下面讨论探测器的偏流或偏压加多大才合适的问题。对于光子探测器，在其电阻与负载电阻相匹配的条件下，大部分探测器的信号电压随偏置电压（或偏流）的增加而增加，不过不能太大，超过探测器的功耗限制将损坏探测器。至于探测器的噪声，在低偏压时，主要是热噪声；当偏压升高时，流过探测器的电流增加，电流噪声起主要作用，并且噪声电压的增加速度比信号电压的增加速度要快。由此可见，探测器的信噪比随偏压（或偏流）的变化曲线必然有一极大值。选择探测器的偏压（求偏流）使探测器的信噪比最大显然是最合适的，这样的偏置条件称为最佳偏置条件，或者说是选择探测器的最佳工作点使探测器输出的信噪比最大。至于何种偏置后面应当接何种前置放大器（电流放大器或电压放大器）的问题，应根据系统设计的具体情况而定。目前采用的大多数是电压放大器。

5.5.7 红外探测器的其他特征数据

红外系统设计者必须拥有一些可用的红外探测器特征的可靠数据。本节从有关文献内摘寻一些探测器的典型数据和它们的光谱响应曲线。系统设计者可利用这些数据，依据总体要求先初步选择可用的探测器，然后进行下一步的设计工作；也可就手边已有的或可购得的探测器，检查其性能是否和设计要求相符，来确定合适的探测器。

如表 5.1 所示，列出了中国科学院上海技术物理研究所研制的几种探测器的性能数据，如图 5.21 所示，给出了它们的光谱响应曲线；如表 5.2 和图 5.22 所示，分别给出了国外某些红外探测器重要特性的参考值和它们的光谱响应曲线。

表 5.1 国内某些常见红外探测器的性能

探测器	模式	响应波段/μm	峰值比探测率/$cm \cdot Hz^{1/2} \cdot W^{-1}$	响应时间/s	面积/mm^2	阻值/Ω	工作温度/K
LATGS	热释电	1~38（kBr 窗口）	3~10×10^8	<10^{-3}	Φ1mm	≥10^{11}	300
LiTaO$_3$	热释电	2~25（Ge 窗口）	4~5×10^8	<10^{-3}	1.8×1.8	≥10^{12}	300
锰—镍—钴氧化物	热敏（浸没）	2~25（Ge 窗口）	2~5×10^8	2~3×10^{-3}	有效 Φ4 以上	200~250k	300
PbS	光导	1~3	5~7×10^{10}	1~10×10^{-4}	0.1~10	100~500k	300
PbS	光导	1~3.7	1×10^{11}	1~3×10^{-4}	有效 Φ1 以上	100~500k	196
InAs	光伏	1~3.8	1~2×10^9	<10^{-6}	1~2	20~50	300
InSb	光导（浸没）	2~7	2×10^9	<10^{-7}	有效 Φ4	50~100	300
InSb	光伏	3~5	0.5~1.6×10^{11}	<10^{-8}	0.3~30	1~10k	77
HgCdTe	光伏	7~14	0.1~1×10^{10}	<5×10^{-9}	0.01~0.2	30~100	77
HgCdTe	光导	8~14	0.5~1×10^8	<10^{-6}	0.1~0.2	50~100	193
HgCdTe	光导（浸没）	2~5	0.5~1×10^{10}	<10^{-6}	有效 Φ4	300~10^3	300
HgCdTe	光导	2~5	2~5×10^9	<10^{-6}	0.5	300~10^3	253
PbSnTe	光伏	8~14	0.1~1×10^{10}	<10^{-8}	0.3~1	20~50	77
Ge:Hg	光导	6~14	2~4×10^{10}	<10^{-7}	0.1~10	10^2~10^{3}k	38

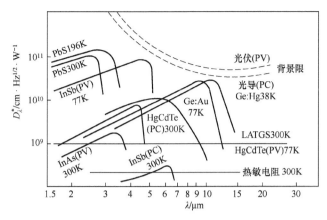

图 5.21 表 5.1 中各探测器的光谱响应曲线

表 5.2 国外某些红外探测器的性能

探测器材料	工作模式	响应波段/μm	峰值波长/μm	峰值比探测率/cm·Hz$^{1/2}$·W^{-1}	上升时间/t	工作温度/K
热电						
钽酸锂（LiTao$_3$）	热释电	0.2~500		3×10^8	0.01s	300
高莱管	气动	0.4~1000		10^{10}	0.02s	300
铌酸锶钡（SBN）	热释电	2-20		10^8~5×10^8	5~10^4	300
硫酸三甘肽（TGS）	热释电	0.1~300		10^9	10^4	300
热敏电阻半导体	热敏	0.1~300		2.58×10^3	1.5~10^3	300
硫化铅（PbS）	光导	1~3.5	2.4	8×10^{10}	200	300
硫化铅（PbS）	光导	1~4	2.6	2×10^{11}	1~10^3	195
硫化铅（PbS）	光导	1~4.5	3	2×10^{11}	1~10^3	77
硒化铅（PbSe）	光导	1~5	4	2×10^9	<3	300
硒化铅（PbSe）	光导	1~6	4.5	2×10^{11}	30	195
硒化铅（PbSe）	光导	1~7	5	1.5×10^{10}	50	77
锑化铟（InSb）	光伏	1~6	5	1~3×10^{11}	0.02~0.2	77
碲锡铅（PbSnTe）	光伏	1~14	10	2×10^{11}	1	77
碲镉汞（HgCdTe）	光伏	1~24	4~21	3×10^{10}	0.05~0.5	77

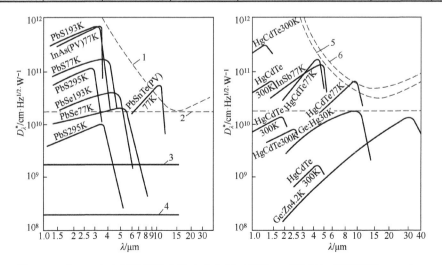

图 5.22 表 5.2 中各探测器的光谱响应曲线（视场 2π 球面度，背景温度 295K）

1—理想光导型；2—理想热敏型；3—热释电型；4—热敏电阻型；5—理想光导型；6—理想光伏型。

5.6 红外探测器使用的制冷器

为了降低光子探测器的噪声电平，以获得较高的信噪比，往往须要将探测器制冷，使其处于低温状态下工作。由于探测器在红外系统中所占的空间很小，并且有的要在空间飞行器上使用，因此探测器制冷装置必须微型化。本节不准备叙述各种制冷器的热力学原理、工作过程和机械结构，只是从整机设计（而不是制冷器设计）的角度出发，简单地介绍各种制冷的原理及在设计中如何选用。

制冷器按照其工作方式分为 3 种，即开式循环制冷器、闭式循环制冷器和固态制冷器，分述如下。

5.6.1 开式循环制冷器

在开式循环制冷器系统中，将制冷剂在探测器等热负载下消耗掉，不再回收。

1. 液体制冷器

最简便方法是将液态制冷剂直接注入制冷剂室——杜瓦瓶中，以探测器为热负载消耗制冷剂，使制冷剂由液相变为气相而排掉。这种方法通常只在实验室中使用。

用储液箱储存液态制冷剂，然后用传输管道将液态制冷剂送到杜瓦瓶中以冷却探测器。储液箱一般是一只双层杜瓦瓶，其间抽成真空。当需要传输液体时，关闭排气阀，接通加热器，将少量气体液化，在储液箱内产生压力，使液体通过管道流向探测器杜瓦瓶。这类制冷器用于机载红外系统中。如表 5.3 所示，列出了一些较常用的低温制冷剂的物理特性。其中最常用的是液氮和重液氦，其他的价格昂贵，且有危险，故用得很少。

表 5.3 一些较常用的制冷剂的物理特性

制冷温度/K	制 冷 剂	气化温度/K
195	干冰	194.6
77	液氧	90.2
	液氩	87.3
	液氮	77.3
35 以下	液氖	27.1
	液氢	20.4
	液氦	4.2

2. 焦耳-汤姆逊制冷器

根据焦耳-汤姆逊效应，当高压气体低于本身的转换温度并通过一个很小的孔节流膨胀，节流后的气体温度下降。如果使节流后降温的气体经热交换器将送入的高压气体预冷；使高压气体在越来越低的温度下节流，不断进行这种过程，就可使一部分气体液化，获得低温。这种制冷方法起动时间短，即气体开始液化所需的时间短，制冷效能好，制冷剂可以长期储存而不损失。

3. 固体制冷剂制冷器

这种制冷器也是利用相变原理制冷。在储液器内注入所需的液态制冷剂，然后用真空泵降低容器内的压力，使液体沸腾，由于储液器是绝热容器，维持沸腾所需的能量必定来自液体,从而使液体温度下降,最终形成固体,用这种固态化了的制冷剂冷却探测器。探测器的热负载使固体制冷剂升华变成气相而排放到空间。这类制冷器必须在重力为零的条件下工作,消耗能量小,可靠性高,适用于宇航系统中。

4. 辐射制冷器

在宇航系统中,外部空间处于高真空、深低温状态。在这样的太空环境中,只要设法将热负载引导到外部空间去,即可获得相近于外部空间的低温。辐射制冷器即是利用这种原理制成的。它将探测器固定在一根直伸到外部空间铜棒的一端,另一端伸向外空间散出热负载所产生的热,使探测器得到冷却。

5.6.2 闭式循环制冷器

闭式循环制冷器,是将已用过的制冷剂,收集并送回制冷系统中去。已知的制冷循环有很多,但是,由于许多红外系统要限制制冷器的尺寸,因而实用的就很少了。实用的循环有:焦耳-汤姆逊循环、克劳德(Claude)循环和斯特林(Stirling)循环。

1. 焦耳-汤姆逊(闭式循环)制冷器

在开式焦耳-汤姆逊制冷器中,增加一个压缩机,对离开液化器的气体重新加压,即变为闭式循环工作。焦耳-汤姆逊闭合循环制冷器不限制传输高压气体管道的长度,因此,在飞机上或舰艇上可将压缩机放在空间不受限制的远离探测器的地方。这种制冷器的优点不包含在低温下活动的部件,所以其结构简单。但由于节流在热力学上是不可逆的,所以这种循环效率很低。

2. 克劳德制冷器

克劳德制冷器也采用逆流式热交换器,使制冷能量产生所要求的负载温度。然而,在克劳德循环中采用了可逆式膨胀机代替了不可逆的焦耳-汤姆逊膨胀机。膨胀时,气体对膨胀机做功,膨胀机把这部分功传到处于环境温度的区域去,从而在负载区产生了制冷能。然后气体进入热交换器,冷却进来的气体。用氦做工作物质,单级克劳德制冷器能够冷却到 35K,三级串联,能够达到 10K。克劳德循环是可逆过程,效率高,但循环中有许多活动部分必须在低温下工作,所以要做成微型化部件,在工程设计上是有困难的。

3. 斯特林制冷器

这是一种利用逆向斯特林循环的制冷装置,它用两套活塞和气缸及一个回热器,气体经过回热器在汽缸间来回通过。一个活塞的作用像压缩机,另一个像膨胀机。回热器的作用与克劳德和焦耳-汤姆逊循环中所用的热交换器一样,它使制冷能产生负载的温度。斯特林制冷器所用的压力非常低,保证了活动部件的工作寿命。这种制冷器的缺点是可能产生震颤噪声,这是因为探测器装在膨胀机上的缘故。用氦做工作物质,单级斯特林制冷器可能产生 20K 的温度,三级串联,经第三级后,气体供给焦耳-汤姆逊液化器,产生 4.2K 的温度。

5.6.3 固态制冷器

主要是热电制冷器。如用两块 n 型和 p 型半导体作电偶时,将产生十分显著的珀尔帖效应,冷端可以用来给探测器制冷。当热端温度为 300K 时,单级热电偶的最大温差大约为 75℃。用探测器作热负载时,能够达到 60~65℃ 的温差。可以将热偶做成三级或四级串联热电制冷器。通过三级的总温差约为 140℃。这种制冷器结构简单,但制冷温度有限。

小 结

本章主要介绍了红外辐射测温的基本原理，其中包括全辐射测温仪、亮度测温仪、双波段测温仪等，给出了红外探测器的特性参数，并举例说明了红外探测器使用的不同种类的制冷器。

习 题

1. 什么是红外测温仪的距离系数？在实际测量中有什么意义？
2. 红外测温仪由哪几部分组成？简述红外测温仪的标定过程？
3. 影响红外测温仪测量精度的因素有哪些？
4. 在满足什么条件的时候测量距离对红外测温仪的温度测量不产生影响？
5. 画图说明什么是红外测温仪的距离系数？在实际测量中有什么意义？
6. 在红外辐射探测系统中，选择工作波段的依据是什么？
7. 在红外测温仪设计中，工作波段如何选取？单波段测温和全辐射测温在实际使用中有什么差别？
8. 简述红外测温仪中仪器系数的概念，解释红外测温仪标定。
9. 描述红外辐射基本定律有哪些？其物理意义是什么？
10. 我们知道辐射传播符合距离平方反比定律，红外热像仪是如何实现不同距离下测量结果的稳定？距离远到什么情况时输出结果将发生改变？如何改变？

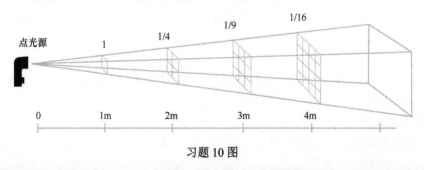

习题 10 图

11. 表观温度、辐射温度、亮度温度、比色温度、全辐射测温、亮度测温、比色测温、仪器系数、距离系数的定义。

第6章 红外热成像系统

本章对红外热成像系统的组成及工作原理进行了介绍。接着讨论了热成像系统采用的扫描机构、摄影方式以及系统的性能。最后介绍了几种典型的热成像系统的结构原理及其特点。

学习目标：
1. 掌握红外热成像系统的组成、工作原理和基本技术参数；
2. 掌握热成像系统的扫描方式、摄像方式和信号处理及显示模式，了解常见的光机扫描方案；
3. 掌握典型的红外成像系统的结构原理及其特点（包括凝视型红外热成像系统、红外前视仪、手持式红外仪等）；
4. 掌握影响红外热成像系统性能的参数。

军事上的侦察、监视、测绘，工业材料的检验，医疗诊断以及科学研究等往往要求红外系统能给出某一视场范围景物的详细而清晰的热图像，摄取景物热图像的红外系统称为热成像系统。

为达到高分辨率和广视场角，热成像系统大都采用扫描的方法。扫描成像方式有3类：

（1）光学机械扫描（简称为光机扫描）成像，它是用机械扫描机构和红外探测器对视场内景物一部分一部分地摄像，将景物红外辐射变成电信号，然后将此电信号进行放大、处理，再经过显示装置显示出景物的可见热图像；

（2）电子束扫描成像，它是将景物的整个观察区域一起成像在一摄像管的靶面上，然后由电子束沿靶面扫描，检出图像信号，再经显示装置显示出景物的可见热图像；

（3）固体自扫描成像，是采用阵列探测器大面积摄像，通过采样使各探测器单元所感受到的景物信号依次送出，固体自扫描系统也称为凝视式系统。

各类扫描方式都是基于景物各部分的温度差异和发射率差异，因此形成景物的温度分布，即热图像。它与可见光成像不同，后者主要是靠景物的反射比的差异成像的。

目前光机扫描成像技术比较成熟，其各种成像装置性能也较好，应用广泛。本章主要讨论这类热成像系统的工作原理、扫描机构、摄像方式以及系统的性能等；也介绍几种典型的热成像系统的结构原理及其特点。

6.1 红外热成像系统的组成及工作原理

6.1.1 组成和工作原理

一般光机扫描热成像系统的组成如图6.1所示。

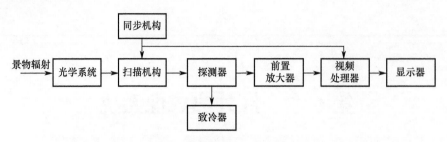

图 6.1 热成像系统组成方框图

光学系统将目标和背景的红外辐射收集起来，会聚到含有探测器的焦平面上，光机扫描机构置于光学系统和探测器之间。简单的扫描机构包括两个扫描镜组，一个做水平扫描，另一个做垂直扫描，如图 6.2 所示。当扫描镜运动时，从景物到达探测器的光束也移动，将景物空间扫出一个像电视那样的光栅。

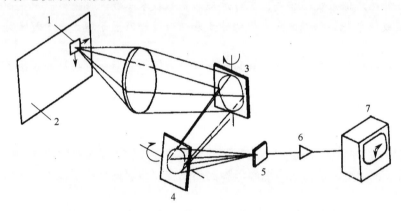

图 6.2 简单的单元探测器热成像系统的扫描机构示意图

1—瞬时视场；2—总视场；3—水平扫描镜；4—垂直扫描镜；5—探测器；6—信号处理器；7—显示器。

景物的入射辐射经探测器转换成电信号，随着扫描过程，二维景物图像辐射被转换成一维模拟电压，经过电子学系统放大、处理，由显示装置显示出热图像。

为了提高系统的热灵敏度，往往采用多元探测器排成阵列（并联或串联）来进行摄像。也有的系统实时地，以电视那样快的速率扫描，得到景物的热图像，这种装置原用于机载，称为红外前视仪（Forward Looking Infrared System，FLIR）。

热成像系统的特点是：它所观察的景物为面辐射源；系统成像是基于景物各部分的温度差异和发射率差异，而不单是目标的辐射强度或反射比差异；系统用小的瞬时视场依次摄取大范围景物图像，故像质清晰；快速扫描的热成像系统能够实时地观察景物图像。

6.1.2 基本技术参数

1. 光学系统的通光孔径 D_0 和焦距 f'

它们是决定热像仪性能和体积的关键因素。

2. 瞬时视场 ω（立体角，sr）

瞬时视场是指光学系统（包括扫描机构）静止不动时，系统所能观察到的空间范围。它由探测器的形状和尺寸及光学系统的焦距决定。瞬时视场的大小表示热成像系统空间分辨率的大小。

若为矩形探测器,尺寸为 $a \times b$,则瞬时视场平面角 α、β 为

$$\alpha = \frac{a}{f'} \tag{6-1a}$$

$$\beta = \frac{b}{f'} \tag{6-1b}$$

$\omega = \alpha\beta$。α、β 通常以弧度或毫弧度为单位。

3. 总视场 Ω（立体角，sr）

总视场所观察的景物空间的大小由光学系统的焦距决定,对于矩形探测器,若 A、B 为相互垂直方向的视场平面角,则 $\Omega = A \times B$。A、B 的单位为弧度。

4. 帧时 T_f 和帧速 $\dot{F}$

系统扫过一帧完整画面所需的时间称为帧时,记为记为 T_f,单位为 s。系统 1s 内扫过画面的帧数称为帧速,记为 $\dot{F}$,单位为 s^{-1}。$\dot{F}$ 与 T_f 的关系为

$$\dot{F} = \frac{1}{T_f} \tag{6-2}$$

在扫描速度受到限制的情况下,为了增快扫过每一场画面的时间,有时将画面分成两场或若干场。如图 6.3 所示,为将一帧画面分成两场的情况,实行了隔行扫描。这时,扫过一帧画面的时间（帧时）为扫过一场画面的时间（场时）的两倍,即帧速为场速的一半。

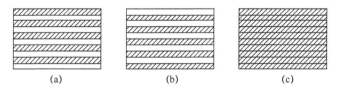

图 6.3 隔行扫描的情况
（a）第一场；（b）第二场；（c）全帧。

5. 扫描效率 η_{sc}

扫描机构对景物扫描时,实际所扫过的空间范围往往比景物所张的空间角要大。系统扫过完整的景物所张的空间角范围一次所需的时间与扫描机构实际扫描一个周期所需的时间之比称为扫描效率,记为 η_{sc}。通常空间扫描都是由水平扫描和垂直扫描两者合成的,所以扫描效率也分成水平扫描效率 η_H 和垂直扫描效率 η_V,而总扫描效率为

$$\eta_{sc} = \eta_H \cdot \eta_V \tag{6-3}$$

6. 驻留时间 τ_d

系统瞬时视场扫过探测器所经历的时间称驻留时间,记为 τ_d。

若扫描机构扫过的景物空间为 $\Omega = A \times B(sr)$,单元探测器所对应的瞬时视场角为 $\omega = \alpha \times \beta(sr)$,则整个景物画面的像元数 N 为

$$N = \frac{\Omega}{\omega} = \frac{AB}{\alpha\beta} \tag{6-4}$$

设扫描帧时为 T_f（帧速为 $\dot{F}$）,扫描效率为 η_{sc},采用单元探测器时的驻留时间为 τ_{d_1},则有

$$\tau_{d_1} = \frac{T_f}{N}\eta_{sc} = \frac{\omega T_f}{\Omega}\eta_{sc} = \frac{\alpha\beta}{AB}T_f\eta_{sc} \tag{6-5}$$

若探测器为 n 元并联线列探测器，则驻留时间 τ_d 为

$$\tau_d = n\tau_{d_1} = \frac{n\alpha\beta}{AB}T_f\eta_{sc} \tag{6-6a}$$

或

$$\tau_d = \frac{n\alpha\beta\eta_{sc}}{AB\dot{F}} \tag{6-6b}$$

设计时注意，探测器的驻留时间 τ_d 应大于探测器的时间常数。

6.2 扫描方式和扫描机构

6.2.1 两种基本扫描方式

热成像系统的扫描机构有两种基本扫描方式。

1. 物扫描（平行光束扫描）

这种扫描方式是扫描机构置于聚焦的光学系统之前，直接对来自景物的辐射进行扫描，故称物扫描。由于来自景物的辐射是平行光，故这种扫描方式又称为平行光束扫描。如图 6.4 所示。

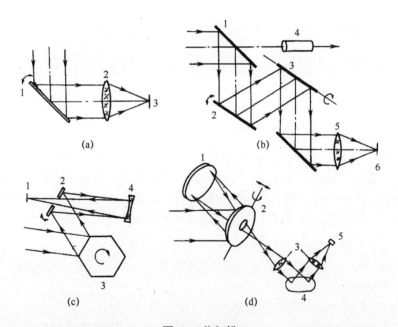

图 6.4 物扫描

（a）1—摆镜；2—聚光镜；3—探测器；（b）1—分色镜；2—帧扫描镜；3—行扫描镜；4—可见光瞄准器；5—透镜；6—探测器；（c）1—探测器；2—帧扫描摆镜；3—行扫描旋转反射镜鼓；4—聚光镜；（d）1—聚光镜；2—扫描镜；3—透镜；4—反射镜；5—探测器。

图 6.5 所示为一望远系统，将它加在物扫描机构之前，构成前置望远系统。来自景物的辐射经前置望远系统压缩光束后仍为平行光束，再由扫描镜扫描，然后再经光学系统聚焦到探测器，这种扫描方式仍属物扫描或平行光束扫描。

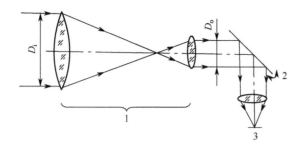

图 6.5 前置望远系统
1—前置望远系统；2—扫描镜；3—探测器。

2. 像扫描或会聚光束扫描

这种扫描方式是扫描机构置于聚焦的光学系统和探测器之间，是对像方光束进行扫描的，故称像扫描。又由于这种扫描机构是对会聚光束扫描的，所以也称为会聚光束扫描。如图 6.6 所示。

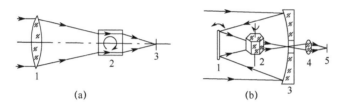

图 6.6 像扫描
（a）1—透镜；2—旋转折射棱柱；3—探测器；（b）1—次镜；2—旋转折射棱镜；3—主反射镜；4—场镜；5—探测器。

6.2.2 扫描机构

通常的扫描机构有下面几种：摆动平面反射镜、旋转反射镜鼓、旋转折射棱镜、旋转光楔、转动透镜、旋转 V 型反射镜等，如图 6.7 所示。最常用的是前面 3 种。

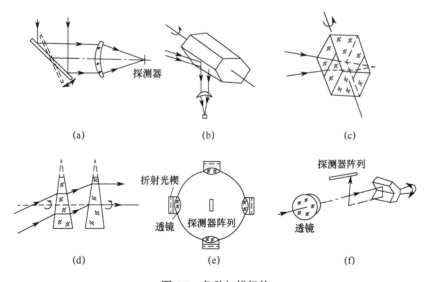

图 6.7 各种扫描机构
（a）摆动平面反射镜；（b）旋转反射镜鼓；（c）旋转折射棱镜；（d）旋转光楔；（e）旋转透镜；（f）旋转 V 型透镜。

对扫描机构的基本要求有：扫描机构的转角与物空间的转角应呈线性关系；扫描机构扫描时对系统像差影响要小；扫描效率尽量高和扫描部件尺寸尽量小，以使结构紧凑。

6.3　几种常用的光机扫描方案

通常的热像仪都是二维扫描的。使用前节所述的各种扫描部件——摆动平面反射镜、旋转反射镜鼓、旋转折射棱镜等组合而成的二维扫描机构。常用的组合方案有下面几种。

6.3.1　旋转反射镜鼓及摆镜的扫描结构

图 6.8 为旋转反射镜鼓及摆镜的扫描结构，这种结构用平行光束扫描。反射镜鼓为六面棱柱。决定此种结构基本尺寸的是有效光束宽度以及系统的视场。

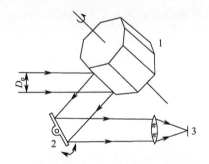

图 6.8　旋转反射镜鼓及摆镜的扫描结构
1—旋转反射镜鼓；2—摆镜，3—探测器。

图 6.9 所示为一个带有倾角的反射镜鼓，镜鼓为六面棱柱，棱柱的 6 个面分为两组，每 3 个面为一组，每组中相邻 3 个面与棱柱转轴的夹角分别为+1°、0°、-1°。这样，当一个面扫完一行后转到下一个面扫描时，列的方向也转过了 1°角，因此也同时进行了帧扫描。这种扫描方案结构紧凑、帧扫描效率也高，但这种方案存在行扫描的区域衔接问题。

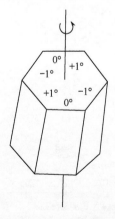

图 6.9　带有倾角的反射镜鼓扫描结构

6.3.2　摆镜及反射镜鼓行扫描

图 6.10 所示为一种会聚光束摆镜扫描系统。摆镜置于物镜组和准直镜组之间，仍作帧扫

描用。这种方案的扫描效率与带有前置望远系统的平行光束扫描方案相同。视场大时像质变差，因此不宜作大视场多元器件扫描用。

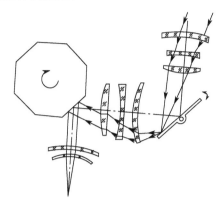

图 6.10　会聚光束摆镜扫描系统

6.3.3　折射棱镜帧扫描、平行光束反射镜鼓行扫描

图 6.11 所示为折射棱镜帧扫描。用四方棱镜置于前置望远系统中间光路中作帧扫描，可以获得较稳定的高转速，棱镜面数取得少些其厚度可以减薄。由于折射棱镜的扫描效率较摆镜的扫描效率高，所以这种方案的总扫描效率较前面的要高些。这种系统的像差设计较难，但设计得较好时，可供大视场及多元器件串并扫用。

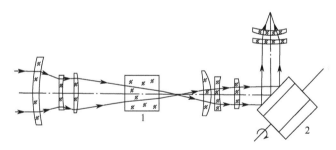

图 6.11　折射棱镜帧扫描
1—旋转折射棱镜；2—旋转反射镜鼓。

6.3.4　两个折射棱镜扫描

图 6.12 所示为这种系统的典型结构。帧扫描在前行扫描在后，帧扫和行扫折射棱镜都用八面棱柱以使垂直和水平视场像质一样。垂直视场内光束经帧扫棱镜扫描后很靠近光轴，因此行扫棱镜可做得薄些，体积因而较小，有利于高速扫描。这种系统的优点是扫描效率高，扫描速度快，但像质设计难度大。

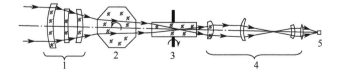

图 6.12　两个折射棱镜扫描
1—物镜组；2—帧扫描折射棱镜；3—行扫描折射棱镜；4—中继光学系统；5—探测器。

6.3.5 平行光束扫描机构的前置望远系统

前文中已经提到，在平行光束扫描机构前加前置望远系统以压缩光束，从而可以扩大视场。现在我们讨论，利用前置望远系统还可以作为变焦距组件，为扫描机构变换视场。

首先看几个基本关系。如图 6.13 所示，系统分两类：图 6.13（a）物镜组为正透镜，准直镜组亦为正透镜，图 6.13（b）物镜组为正透镜而准直镜组为负透镜。两类情况下物镜组的像方焦点和准直镜组的物方焦点重合，且 $f_0' > f_p$。

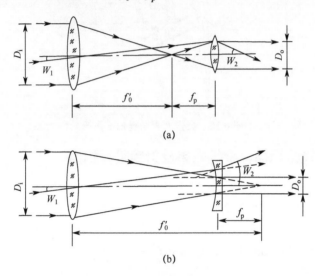

图 6.13 前置望远系统

望远系统的放大倍率

$$\Gamma = \frac{f_0'}{f_p} \tag{6-7}$$

入射光束直径 D_i 和出射光束直径 D_o 之比为

或

$$\begin{cases} \dfrac{D_i}{D_o} = \dfrac{f_0'}{f_p} = \Gamma \\ D_o = D_i / \Gamma \end{cases} \tag{6-8}$$

物方视场 W_1 和出射视场 W_2 关系为

或

$$\begin{cases} \dfrac{W_1}{W_2} = \dfrac{f_p}{f_0'} = \dfrac{1}{\Gamma} \\ W_2 = \Gamma W_1 \end{cases} \tag{6-9}$$

由式（6-8）和式（6-9）有

$$\begin{cases} W_2 = \dfrac{D_i}{D_o} W_1 \\ f_p = \dfrac{D_o}{D_i} f_0' \end{cases} \tag{6-10}$$

由上面基本关系可以看出，入径光束直径变小，则视场扩大。缩小光束直径可以缩小反射镜鼓的尺寸而有利于仪器小型化及提高扫描速度，也可以提高像质。

有的热像仪由于使用要求,如红外前视仪为实现搜索和识别的功能,需要可变视场的系统。我们利用如图 6.13(b)所示系统,如果将正负透镜组的位置调换,即可以将此系统实现增宽光束从而缩小视场的作用。从上面的基本关系可以看到,此时 $f_0' < f_p$,而 $W_2 < W_1$。

现在将这种视场变换原理说明如下。

如图 6.14 所示,其中图 6.14(a)为正透镜在前,图 6.14(b)为负透镜在前的情况。为便于说明,分别画成如图 6.14(c)、图 6.14(d)相应的展开形式,图中所有的出射光束直径 D_o 都是相等的,但入射光束直径 D_1、D_2 不相等。因为光学系统的视场和它的有效焦距 f_e 成反比,因此,对于望远系统,它的视场与入射光束直径 D_i 同出射光束直径 D_o 之比 D_i / D_o 成反比。如图 6.14(c)所示,光学系统有效焦距 f_e 由探测器阵列边缘会聚光线的延线决定,当延线光束宽度等于 D_1 时,该处与探测器的距离即为 f_e。显然此时 $D_1 / D_o > 1$。图 6.14(d)中 $D_2 / D_o < 1$。因为 $D_1 > D_2$ 所以图(c)的 f_e 大于图(d)的 f_e,因而图 6.14(c)的视场小于图 6.14(d)的视场。

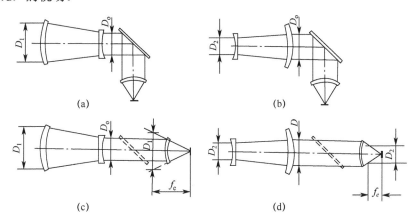

图 6.14 前置系统变换视场的原理
(a)、(c)长焦距小视场;(b)、(d)短焦距大视场。

6.4 摄像方式

前面各节中所讨论的单元探测器系统,由于探测器的基本限制(灵敏度、响应速度),使这样的系统不可能有足够的热灵敏度。因此,必须增加探测器的数目组成阵列,以改进每帧、每分辨单元的信噪比。这样,在热成像系统中就将探测器并联或串联起来扫描摄像,从而形成两种基本摄像方式,此外,还有串并联摄像方式,如图 6.15 所示。

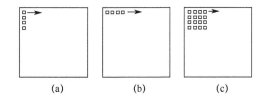

图 6.15 几种摄像方式
(a)并联探测器扫描;(b)串联探测器扫描;(c)串并联扫描。

6.4.1 并联扫描摄像方式

并联扫描是将数十个至数百个探测器组成一列,行扫描方向与探测器排列方向垂直,如图 6.15(a)所示。扫描器扫描时,每个探测器各扫过一行,因而 n 个并联元件一起完成对 n 行景物区域的扫描。若整个景物空间较 n 行所对应的区域大(设为 m 倍),则除了行扫描之外,还需要慢速帧扫描,即扫描完整的一帧需要 m 个 n 行,如图 6.16 所示。

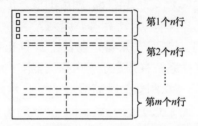

图 6.16 并联探测器做水平行扫描和垂直帧扫描

并联扫描探测器阵列中的每一个探测元件都要接一个前置放大器。因为各探测元件是并联的,所以每个元件输出的电信号应以多路传输的方式往后传送。

现在讨论并联摄像时输出的信噪比。

1. 首先看单个探测器时的情况

单个探测器输出信号为

$$U_s = PRG \tag{6-11}$$

式中 U_s——单元探测器输出的信号电压;
P——入射到单元探测器上的辐射功率;
R——探测器的响应度;
G——前置放大器的增益。

探测器输出噪声为

$$U_n = \frac{\sqrt{A_d \Delta f}}{D^*} RG \tag{6-12}$$

式中 U_n——单元探测器输出的均方根噪声电压;
D^*——单元探测器的归一化探测率;
Δf——系统的等效噪声带宽:

$$\Delta f = \frac{\pi}{2} \cdot \frac{1}{2\tau_{d_1}} \tag{6-13}$$

式中 τ_{d_1}——单元探测器热像仪的驻留时间;

$$\tau_{d_1} = \frac{1}{\dot{F}} \cdot \frac{1}{N} = \frac{1}{\dot{F}} \frac{1}{AB/\alpha\beta} = \frac{\alpha\beta}{AB} \cdot \frac{1}{\dot{F}} \tag{6-14}$$

N——图面像元数,$N = \dfrac{AB}{\alpha\beta}$;

AB——总视场;
$\alpha\beta$——瞬时视场;
$\dot{F}$——扫描帧速。

由式（6-11）、式（6-12）得单元探测器输出信噪比为

$$\frac{U_\mathrm{s}}{U_\mathrm{n}}=\frac{PD^*}{\sqrt{A_\mathrm{d}\Delta f}} \tag{6-15}$$

2. n 个探测元件并联扫描时

设探测器阵列中每个探测元件的性能是均匀的，则每一路输出的信噪比为

$$\frac{U_\mathrm{s}}{U_\mathrm{n}}=\frac{PD^*}{\sqrt{A_\mathrm{d}\Delta f_i}} \tag{6-16}$$

式中 Δf_i 为多路传输中每一路的带宽：

$$\Delta f_i = \frac{\pi}{2}\cdot\frac{1}{2\tau_\mathrm{d}} \tag{6-17}$$

对于 n 元并扫热像仪，其驻留时间 τ_d 为

$$\tau_\mathrm{d}=\frac{1}{\dot F}\frac{1}{N/n}=n\frac{\alpha\beta}{AB}\cdot\frac{1}{\dot F} \tag{6-18}$$

与式（6-14）比较，如果单元探测器热像仪和 n 元并扫热像仪的帧速 $\dot F$ 相同，则有

$$\tau_\mathrm{d}=n\tau_{\mathrm{d}_1} \tag{6-19}$$

于是有

$$\Delta f_i=\frac{1}{n}\Delta f \tag{6-20}$$

也就是说，在帧速 $\dot F$ 相同的情形下，n 元并扫热像仪的带宽较单元探测器热像仪的带宽减小至 $1/n$。

将 Δf_i 的式（6-20）代入式（6-16），得信噪比

$$\frac{U_\mathrm{s}}{U_\mathrm{n}}=\frac{\sqrt n PD^*}{\sqrt{A_\mathrm{d}\Delta f}} \tag{6-21}$$

由此可见，由于带宽减小，噪声也减小至 $1/\sqrt n$，从而信噪比提高至了 $\sqrt n$ 倍。

n 元并扫热像仪由于扫描一次可以扫出 n 个相同的行，于是在帧速 $\dot F$ 相同的情况下，减少了扫描器的运动次数，增长了在探测器上的驻留时间，降低了系统的等效噪声带宽，从而减小了噪声，提高了信噪比。

并联扫描的主要优点是可用会聚光束扫描和用同一反射镜完成探测器扫描和显示器扫描，专用的敏感元件紧凑。它的主要缺点是探测器阵列中各探测元件 D^* 的变化使图像不均匀，并且不同的探测器有不同的景物平均值所致的交流耦合失真，也能使图像不均匀。

6.4.2 串联扫描摄像方式

串联扫描是将数十个至数百个探测器组成一行，行扫描方向与探测器排列方向一致，扫描器扫描时，景物上一点依次扫过各探测器，行扫速度和帧扫速度都与单元探测器时相同。

串联扫描时，每个探测器都连接一个前置放大器，然后一起送到延迟线。延迟线将各元件的信号经依次延迟后再叠加起来送至主放大器，如图 6.17 所示。延迟线的延迟方向与扫描方向相反。这样，经延迟后的各元件信号叠加起来，即可增大景物信号的强度。

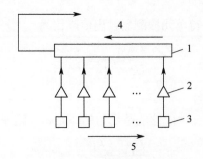

图 6.17 串联扫描的延迟线
1—延迟线；2—前置放大器；3—探测器；4—延迟方向；5—扫描方向。

串联扫描的每个探测元件都要扫过景物的同一个点，因此多元串扫实质上与单元件扫描是一样工作的，只是串扫增强了景物的信号。

现在讨论串扫摄像时，输出的信噪比。

设串联探测元件数为 n，每个探测元件的响应度为 R_i、归一化探测率 D_i^* 以及接到每个探测元件上的前置放大器的增益 G_i 可以不同；设每个探测元件上都有相同的入射辐射功率 P，则每个探测元件输出的信号 U_{si} 和噪声 U_{ni} 分别为

$$U_{si} = PR_iG_i \tag{6-22}$$

和

$$U_{ni} = \frac{\sqrt{A_d \Delta f}}{D_i^*} R_i G_i = \frac{R_i G_i}{D_i} \tag{6-23}$$

式中　A_d——探测器的面积；

　　　Δf——电子系统的带宽。

单个探测元件输出的信噪比为

$$\frac{U_{si}}{U_n} = PD_i \tag{6-24}$$

在扫描过程中，各探测元件依次产生的信号经延迟线延迟后相叠加，总的输出信号电压为

$$U_s = P\sum_{i=1}^{n} R_i G_i \tag{6-25}$$

总的输出噪声电压为

$$U_n = \left[\sum_{i=1}^{n} \left(\frac{R_i G_i}{D_i}\right)^2\right]^{1/2} \tag{6-26}$$

于是，串联扫描多元探测器的输出信噪比为

$$\frac{U_s}{U_n} = \frac{P\sum_{i=1}^{n} R_i G_i}{\left[\sum_{i=1}^{n} \left(\frac{R_i G_i}{D_i}\right)^2\right]^{1/2}} \tag{6-27}$$

下面求信噪比为极大值的条件。

当探测器的元数 n 及各元件的响应度 R_i、探测率 D_i 为定值时，只有各前置放大器的增益

G_i 是可调的。我们先来求信噪比和前放增益的关系。为此,规定一种相对增益为

$$g_i = \frac{G_i}{G_1} \tag{6-28}$$

这样,$g_1 = 1$,即规定以第一个前置放大器的增益为增益的单位。于是信噪比为

$$\frac{U_s}{U_n} = \frac{P \sum_{i=1}^{n} R g_i}{\left[\sum_{i=1}^{n} \left(\frac{R g_i g_i}{D_i} \right)^2 \right]^{1/2}} \tag{6-29}$$

可适当地选择相对增益 g_i,使信噪比 U_s/U_n 的值达到最大。为了对一个具体的 g_k 使 U_s/U_n 取最大值,可将 U_s/U_n 对 g_k 取偏微商,并令它等于零。我们有

$$\frac{\partial}{\partial g_k} \left(\frac{U_s}{U_n} \right) = \frac{P R_k}{\left[\sum_i \left(\frac{R_i g_i}{D_i} \right)^2 \right]^{1/2}} - \frac{P R_k^2 g_k}{D_k^2} \cdot \frac{\sum_i R_i g_i}{\left[\sum_i \left(\frac{R_i g_i}{D_i} \right)^2 \right]^{3/2}} \tag{6-30}$$

令

$$\frac{\partial}{\partial g_k} \left(\frac{U_s}{U_n} \right) = 0$$

则有

$$\sum_i \left(\frac{R g_i}{D_i} \right)^2 = \frac{g_k R_k}{D_k^2} \sum_i R_i g_i \tag{6-31}$$

解 g_k 可得

$$\left(\frac{R_k g_k}{D_k} \right)^2 + \sum_{i \neq k} \left(\frac{R g_i}{D_i} \right)^2 = \frac{R_k g_k}{D_k^2} [R_k g_k + \sum_{i \neq k} R_i g_i] \tag{6-32}$$

或

$$g_k = \frac{D_k^2 \sum_{i \neq k} \left(R, \frac{g_i}{D_i} \right)^2}{R \sum_{i \neq k} g_i R} \tag{6-33}$$

因此,必须解 n 个未知数的 k 的方程式。就 $n=2$ 的简单情况,这个解是

$$g_2 = \frac{R_1}{R_2} \left(\frac{D_2}{D_1} \right)^2 \quad (g_1 \equiv 1) \text{ 时} \tag{6-34}$$

将这个假设的解代入式(6-33),可得到一个恒等式,所以这个假设的解是正确的。将这个解代入信噪比式(6-29),求出

$$\frac{U_s}{U_n} = \frac{P \sum_i D_i^2}{\left[\sum_i D_i^2 \right]^{1/2}} = P \left[\sum_i D_i^2 \right]^{1/2} \tag{6-35}$$

结果表明,串联扫描最佳增益调整的最大理论信噪比是各个探测器输出信噪比的平方和的平方根值。如果各探测元件的探测率 D_i 都相等,这就意味着串扫系统的有效归一化探测率 D_0^* 为

$$D_0^* = \left[\sum_{i=1}^n D_i^{*2}\right]^{1/2} \qquad (6\text{-}36)$$

利用平均值定理，得到

$$D_0^* = \sqrt{n} D_{\text{rms}}^* \qquad (6\text{-}37)$$

式中

$$D_{\text{rms}}^* = \left[\frac{\sum_i D_i^{*2}}{n}\right]^{1/2} \qquad (6\text{-}38)$$

以上结果表明，串扫系统探测的叠加效果相当于由式（6-36）给出的归一化探测率为 D_0^* 的单个探测器件的探测效果。如果每个探测器的 D_i 都相等，则串扫系统的信噪比较之单元探测器系统提高至 $\sqrt{n}$ 倍。

归纳以上看出，n 元串扫热像仪由于每个探测元件都扫过景物的同一个点，故增强了景物信号，其总的叠加效果是提高了信噪比。

串联扫描的主要优点是消除了探测元件探测率不同引起图像的不均匀性。它的主要缺点是必须用平行光束扫描，因此使光学系统复杂化。

6.4.3 两种基本摄像方式的比较

两种基本摄像方式的比较情况如表 6.1 所示。

表 6.1 两种摄像方式的比较

	并联扫描	串联扫描
扫描方式	可用于会聚光束扫描	必须采用平行光束扫描
扫描器运动	运动部件速度低，易实现	运动部件速度高，电机寿命短，实现高行数、高帧频有困难
电子线路频带	频带窄	频带宽
探测元件	对探测元件的均匀性要求高	对探测元件的均匀性不做要求
光电转换次数	光电转换次数多，每一次转换都引入一部噪声，使目标背景对比度降低	光电转换次数少
制冷效果	探测器阵列长，制冷效果差	探测器阵列短，制冷效果好
信号与噪声	通过降低电子系统带宽（信号不变）从而降低噪声来提高信噪比，理论上信噪比提高为单元探测时的 $\sqrt{n}$ 倍	通过信号叠加来增强信号，从而提高信噪比，理论上信噪比提高为单元件探测时的 $\sqrt{n}$ 倍
$1/f$ 噪声区	由于带宽降低而离不开 $1/f$ 噪声区	低频端可取高些，以避开 $1/f$ 噪声区

6.5 信号处理及显示

热成像系统信号处理的任务基本上有两方面：显示景物的热图像和标示温度。

6.5.1 温度信号的处理

1. 温度绝对值的测量

从探测器输出的电信号要经过放大和变换处理，以使其能反映景物各部分之间的温差。

在探测器与放大器之间的耦合通常都采用交流耦合，其原因是：
（1）抑制大面积背景干扰；
（2）消除探测器上的直流偏置电位；
（3）减弱探测器的 $1/f$ 噪声的影响。交流耦合最简单的电路如图6.18所示。

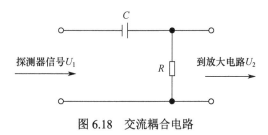

图6.18　交流耦合电路

但是，这样做使得信号的直流分量被滤去了，因而使通过的信号不再具有绝对意义。为了实现温度的绝对值测量，必须使直流电平得到恢复。通常的做法是，在热像仪内设置一参考黑体，将它放在水平视场不远处，使水平扫描机构在每行扫描过程中，在尚未扫到规定视场之前和扫过规定视场之后，总要扫过参考黑体。当扫过参考黑体时，热像仪感受黑体辐射产生一温度信号，用这个信号作为箝位信号将温度信号通道的信号箝位在零电平（或其他控制电平上）。然后再将与环境温度相应的一个直流电平叠加在经过箝位的温度信号上，以进行环境温度的补偿。这样，经过箝位及环境温度补偿后的温度信号便具有了绝对意义。最简单的办法是将参考黑体的温度做成环境温度的，即黑体不加热，使其与环境温度平衡而相等。环境温度信号即可从黑体上用热敏元件测出。如图6.19所示，是直流恢复和无直流恢复的波形比较。如图6.20所示，是温度绝对值测量工作的方框图。

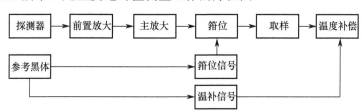

图6.19　直流恢复和无直流恢复的波形比较

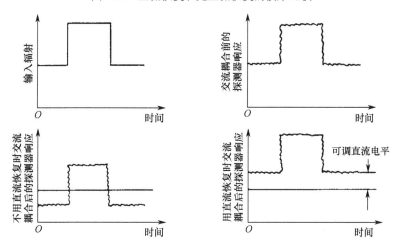

图6.20　温度绝对值的测量方框图

2. 多路传输、光电多路显示

并联扫描的每个探测元件都要接一个前置放大器，因为各元件并联，故信号应以多路传输方式向后传送。并联多路传输有两种类型：电子多路传输和光电多路传输。电子多路传输要将每个探测元件的前置放大器输出连接至多路电子开关，经电子开关采样后将 n 个通道汇合为单一通道送到显示器，如图 6.21 所示。光电多路传输是将每个探测元件的输出信号经前置放大后，分别送至各相应的发光二极管的激励电路，激励发光二极管发出可见光。发光二极管阵列与探测器阵列一一对应。信号的大小控制发光二极管的亮度。并列的发光二极管所发出的可见光经扫描器复扫后便可直接观察到一景物的可见热图像，如图 6.22 所示。这种可见热图像也可用摄像管摄取，经变换处理送到显示器显示。

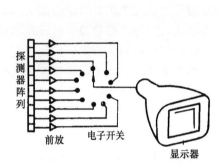

图 6.21　电子多路传输

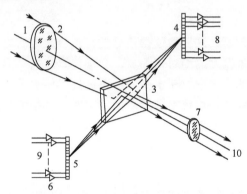

图 6.22　光电多路传输，发光二极管阵列显示
1—红外辐射；2—物镜；3—扫描反射镜；4—探测器阵列；
5—发光二极管阵列；6—激励电路；7—目镜；
8—经多路传输到发光管激励电路；9—经多路传输来自探测器阵列；
10—直接观察或用摄像管摄像。

6.5.2　各种显示模式

正常显示属于辉度显示。选择合适的显示温度范围可以得到与景物各点相应的调辉图像。根据需要，热像仪还须做其他各种模式的显示，如等温显示、放大显示、调偏显示、水平波形显示等，略述如下。

1. 等温显示

将一幅热图中属于某一相同温度的信号单独形成脉冲（称为等温脉冲），切断原有温度信号而单独将等温信号送入通道，这样形成单等温显示，在显示器上形成单等温图像。也可将等温脉冲幅度调制到辉度达到最亮的电平，然后和原温度信号混合加入通道，这样，便形成复合等温图像。

2. 放大显示

将图像某一部分单独进行放大显示。处理的办法是加快电子束的扫描速度，以使图像得到放大，同时进一步增大每行消隐和每帧消隐时间以消除不需要观察的部分的图像信号。

3. 调偏显示

将图像上下移动一段距离，同时等距地抽去一部分扫描线（如使扫描线数从原每帧 300 行变至每帧 100 行或每帧 50 行），并用等辉显示图像。处理办法是将帧扫描电平上附加一个直流电平以上下移动图像位置，改变行消隐时间，使由原来消隐一次、显辉一次改为每若干行只显辉一次而其余时间均消隐。这样，即可抽去若干条扫描线。

4. 水平波形显示和垂直波形显示

抽出显示图像中的某一行，令其在显示器的最下边进行显示。处理办法是使帧扫描的某一位置发生跳变以使某一行扫描线显示在图像下面，同时使图像上抽去这一行消隐。这样便可实现水平波形显示。垂直波形显示的处理方法与此类似，只是抽取的信号是图像中某列位置上的值，抽到这个列位置时，也须要跳变到图像的底部显示，对垂直波形来说，用不着进行原列信号消隐。

5. 经时显示

任一扫描线上的温度分布随时间变化的情况可以形成一幅热图。这样，运动物体的温度分布及旋转体展开面的温度分布都可以实时获得。

除了以上几种显示模式外，还有温度振幅分析、等温面积计算、采样面积选择等多种显示和计算模式，可根据需要进行设计。

6.6 凝视型红外热成像系统

6.6.1 基本原理

凝视型红外热成像系统是一种二维热成像装置，该系统利用目标与环境之间由于温度辐射与发射率的差异所产生的热对比度不同，把红外辐射能量密度分布探测并显示出来。凝视焦平面探测器的焦平面上排列着感光元件阵列，从无限远处发射的红外线经过红外光学系统成像在凝视焦平面探测器的这些感光元件上，探测器将接收到的光信号转换为电信号并进行积分放大、采样保持，通过输出缓冲和多路传输系统，送达电子学处理器上处理，并最终送到监视系统形成图像。

凝视热成像系统具有把红外光变成可见光的功能，将红外图像变为可见图像。在凝视热像仪中，红外图像转换成可见图像分两步进行：第一步是通过红外光学系统，由凝视焦平面探测器把红外热辐射变为电信号，该信号的大小反映出红外辐射的强弱；第二步是通过电子学处理，将反映目标红外辐射分布的电信号在监视器上显示出来，实现从电到光的转换，得到反映目标热分布的可见图像。

相比起前代光机扫描红外成像系统在依次扫描输出的过程速度变化及抖动带来的没有规矩可循的变化，凝视型红外成像系统利用二维阵列形成一幅红外图像，无须扫描型的延迟积分技术，每个探测元的电信号是并行读出的，在成像速度上得到了数量级的提升。同时凝视型红外成像系统还具有红外成像精度高，设备体积小便携等特点，这些特点契合了导弹制导、目标追踪等场景下对于红外成像高精度、设备小体积的需求，可以预料到凝视型红外成像系统在未来军事方面的必将得到广泛应用。

6.6.2 系统结构

在凝视热像仪中，将红外光变成电信号、又将电信号变为可见光的转换功能是由热像仪各个部件完成的。这种凝视热像仪主要由红外光学系统、凝视焦平面探测器、视频处理系统和监视器等几部分组成。由于凝视焦平面探测器又可分为制冷和非制冷型，凝视热像仪也存在制冷和非制冷两种情况。如图 6.23 所示，为制冷型凝视热像系统原理方框图，如果是非制冷型，则去掉制冷系统这一单元就可以了。

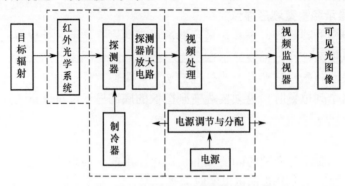

图 6.23 制冷型凝视热成像系统的结构图

凝视型热成像系统利用焦平面探测器面阵，使探测器中的每个单元与景物中的每一个微面元对应，整个焦平面探测器对应整个景物空间。通过采样转接技术，使各探测器单元的景物信号依次送出。凝视焦平面热成像系统取消了光机扫描系统，同时探测器前置放大电路与探测器合为一体，集成在位于光学系统焦平面的探测器阵列上，这也是所谓"焦平面"的含义所在。

6.6.3 主要性能参数

目前国外对热像仪实验室测试的性能参数多达十六七个。我国在通用规范中确定测试 17 个参数。在这 17 个参数中，常用的有调制传递函数、噪声等效温差、最小可分辨温差、最小可探测温差。下面分别介绍这些重要的性能参数。

1. 调制传递函数（MTF）

光学传递函数是光学系统成像质量较为完善的评价指标，几乎所有的光学系统都要进行传递函数测试。红外成像系统的 MTF_s 是传感器 MTF_d、光学 MTF_o、电学 MTF_e 和显示 MTP 之乘积，它不包含任何信号强度的信息，是系统精确再现场景的一个测量值，是系统设计、分析和规范的基本参数。而根据线性滤波理论，对于一系列具有一定频率特性的分系统所组成的热成像系统，只要逐个求出分系统的传递函数，其乘积就是整个系统的传递函数。如果眼睛的探测阈值能被精确模拟，那么可用它来计算 MRTD 和 MDTD。

对于热成像系统的调制传递函数，一般只考虑 3 项，探测器的传递函数 MTF_d、电子处理系统的传递函数 MTF_e 和光学系统的传递函数 MTF_o，整个系统的调制传递函数是各个子系统的传递函数的乘积。以下是这 3 种 MTF 的数学表达式：

$$MTF_o = \frac{2}{\pi}\left\{\arccos\left(\frac{f}{f_c}\right) - \left(\frac{f}{f_c}\right)\left[1-\left(\frac{f}{f_c}\right)^2\right]^{1/2}\right\} \tag{6-39}$$

$$MTF_d = \frac{\sin(\pi \cdot \omega^{1/2} \cdot f)}{\pi \cdot \omega^{1/2} \cdot f} \tag{6-40}$$

$$MTF_e = [1+(2 \cdot \omega^{1/2} \cdot f)^2]^{-1/2} \tag{6-41}$$

式中 f——空间频率；
f_c——截止频率。

整个系统的调制传递函数为

$$MTF_s = MTF_o \cdot MTF_s \cdot MTF_e \tag{6-42}$$

2. 噪声等效温差（NETD）

由于热成像系统本身与目标周围背景辐射产生噪声，这会严重影响图像质量，NETD 就是对系统噪声进行评价的参数，是红外热成像系统区别于可见光成像系统的特殊指标。

温度一定的均匀方形黑体物体，处于另一温度下的均匀黑体背景中，此时热像仪对该物体进行探测，如果系统输出的信噪比是 1，则称该物体与背景之间的温度差为噪声等效温差。噪声等效温差表述了系统的温度灵敏度，可表示如下：

$$NETD = \frac{4\sqrt{ab\Delta f}}{\alpha\beta\tau_\alpha\tau_0 D_0^2 D^* \int_{\lambda_1}^{\lambda_2} \frac{\partial M_{\lambda T}}{\partial T} d\lambda} \tag{6-43}$$

式中 a、b——探测器水平和垂直尺寸；

　　　α、β——系统瞬时视场；

　　　D_0——系统的有效接收孔径；

　　　τ_0——光学效率；

　　　D^*——探测器的峰值探测率；

　　　$\int_{\lambda_1}^{\lambda_2} \frac{\partial M_{\lambda T}}{\partial T} d\lambda$——辐射常数。

3. 最小可分辨温差（MRTD）

不同空间频率的 4 条带图案，高宽比为 7∶1，将其放置于均匀背景中，如图 6.24 所示。观测者做不限时间的观察，开始时目标与背景的温差为零，逐渐增大温差，在某一空间频率下，观察者恰好可以分辨（概率为 50%）出 4 条带目标时，目标与背景的温差就称为该空间频率下的最小可分辨温差 MRTD。MRTD 是空间频率的函数，探测物图形的空间频率发生改变，则对应的 MRTD 也随之改变。

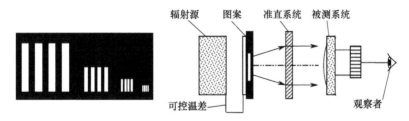

图 6.24　MRTD 的标准测试图以及测量装置的简图

其一般的计算模型为

$$MRTD(f) = \frac{\pi^2}{4\sqrt{14}} SNR_d f \frac{NETD}{MTF_s} \left(\frac{\alpha\beta}{t_0 t_e f_p \Delta f}\right)^{1/2} \tag{6-44}$$

式中 SNR_d——观察者能分辨线条的阈值信噪比；

　　　t_0——扫描驻留时间；

　　　t_e——人眼积分时间；

　　　α、β——系统瞬时视场；

　　　f_p——帧频。

4. 最小可探测温差

最小可探测温差的定义为：当观察者的观察时间不受限制，在热成像仪显示屏上恰好能分辨出一定尺寸的方形目标及其所在位置时，对应的目标与背景的温差称为最小可探测温差，即 MDTD。MDTD 和 MRTD 的区别在于 MDTD 由于使用的为单个方形靶，当空间频率升高时，不存在极限的空间频率，也就是说不管目标大小如何，只要温度足够高，总是可以探测到的。

MDTD 的一般计算公式为

$$MDTD(f) = \sqrt{2}\left(\frac{S}{N}\right)_{DT} \frac{NETD}{I(x,y)} \left[\frac{f\beta\Delta f_{eye}(f)}{t_e f_p \Delta f}\right]^{1/2} \quad (6-45)$$

式中　$I(x,y)$——归一化为单位振幅的方形目标物函数 $O(x,y)$ 的像函数 $I(x,y)$ 的平均值。

$\left(\dfrac{S}{N}\right)_{DT}$——观察者刚好可探测的视觉阈值信噪比；

Δf_{eye}——考虑人眼滤波的系统带宽；

t_e——人眼积分时间；

f_p——帧频。

6.7　红外前视仪

红外前视仪（FLIR）是一种快速、实时显示的热像仪。它通常安装在飞机机头下方，用来摄取前下方地面景物的热图像，供机上人员实时观察。它还用于舰载、车载、步兵携带。近年来也更多地用于非军事方面。

国外制造的军用红外前视仪已有多种。

本节介绍一种国内研制的红外前视仪，它采用了并联光机扫描，多元探测器接收、光电多路传输、发光管与电视摄像机的光电转换，实现与普通电视兼容的可见热图像显示。下面介绍这种装置的光学结构，工作原理和性能特点。

6.7.1　系统结构

1. 光学系统和扫描机构

光学系统以及整机的工作原理方框图如图 6.25 所示。光学系统由变焦距透镜组件和会聚透镜二部分组成。变焦透镜组件为一前置望远系统。平行光输入时输出仍为平行光。它由两块透镜组成，一块为正透镜，另一块为负透镜，变换两块透镜的位置可改变视场。

会聚透镜组件由 3 块透镜组成，将来自扫描镜的平行光束会聚到探测器阵列上。

扫描机构为一块双面反射的平面镜，由机械传动机构实行水平方向的行扭描；用电磁铁交替吸引反射镜架，使反射镜沿垂直方向做小角度摆动，实现在垂直方向上的隔行帧扫描。

2. 探测器

探测器为 100 元线列锗掺汞（Ge：Hg）元件构成。探测器阵列放置在用液氮预冷氪气节流制冷机的冷块上，制冷温度为 30K。

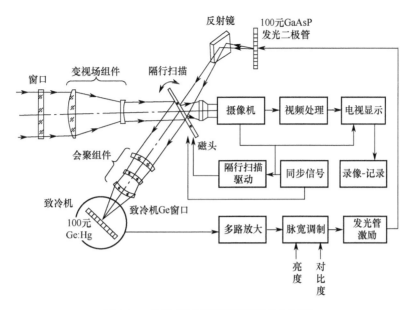

图 6.25 光学系统和整机工作原理方框图

3. 信号处理系统

信号处理为光电多路传输、脉宽激励方式。100 元 Ge：Hg 探测器阵列输出的电信号分别由 100 路放大器放大，然后通过脉宽调制电路将信号的幅度变化转换为脉冲宽度变化，去激励 100 元 GaAsP 发光二极管阵列，控制各管的辉亮时间，从而改变它的亮度。

采用脉宽激励，由于发光管的发光强度与电流的关系为非线性的，并且各个二极管的特性也有差异，如果由放大器的输出信号直接激励发光二极管，则很难调整使各路亮度均匀，采用脉宽激励可得到满意的结果。具体办法是，采用一个高于信号上限频率数倍（该机选定为 50Hz）的三角波，同时送到 100 路比较器，与信号相比较，当信号超过三角波电平时，输出高电平，反之输出低电平。这样，比较器输出的是频率和幅度为常数、而脉宽随信号大小而变化的脉冲信号，用此信号去激励发光二极管。调节三角波的电平，可以同时改变发光管的亮度，而调节三角波的幅度，可以同时改变 100 路发光管的对比度。

信号处理的原理方框图如图 6.26 所示。

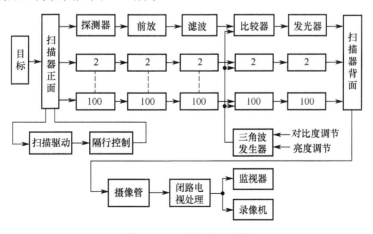

图 6.26 电路原理方框图

4. 图像显示

GaAsP 发光二极管阵列的排列和 Ge：Hg 探测器阵列的排列相同。当扫描镜摆动时，发光二极管的光线由扫描镜的背面反射到硅靶摄像管的靶面上。由于是用同一块反射镜的正、反面同时扫描目标的红外辐射和发光二极管发出的可见光，所以成像在靶面上的图像信号完全与目标辐射信号同步。由于摄像管靶面电荷的储存作用，扫描镜每扫描一次，一幅以光电子数目形式的图像就留在靶面上。由于扫描是隔行扫描，两场图像交替地出现在靶面上不同位置上。这样，摄像管电子束取出的信号就是一幅经隔行扫描的完整的全电视信号。将此电视信号送到电视监视器进行显示，或配用电视录像机进行录像或重放。

6.7.2 性能情况

1. 温度分辨率及像质情况

该红外前视仪的噪声等效温差 $NETD$ 理论计算值为 0.27K，实测为 0.18K。像质情况：大视场弥散圆直径为 0.02mm，小视场为 0.05mm。系统在波长 10μm 时光学衍射斑直径为 0.076mm，像质良好。

2. 系统的调制传递函数和最小可分辨温差

系统的调制传递函数和最小可分辨温差分别如图 6.27 和图 6.28 所示。

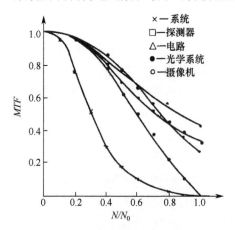

图 6.27　红外前视仪传递函数曲线

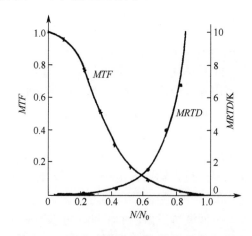

图 6.28　整机传递函数和最小可分辨温差曲线

6.7.3 主要性能参数

该仪器的主要性能参数摘录如下。

光学系统

扫描范围	大视场	30°×22°
	小视场	7.5°×5.5°
瞬时视场	大视场	1.33mrad
	小视场	0.33mrad
扫描机构		
帧　　速		$25s^{-1}$

探测器　　　　100 元 Ge:Hg 线列探测器
　　　　　　　单元件尺寸 0.1×0.1mm
　　　　　　　元件间隔 0.2mm
　　　　　　　$D^*(\lambda_p) = 1.2 \times 10^{10} \text{cm} \cdot \text{Hz}^{1/2} \cdot \text{W}^{-1}$

　　　　　　　工作波段　8～14μm
　　　　　　　工作温度 30K
　　　　　　　制冷机：液氮预冷氖气节流式
信号处理　　　光电多路传输，脉宽激励方式
发光元件　　　100 元 GaAsP 发光二极管阵列
显示方式　　　黑白电视图像
记录方式　　　电视录像机
温度灵敏度　　NETD 优于 0.2K

6.8　手持式热像仪

本节介绍一种手持式热像仪的结构与性能，该装置为国外研制并已装备于部队供观察与瞄准的军用仪器。该装置由 6 大部分组成，分别为热像仪本体、物镜组（望远系统）、目镜组（观察镜）、扫描器组件、电子线路组件和制冷系统，该装置的方框图如图 6.29 所示。

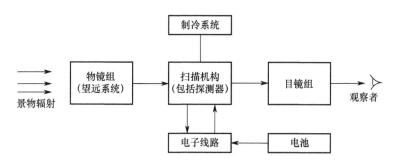

图 6.29　手持式热像仪整机方框图

物镜组、目镜组和扫描机构（后者中包括探测器）构成该装置的光学系统，其总光路图如图 6.30 所示。物镜组其望远变倍原理与一般系统基本相同，前面讲过，不再重述，本节侧重介绍该装置的扫描机构。

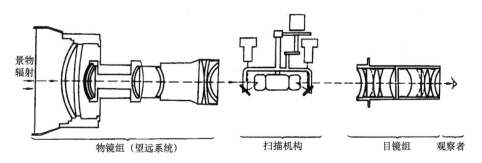

图 6.30　光学系统总光路图（图中望远系统为用于宽视场位置）

6.8.1 基本原理

来自目标的红外辐射，进入选定视场的望远系统，经望远系统成像，此像被送至反射式扫描器，由转鼓的反射镜面完成水平行扫描，平面反射镜面完成垂直帧扫描。经扫描器输出的像被 14 元线列红外探测器接收，探测器阵列将红外辐射转换成 14 路视频信号，经多路传输至相同结构的 14 路 LED 阵列，LED 阵列发出可见热图像。此可见图像经帧、行扫描投至观察系统（目镜组）前的分划板，经目镜组放大供人眼观察。

6.8.2 系统结构

扫描机构包括扫描器、电机及传动机构。扫描器组件及光路如图 6.31 所示。其中水平扫描由一个六面反射转鼓 1 来完成，垂直扫描由平面反射镜 2 完成，二者共用一个电机 3 驱动。

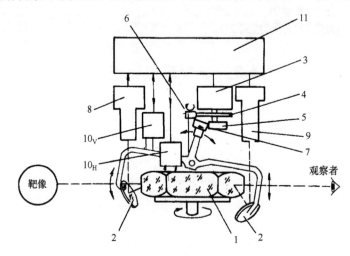

图 6.31 扫描器组件，光路图

1—转鼓组件；2—帧扫反射镜；3—电机；4—齿轮；5—凸轮；6—从动轮；7—从动轮；
8—红外探测器组件；9—LED 组件；10_V、10_H—垂直水平扫描光探测传感器；11—电子线路。

扫描驱动电机 3 轴上带有一个齿轮 4 和一个凸轮 5，在转鼓 1 的轴上带有一个从动小齿轮 6，与帧扫描反射镜相连的机构上带有一个从动轮 7，电机 3 经齿轮 4 带动行扫描转鼓 1 旋转，齿轮 4 的作用是使行扫描转鼓升速，以使行扫描转鼓在水平方向上的扫描速度约为 8000r/min。当电机上的凸轮 5 旋转时，使得从动轮 7 左右摆动，而轮 7 的轴与两块摆动反射镜是做成一体的，由于支点的作用，使两块反射镜产生自上而下的扫描光束。

在转鼓做水平扫描时，14 元探测器同时扫过景物，相当于对景物扫过了 14 元所对应视场（垂直方向）大小的条带，条带的宽度即热像仪水平视场大小。在转鼓做水平扫描的同时，帧扫反射镜上下移动，伴随着角度的变化。因此当转鼓第二个面来到并进行扫描时，帧扫反射镜已移过一定量，这个量正好等于 14 元探测器所对应的垂直视场的大小。这样，在垂直视场上 14 元探测器又开始了下一个条带的扫描，帧扫反射镜从一个端点起，直到另一个端点为止，热像仪扫过了整个视场。

转鼓转速已知为 8000r/min，帧扫反射镜上下各一次扫出一帧图像，其中包括向上和向下各一场图像。已知扫描器中齿轮的变速比为 6，则电机的转速为 8000/6=1333.3r/min，故图像的帧频为 133.3/60=22.2Hz，场频为 44.4Hz。

转鼓有 6 个面,每个面产生一个条带(每个条带有 14 条扫描线,实际上由于采用的为两排元件,其中水平上每两条扫描线是重合的,因此,每个条带仅为 7 条扫描线),转鼓转一周产生 6 条带,一帧则产生 6×6=36 条带,其中每场像为 18 条带,每场像的扫描光栅数为 18×7=126 线。

红外探测器是工作于 8～12μm 的 14 元光导碲镉汞阵列。每个单元面积为 50μm×50μm,单元间间距为 12.5μm。探测器阵列排列为两排;就扫描时间而言,两排探测器先后扫过同一目标的红外辐射,因而被称为串并扫体制。探测器阵列的工作温度为 77K。

LED 的尺寸、形状、排列及元数与探测器完全相同。LED 发光的峰值波长为 650nm,带宽 24nm。

关于同步问题,由图 6.31 可以看到,LED 阵列所发出的可见光仍然经过同一个二维扫描系统进入观察镜。因而这种扫描装置本身就保证红外和可见光的两种扫描同步。但在线路里为处理扫描信号同步,在扫描器中加入了一个光码盘(在转鼓内腔表面上)以及光源和传感器部件(图 6.31 中的 10_V 和 10_H)这部分部件介绍从略。

6.8.3 主要性能参数

(1)工作波段:8～12μm。
(2)视场:宽 8°×8.5°(总放大倍数 $2^\times$),窄 8°×3.4°(总放大倍数 $2^\times$)。
(3)探测距离如表 6.2 所示。

表 6.2 探测距离

目标	窄视场	宽视场
站立的人	2.6km	1.3km
主战坦克	3.5km	1.8km

(4)扫描机构如下。
① 帧扫:平行反射镜,帧频 22.2Hz,场频 44.4Hz;
② 行扫:六面反射转鼓,转速 8000r/min;扫描线数 126 线。
(5)探测器:
14 元 HgCdTe,单元尺寸 50μm×50μm,元件间隔 12.5μm;工作温度 77K,焦-汤节流制冷。
(6)发光管显示平均亮度:>2cd/m²。
(7)信号处理:光电多路传输,采用光码盘、光源传感器实现信号同步。
(8)MRTD:
① 0.5c/mrad,0.1℃;
② 1.5c/mrad,0.75℃。

6.9 红外热成像系统的综合性能参数

红外成像系统可以生成人眼所看到的图像,因此,有可能采用人眼视觉进行红外成像系统评估。然而,如果只通过观看典型景物的红外图像,即使是专业人员也很难精确地对红外成像系统进行评价。因此,为了准确地评价红外成像系统,需要定义一系列的可测量参数,这些参数是红外成像系统的定量物理度量，其测量通常要在实验室条件下进行，但使用这些数或其中一部分参数，可使专业人员或一般使用者预测红外成像系统在实际工作条件下能否很好地工作。

红外成像系统综合性能参数分类如图 6.32 所示。

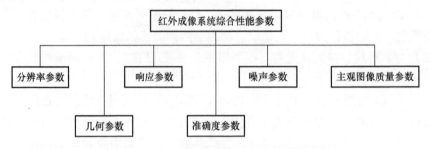

图 6.32　红外成像系统综合性能参数分类

6.9.1　分辨率参数

红外成像系统的分辨率参数包含空间分辨率、时间分辨率、温度（灰度等级）分辨率和光谱分辨率。空间分辨率也称图像分辨率或成像分辨率，主要指红外成像系统对高对比度目标空间细节的感知能力；时间分辨率是在时间上区分事件能力的度量；温度（灰度等级）分辨率表示的是能量分辨细节；光谱分辨率就是系统的光谱通带。本小节先讨论空间分辨率，然后再讨论时间分辨率。本小节主要讨论空间分辨率和时间分辨率。

1. 空间分辨率

对于红外成像系统而言，人们最为关心的是系统能否精细地感知到目标的空间分布、能否清晰地再现目标的图像细节，即系统的成像分辨率或图像分辨率。由于红外成像系统的应用目的不同；而且成像过程又包含人眼感知能力在内的许多环节，因此，可以从不同的角度对空间分辨率涉及的概念进行描述。

（1）图像清晰度和图像分辨率。

在对红外成像系统以及输出图像进行描述和评价时，常采用图像清晰度和图像分辨率这两个参数。图像清晰度是指人眼宏观看到的图像的清晰程度，是由系统客观综合结果造成人们对最终图像的主观感觉。虽然是主观感觉，但清晰度这种主观感觉是可以进行定量测试的。图像分辨率与图像清晰度不同，它不是指人的主观感觉，而是指在扫描（采集）、传输、存储和显示过程中所使用的图像质量记录指标，以及显示设备自身具有的表现图像细致程度的固有属性。

根据上述描述可知，图像信号的分辨率和显示设备的分辨率是由制式和规格决定的，固定不变的，而清晰度是随条件可改变的。清晰度的线数永远小于图像信号分辨率像素所连成的线数。

（2）图像清晰度的度量。

人眼的分辨力是指人眼对所观察实物细节或图像细节的辨别能力，量化来讲，就是能分辨出平面上两个点的能力。人眼的分辨力是有限的，在一定距离、一定对比度和一定亮度的条件下，人眼只能区分出小到一定程度的点，如果点更小，就无法看清了。根据人眼的分辨力，即可给出图像工作者力求达到的图像（影像）清晰度指标。

人眼分辨图像细节的能力也称为"视觉锐度",其大小可以用能观察清楚的两个点的视角来表示,这个最小分辨视角称为"视敏角"。视敏角越大,能鉴别的图像细节越粗糙;视敏角越小,能鉴别的图像细节越细致;在中等亮度和中等对比度的条件下,观察静止图像时,对正常视力的人来说,其视敏角在 $1'\sim1.5'$ 之间;观察运动图像时,视敏角更大一些。

根据视敏角原理,人眼能辨别在垂直方向上排列的相邻黑白水平线条的细致程度(即垂直清晰度)。怎么来鉴别和量度这个细致程度呢?下面图 6.33 来加以说明。假设画面高度为 H,在垂直方向上有 M 条黑白相间、具有一定宽度的水平线条,每条水平线条在垂直方向上的宽度为 h。如果人眼在距离为 l 处刚好可以分辨清楚这些水平线条,则视敏角 θ 可表示为

$$\theta = \frac{h}{l} \tag{6-46}$$

因为每条线对的宽度为 $h = H/M$,则有

$$\theta = \frac{H}{lM} \tag{6-47}$$

将弧度化为角度后,有 $\theta = 3439H/(lM)$ 分,即

$$M = \frac{3439H}{l}\frac{1}{\theta} \tag{6-48}$$

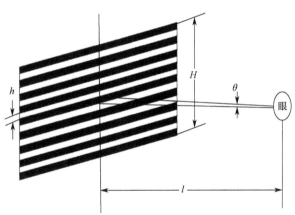

图 6.33 视敏角和垂直清晰度定义示意图

实验表明,观看图像的最佳距离应当是画面高度的 4~5 倍,这时的总视角约为 15°,在这种情况下,可以保证人眼不转动就能看到完整的画面。这个距离既可以避免因过近观看时眼球需要不停地转动而引起眼疲劳,又可以避免过远观看时对图像辨别能力的降低,以及防止画面以外的景象进入视野中。如果选择观看距离 l 为画面高度 H 的 5 倍,即 $l = 5H$,将其与视敏度 $\theta = 1.5$ 分一起代入式(6-48)后,则有

$$M = 3439 \times \frac{1}{5} \times \frac{1}{1.5} = 458 \text{(线)} \tag{6-49}$$

这个 458 线也就是我们所说的 458 条电视线,简称"线"。从上面的计算可以看到,在 5 倍画面高度的距离观看图像时,人眼的垂直分辨力约是 458 线,这时图像所具有的垂直清晰度正是 458 线。这样,在制定电视制式的扫描格式时,其垂直像素应当基于 458 线清晰度来考虑。

水平清晰度的确定与垂直清晰度的确定思路是一样的。不过,由于电视画面的宽高比以

及垂直清晰度和水平清晰度对整体图像质量影响的关系，不经过上述复杂的推导，也可以很方便地算出水平清晰度线数来。

传统电视屏幕的宽高比是 4∶3，这是根据原来的电影银幕的长宽比预先确定下来的。实验说明，在图像显示时，水平清晰度和垂直清晰度应当接近或一样，才能获得最佳的图像质量。利用这两点，再根据垂直清晰度计算原理，将垂直清晰度线数乘以屏幕幅型比 4/3，即可算出图像的水平清晰度线数 N 为

$$N = \frac{4}{3} \times M = \frac{4}{3} \times 458 = 610 \text{（线）} \tag{6-50}$$

这就是说，在 5 倍画面高度距离观看 4∶3 画面的图像时，人眼的水平分辨力约为 610 线，这时图像所具有的水平清晰度正是 610 线。

以上就是电视垂直清晰度和水平清晰度的来源。从这里不难看出，在明确了人眼的垂直和水平"分辨力"后，也明确了电视的"清晰度"的概念：电视的清晰度是指电视机已经显示出来的黑白相间的直线，在垂直方向或水平方向将屏幕排满时，人眼所能辨别的最细线条数，或者说能辨别的最多线条数。在垂直方向排列的这种水平线条的最大数量，是电视的垂直清晰度；在水平方向排列的这种垂直线条的最大数量，是电视的水平清晰度。

(3) 图像分辨率的度量。

前面在定义图像分辨率时讲过，图像分辨率就是指单幅图像信号的扫描格式和显示设备的像素规格，因此，在具体描述图像分辨率之前，先对构成分辨率的基本单元"像素"进行说明。

图像有两大类：一类是矢量图，也称向量图；另一类是点阵图，也称位图。矢量图比较简单，它是由大量数学方程式创建的，其图形是由线条和填充颜色的块面构成的，而不是由像素组成的，对这种图形进行放大和缩小，不会引起图形失真。点阵图很复杂，是利用成像系统通过扫描的方法获得，由像素组成的。点阵图具有精细的图像结构、丰富的灰度层次和广阔的颜色阶调。

红外成像系统所成的图像都是点阵图。

(1) 像素的含义。

一般人都以为像素是一个个的小圆点，但实际上它不是圆的，而是方的，从构成 CCD 或 CMOS 成像器件的每一探测器单元形状或显示器上每一个显示单元的形状不难理解这一点。也就是说，数码图像是由大量微小的彩色小方块按照一定的方式排列起来的。如果在计算机上把一幅图像放得很大，在图形的边缘和有斜线的地方就可以看见像素了，那是阶梯状或马赛克状的小方块，而不是小圆点。

(2) 像素的特性。

构成点阵图图像的像素具有如下特性。

① 像素关系的独立性。组成图像的像素具有独立性，即各个像素之间不是互相关联的，改变其中一个像素，不会影响其他像素。

② 像素数量大小的固定性。一幅图像的像素多少是固定的，构成图像的像素数量并不因为显示图像时的放大或者缩小而改变其数量。

③ 排列位置的固定性。像素点的排列位置是固定的，单独的像素点不能随意移动，如果移动像素，将对整幅图像造成完全的破坏。

④ 像素的位深决定图像的层次。像素位深是指 RGB 三原色的比特数（Bit）。彩色图像中，

在 R、G、B 3 个颜色通道中，如果每一种颜色通道占用了 8 位，即有 256 种颜色，3 个通道就包含了 256^3 种颜色，即 1677 万种颜色。对于单独的一种颜色，需要 8 个字节来记录；对于 3 种颜色来说，就需要 24 个字节来记录（8×3=24）。因此，一般的彩色图像需要 24 位颜色来表现，成为"真彩色"。

（3）图像分辨率的种类和意义。

虽然许多人在使用红外（光电）成像系统以及进行图像处理时，都采用分辨率来描述其成像或图像的细节，但很少有人特意去关注成像或图像分辨率的几种称谓以及它们各自的含义，因此在实际使用和交流时，普遍存在模糊和混乱现象。为了使读者在这个问题上能有一个清楚的概念，这里先将成像或图像分辨率归纳起来，区分成以下几种不同意义的分辨率。

根据学科和测量目的的不同，关于光学成像或光学图像的分辨率有多种不同的定义，总结了不同使用目的下分辨率的具体度量如表 6.3 所示。

表 6.3 不同使用目的下的分辨率度量

使 用 目 的	分辨率度量
光学系统设计	瑞利判据（极限分辨角），艾里斑直径，弥散斑直径
焦平面探测器设计	焦平面像元尺寸，焦平面像元数
显示器设计	显示单元尺寸及数量
系统分析	像元对应张角（瞬时视场）
系统标定	水平像素数×垂直像素数
侦察和遥感分析	景物可分辨距离

2. 时间分辨率

简单来说，时间分辨率就是成像系统的帧频（或帧速），即单位时间内输出图像的数量。帧频的倒数为帧时，即输出一幅图像所需要的时间。红外成像系统的帧频越大，单位时间内输出的图像数越多，输出一幅图像所需要的时间越短，图像输出的时间密集度也越高。现有红外成像系统的典型帧频为 30～60Hz，30Hz 代表一秒钟输出 30 幅图像，60Hz 代表一秒钟输出 60 幅图像。因此，如果要对高速运动的物体进行成像及分析，就需要较高的帧频，即需要较高的时间分辨率。

（1）帧频受限的主要因素。

由红外成像系统的工作原理可知：系统输出一幅图像的时间可分为两部分，一部分是图像的生成时间（类似于数码相机的快门速度），另一部分是图像的传输及存储时间，因此，红外成像系统的帧频大小主要受限于以上两部分时间的长短。

图像的生成时间取决于焦平面探测器的时间常数。对于光电二极管探测器而言，由于光子通量可直接转换成电信号（光电流），其时间常数大约为 1μs，这样，在选择的积分时间（几微秒到全帧时间）内，每个成像单元的信号光电流对其电容器进行充电，形成信号电荷，读出电路（ROIC）将电容内的信号电荷读出，读出可采用边读出边积分或积分后再读出的模式。因此，基于光子探测器的快速信号生成以及读出过程，光子探测器焦平面阵列型红外成像系统可以具有较快的帧频，测量过程完全可以触发式地完成。

但是，系统可实现的最大帧频完全受限于数据的传输和存储。如果假设探测器的时间常数远低于 1μs，且帧积分时间为 1μs 的，那么 1MHz 的帧频理论上是可能的。对于读出而言，大多数采用 14 位，这将导致 14Mb/s 的数据速度。如果阵列大小增加到常用的 320×240 规模

(76800 像素），则需要大约 1Tb/s 的数据速率。目前，读出电子线路所给出的最大数据速率上限是远远低于这个值的。例如，配备有 1024×1021 像元的 InSb FPA 中波红外成像系统，采用 16 通道读出时，所允许的最大帧频为 132Hz，实际的数据速率约 2Gb/s。对于更高的帧频，可采用窗口读出模式。这种模式允许用户选择局部大小焦平面阵列窗口。减少像元数量，可获得更快的帧频，例如，在 160×120 像素下可获得 909Hz。为了捕捉高速目标，高速红外成像系统可提供的典型最大帧速分别为 48kHz（2×64 像素）和 36kHz（4×64 像素）。

然而，对于热探测器（如氧化钒微测辐射热计）焦平面阵列而言，其响应时间较长，时间常数由热时间常数决定，一般为 8~12ms。因此，采用热探测器型红外成像系统，其图像生成是在全帧时间内，由探测器输出信号的顺序读出（也称为"滚动读出"）来完成。由于"积分时间"由热探测器的热时间常数决定，无法改变，热探测器焦平面阵列红外成像系统的帧频不能由用户自行调整，因此，基于热探测器的较慢信号生成以及读出过程，这类红外成像系统的帧频不会太高。

（2）时间分辨率对测量结果的影响。

由以上分析可知，在观察快速运动目标或进行物体瞬态热过程分析中，需要选择帧频高的红外成像系统，或者说时间分辨率足够大的系统。对于光子探测器型成像系统，可通过设置不同的积分或曝光时间来改变其帧频，而热探测器型成像系统无法改变其帧频。

对于热探测器型热像仪，人们可以估计信号随时间常数 τ 的指数变化（$\tau = 10\text{ms}$），从而确定热像仪受限于时间常数 τ 的时间分辨率。对于光子探测器型热像仪而言。探测器时间常数非常小（纳秒到毫秒级），响应非常快，而且光子探测器型热像仪的积分时间可变，从 9μs 到整帧时间是可能的。

6.9.2 响应参数

响应参数描述了红外成像系统在对目标进行观测时，系统输出信号与目标温度或目标尺寸变化的响应关系。通常情况下，关于红外成像系统的响应参数，常用的有 3 个：响应函数、非周期传递函数（ATF）和狭缝响应函数（SRT）。

1. 响应函数

响应函数是针对尺寸较大的目标，成像系统输出信号（电压、电流或屏幕亮度）与目标温度（绝对或相对）关系的描述函数，可以用两个参数进行表征：信号传递函数（$SiTF$）和动态范围。

（1）系统输出信号与目标温度的关系。

假设有一扩展源黑体（可分辨目标），面积为 A_s，温度为 T，辐亮度为 $L_{bb}(T)$，防止在距成像系统 R_1 处，如图 6.34 所示，则该目标入射到入瞳面积为 A_o 的光学系统处的辐射通量为

$$\Phi_{\text{len}} = L_{bb}(T) A_s \frac{A_o}{R_1^2} \tau_{\text{atm}} \tag{6-51}$$

式中：τ_{atm} 为大气的透过率。

到达像平面轴上的辐射通量 Φ_{image} 为

$$\Phi_{\text{len}} = L_{bb}(T) A_s \frac{A_o}{R_1^2} \tau_{\text{atm}} \tag{6-52}$$

式中：τ_0 为光学系统的透过率。

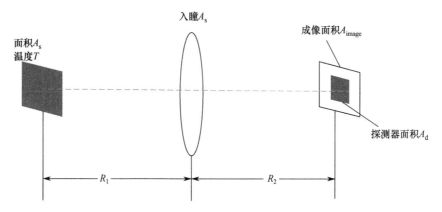

图 6.34 红外成像系统直接观察扩展源目标示意图

如果目标 A_s 的像大小为 A_{image}，且大于探测器单元的面积 A_d，即 $A_{image} > A_d$，则入射到探测器单元上的辐射通量 $\Phi_{drtector}$ 就可简化为两者的面积之比，即

$$\Phi_{detector} = \Phi_{image} \frac{A_d}{A_{image}} \tag{6-53}$$

假设探测器位于光学系统的像空间距主点 R_2 处，则由物像关系可知

$$\frac{A_s}{R_1^2} = \frac{A_{image}}{R_2^2} \tag{6-54}$$

若光学系统的焦距为 f_o，成像方程可知

$$\frac{1}{R_1} + \frac{1}{R_2} = \frac{1}{f_o} \tag{6-55}$$

利用式（6-54）和式（6-55），并假设光学系统的轴向放大率为 M_{optics}（即 $M_{optics} = R_2/R_1$），光学系统为圆形孔径（$A_o = \pi D_o^2/4$），则有

$$\Phi = \frac{\pi}{4} \frac{D_o^2 L_{bb}(T) A_d \tau_o \tau_{atm}}{f_o^2 (1+M_{optics})^2} = \frac{\pi}{4} \frac{L_{bb}(T) A_d \tau_o \tau_{atm}}{F_\#^2 (1+M_{optics})^2} \tag{6-56}$$

式中：$F_\# = f_o/D_o$ 为光学的 $F/$ 数。

假设探测器单元的电压响应度为 R_u，则探测器单元所输出的信号电压为

$$U_{ds} = R_u \Phi_{detector} \tag{6-57}$$

考虑到上述变量与波长 λ 的关系，并假设系统的增益为 G，则成像系统所输出的信号电压为

$$U_{sys} = G \int_{\lambda_1}^{\lambda_2} \frac{\pi}{4} \frac{R_u(\lambda) L_{bb}(T,\lambda) A_d \tau_o(\lambda) \tau_{atm}(\lambda)}{F_\#^2 (1+M_{optics})^2} d\lambda \tag{6-58}$$

式中：$\lambda_1 \sim \lambda_2$ 为系统光谱响应的带宽。

在红外成像系统测量时，人们关心的是目标与相邻背景辐射所产生的信号差，即

$$\Delta U_{sys} = G \int_{\lambda_1}^{\lambda_2} \frac{\pi}{4} \frac{R_u(\lambda) \Delta L_{bb}(T,\lambda) A_d \tau_o(\lambda) \tau_{atm}(\lambda)}{F_\#^2 (1+M_{optics})^2} d\lambda \tag{6-59}$$

式中：$\Delta L_{bb}(T,\lambda) = L_{bbT}(T,\lambda) - L_{bbB}(T_B,\lambda)$ 为目标辐亮度 $L_{bbT}(T,\lambda)$ 与背景辐亮度 $L_{bbB}(T_B,\lambda)$ 之差，其中，T_B 为背景温度。

当用一个焦距为 f_c 的准直仪观察面源目标时，如图 6.35 所示，入射到像平面上的辐射通

量为

$$\Phi_{\text{image}} = L_{\text{bb}}(T) A_s \frac{A_o}{f_c^2} \tau_o \tau_{\text{atm}} \tag{6-60}$$

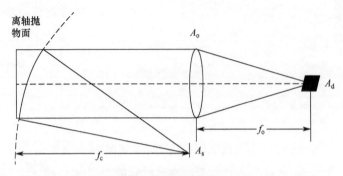

图 6.35 带有准直仪的红外成像系统观察扩展源目标示意图

当利用准直仪观察面目标时，系统聚焦在无穷远处，则有

$$\frac{A_S}{f_c^2} = \frac{A_{\text{image}}}{f_o^2} \tag{6-61}$$

如果仍采用圆形入瞳，则探测器上的辐射通量为

$$\Phi_{\text{detector}} = \frac{\pi}{4} \frac{L_{\text{bb}}(T) A_d \tau_o \tau_{\text{atm}}}{F_\#^2} \tag{6-62}$$

同样，由目标和其相邻背景所产生的信号差为

$$\Delta U_{\text{sys}} = G \int_{\lambda_1}^{\lambda_2} \frac{\pi}{4} \frac{R_u(\lambda) \Delta L_{\text{bb}}(T,\lambda) A_d \tau_o(\lambda) \tau_{\text{atm}}(\lambda)}{F_\#^2} d\lambda \tag{6-63}$$

考察式（6-59）可知，由于红外成像系统的物距 R_1 远大于像距 R_2，则 $M_{\text{optics}} = R_2/R_1 \to 0$，此时式（6-59）与式（6-63）完全一致。利用辐出度 $M_{\text{bb}}(T,\lambda)$ 之间的关系 $M_{\text{bb}}(T,\lambda) = \pi L_{\text{bb}}(T,\lambda)$，有 $\Delta M_{\text{bb}}(T,\lambda) = M_{\text{bb}T}(T,\lambda) - M_{\text{bb}B}(T_B,\lambda)$，则式（6-63）可以写成

$$\Delta U_{\text{sys}} = G \int_{\lambda_1}^{\lambda_2} \frac{\pi}{4} \frac{R_u(\lambda) \Delta M_{\text{bb}}(T,\lambda) A_d \tau_o(\lambda) \tau_{\text{atm}}(\lambda)}{F_\#^2} d\lambda \tag{6-64}$$

由式（6-64）可知，对于可分辨的扩展源目标，到达探测器的总辐射通量仅受探测器张角 DAS（即瞬时视场张角 A_d/f_o^2）的限制，成像系统所输出的信号与辐射源面积无关。另外，系统输出信号 ΔU_{sys} 与入射目标辐射 $\Delta L_{\text{bb}}(T,\lambda)$ 成比例关系，如果将 ΔU_{sys} 表示成 ΔT 的函数，则该函数即是系统响应函数，典型的系统响应函数曲线呈 "S" 型。

（2）信号传递函数（SiTF）。

在响应函数曲线中，其中线性部分的斜率就是信号传递函数（SiTF），即

$$\Delta U_{\text{sys}} = SiTF \Delta T \tag{6-65}$$

式中：ΔT 为目标温度 T 与背景温度 T_B 之差，即 $\Delta T = T - T_B$。

由式（6-64）可知，如果将目标与背景辐出度之差 $\Delta M_{\text{bb}}(T,\lambda)$ 写成

$$\Delta M_{\text{bb}}(T,\lambda) = M_{\text{bb}T}(T,\lambda) - M_{\text{bb}B}(T_B,\lambda) = \left[\frac{\partial M_{\text{bb}T}(T,\lambda)}{\partial T}\right]_{T=T_B} \Delta T \tag{6-66}$$

式中：$\partial M_{\text{bb}T}(T,\lambda)/\partial T$ 为普朗克公式的热偏导，则可定义信号传递函数

$$SiTF = \frac{\Delta U_{sys}}{\Delta T} = G \int_{\lambda_1}^{\lambda_2} \frac{\pi}{4} \frac{R_u(\lambda) A_d \tau_o(\lambda) \tau_{atm}(\lambda)}{F_\#^2} \left[\frac{\partial M_{bbT}(T,\lambda)}{\partial T} \right]_{T=T_B} d\lambda \qquad (6\text{-}67)$$

根据定义可知，信号传递函数 SiTF 可理解为对扩展源目标进行观测时，系统对目标温度变化线性灵敏度的一种度量。但要注意的是，由于信号传递函数会随着系统增益的变化而变化，因此，它本身并不适用比较不同的成像系统。

（3）动态范围。

动态范围是一个非常常见的概念，表示一系列值中最大值与最小值的比率。而在红外成像领域内，这一系列值指的是目标辐射亮度值。红外成像系统的整个工作过程中包括几种动态范围的概念：器件动态范围、输出动态范围和系统动态范围，必须对这几个相近的动态范围概念进行区分。

从红外辐射接收的角度出发，单个焦平面探测器的器件动态范围（Dynamic Range，DR）可以使用对数函数定为

$$DR = 20\lg\left(\frac{L_{\max}}{L_{\min}}\right) \qquad (6\text{-}68)$$

也可以使用比例函数定义为

$$DR = \frac{L_{\max}}{L_{\min}} \qquad (6\text{-}69)$$

式中　$L_{\max}$ 和 $L_{\min}$ 为可以被焦平面探测器线性检测到的目标辐射亮度的最大值和最小值。

对于某个具体的平面探测器而言，其个体的器件动态范围在硬件制造完成之后就已经确定了。它也可以用相应的电信号来描述，即当处于饱和曝光量时，焦平面探测器达到最大的饱和容量，即无论再怎样增加曝光也无法接收更多的电子，此时感光单元处于全电荷容量饱和状态。而最小曝光量也等于噪声曝光量，它相当于在无目标入射时焦平面探测器仅仅有本身暗电流时的曝光量。此时，感光单元通过的电流为暗电流。所以，焦平面探测器的器件动态范围可以有如下定义。

$$DR_{\text{device}} = \frac{I_s}{I_d} \qquad (6\text{-}70)$$

式中　I_s——焦平面探测器的饱和电流；

　　　I_d——暗电流。

另一种在成像过程中出现的动态范围概念称为输出动态范围。红外成像系统的输出图像是以数字的形式表示的，信息的存储最终也是以数字的方式来进行。所以该系统中必定有一个模拟/数字转换器（A/D ConveRTer），而 A/D 转换器的一个重要指标就是 A/D 的位数。将红外成像系统的输出动态范围定义为其 A/D 转换器的最大数值范围之比，即

$$DR_{\text{out}} = \frac{N_{\max}}{N_{\min}} \qquad (6\text{-}71)$$

式中　$N_{\max}$——A/D 转换器的最大位数；

　　　$N_{\min}$——A/D 转换器的最大位数。

对本章而言，讨论的重点则是第 3 种动态范围概念，即红外成像系统的系统动态范围。系统动态范围指的是整个成像系统经过各种光电方法处理之后，其最大可探测辐射亮度 $L_{\max}$ 与最小可探测辐射亮度 $L_{\min}$ 之比，即

$$DR_{out} = \frac{L_{max}}{L_{min}} \tag{6-72}$$

这个系统动态范围在形式上的定义与焦平面器件动态范围是一致的，只是其中使用到的辐射亮度极值的取值范围扩大到整个系统整合后的辐射亮度范围。也就是说，系统动态范围是指在焦平面传感器固有曝光范围不变的前提下，通过改变成像系统的各种参数，可以正确曝光的最大的辐射亮度与最小辐射亮度的范围。

2. 非周期传递函数（ATF）

以上所讨论的响应数描述了系统在观测尺寸较大且为常数的目标时，输出信号与目标温度变化的关系。下面所要讨论的非周期传递函数（ATF）则提供了有关系统对小目标探测能力的信息，它定义为系统对可变尺寸矩形（或圆形）目标的归一化响应。

红外成像系统可以探测角尺寸小于其瞬时视场（IFOV）的目标，但当目标很小，且由于衍射或像差原因造成很明显的弥散斑时，成像系统对这类目标的分辨就会有问题，且探测输出信号与弥散风斑的大小有一定的关系，这种关系可以利用非周期传递函数对理想情况下的系统输出信号进行修正。

（1）系统输出信号与目标尺寸的关系。

当目标面积趋近于零或者目标距离系统较远时，扩展源目标逐渐成为理想的点源。从几何光学的角度来看，点源目标像的尺寸也将趋近于零，然而，由于衍射和像差的原因目标像的最小尺寸将具有一定的限制。不同系统输出的信号 ΔU_{sys} 取决于弥散斑直径与探测器单元尺寸的相对大小。

如果弥散斑直径比探测器尺寸小得多，则入射到探测器上的辐射通量 $\Phi_{detector}$ 等于像平面轴上的辐射通量 Φ_{image}，即

$$\Phi_{detector} = \Phi_{image} \tag{6-73}$$

假如在准直仪焦点处放置一个理想的点源，则探测器上的辐射通量为

$$\Phi_{detector} = \frac{L_{bb}(T,\lambda) A_s A_o \tau_o \tau_{atm}}{f_c^2} \tag{6-74}$$

然而，由于背景辐射的原因，探测器所接收到的不仅是点源目标的辐射通量，在探测器张角 DAS（即瞬时视场 IFOV 张角）所覆盖的范围内，周围背景所发出的辐射通量也会到达探测器。如图 6.36 所示，A_{DAS} 就表示一个 DAS 在物空间的投影区域。由图 6.36 可得到某一探测器所接收到的辐射通量为

$$\Phi_{detector} = \frac{A_s A_o \tau_o \tau_{atm}}{f_c^2}[L_{bbT}(T,\lambda)A_s + L_{bbB}(T_B,\lambda)(A_{DAS} - A_s)] \tag{6-75}$$

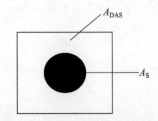

图 6.36 对应一个 DAS 投影区内的小目标（探测器接收目标与背景的辐射）

该探测器与其相邻探测器所接收的辐射通量差为

$$\Delta \Phi_{\text{detector}} = \frac{A_s A_o \tau_o \tau_{\text{atm}}}{f_c^2} \{[L_{\varpi bT}(T,\lambda) A_s + L_{bbB}(T_B \lambda)(A_{\text{DAS}} - A_s)] - L_{bbB}(T_B, \lambda) A_{\text{DAS}}\} \quad (6\text{-}76)$$

利用式（6-76）可得成像系统所输出的信号电压差为

$$\Delta U_{\text{sys}} = G \int_{\lambda_1}^{\lambda_2} \frac{\pi}{4} \frac{R_u(\lambda) \Delta L_{bb}(T,\lambda) A_s A_o \tau_o(\lambda) \tau_{\text{atm}}(\lambda)}{f_c^2} d\lambda \quad (6\text{-}77)$$

根据对称性原理，有

$$\frac{A_{\text{DAS}}}{f_c^2} = \frac{A_d}{f_o^2} \quad (6\text{-}78)$$

对于圆形入瞳，有

$$\Delta U_{\text{sys}} = G \int_{\lambda_1}^{\lambda_2} \frac{\pi}{4} \frac{R_u(\lambda) \Delta L_{bb}(T,\lambda) A_d \tau_o(\lambda) \tau_{\text{atm}}(\lambda)}{F_\#^2} \frac{A_s}{A_{\text{DAS}}} d\lambda \quad (6\text{-}79)$$

（2）非周期传递函数。

由前面的分析及式（6-79）可知，对于点源目标，由于到探测器的总辐射通量与目标面积 A_s 以及探测器单元张角 DAS 在物空间的投影面积 A_{DAS} 有关，因此成像系统输出信号 ΔU_{sys} 与 A_s/A_{DAS} 成正比。根据理想几何光学原理，目标在像面上的大小（即成像面积）A_{image} 与目标大小 A_s 成正比关系，其比例常数即如图 6.37 所示的直线斜率 A_d/A_{DAS}。由图 6.37 可以看出如果目标面积 A_s 等于探测器单元张角 DAS 在物空间的投影面积 A_{DAS}，则目标像的大小 A_{image} 就等于探测器单元的大小 A_d，即目标像刚好覆盖一个探测器单元时，点源目标就成为面源目标。

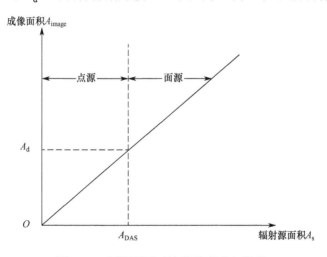

图 6.37 成像面积与目标面积的几何关系

因此，对于理想成像系统，即

$$\Delta U_{\text{ideal,sys}} = \begin{cases} \Delta U_{\max} \dfrac{A_s}{A_{\text{DAS}}} & (A_s < A_{\text{DAS}}) \\ \Delta U_{\max} & (A_s \gg A_{\text{DAS}}) \end{cases} \quad (6\text{-}80)$$

式中

$$\Delta U_{\max} = G \int_{\lambda_1}^{\lambda_2} \frac{\pi}{4} \frac{R_u(\lambda) \Delta L_{bb}(T,\lambda) A_d \tau_o(\lambda) \tau_{\text{atm}}(\lambda)}{F_\#^2} d\lambda \quad (6\text{-}81)$$

即 $U_{\max}$ 为成像系统观测面源目标时所输出的信号。

然而在实际情况中，应充分考虑点扩散效应和采样效应。这样，当目标从点源过渡到扩展源时，成像系统输出信号将有比较复杂的形式，即

$$\Delta U_{sys} = \Delta U_{max} ATF \tag{6-82}$$

式中：ATF 称为非周期传递函数。

由式（6-82）可以看出，非周期传递函数 ATF 可定义为成像系统输出信号 ΔU_{sys} 被最大输出信号 U_{max} 归一化，即

$$ATF = \frac{\Delta U_{sys}}{\Delta U_{max}} \tag{6-83}$$

很明显，对于理想的成像情况，其非周期传递函数 ATF_{ideal} 为

$$ATF_{ideal} = \begin{cases} \dfrac{A_s}{A_{DAS}} & (A_s < A_{DAS}) \\ 1 & (A_s > A_{DAS}) \end{cases} \tag{6-84}$$

非周期传递函数 ATF 主要针对具有明显弥散斑时，定量描述目标从点源到扩展源过渡过程中，成像系统输出信号的变化形式。分析表明，衍射和像差越严重，弥散斑越明显，ATF 值越小。由于 ATF 是基于像元测量的，只要目标能被成像系统分辨，ATF 就与目标尺寸无关，所以当目标尺寸 A_s 较大时，ATF 趋近于 1。从概念上讲，在亚像元尺度上，尽管目标不能在显示屏上被显示，但非周期传递函数可精细地描述成像系统输出信号的变化趋势。从另一个角度来说，ATF 与高于系统空间截止频率有关，而在该空间频率范围内，目标是无法显示的。这就是该函数被称为"非周期"的原因。

在实际应用中，将面临利用成像系统探测点源目标的极限情况。在这种情况下，弥散斑将决定点目标图像的大小以及辐射通量的分布，而与目标大小无关。在这种极限情况下，由于 ATF 趋于零，因此无法用于计算系统的输出信号。对于这种极限情况，可利用目标传递函数（TTF）进行定量描述。

（3）目标传递函数。

目标传递函数（TTF）也称目标尺度函数，定义为实际和理想情况下的非周期传递函数之比，即

$$TTF = \frac{ATF}{ATF_{ideal}} \tag{6-85}$$

由定义式（6-85）可以看出，TTF 可用于描述实际情况和理想情况的差别，并用于估算弥散斑对系统输出信号的影响。TTF 值越大，实际情况和理想情况的差别越小，弥散斑对系统输出信号的影响越弱。

利用 TTF 的定义，可得

$$TTF = \begin{cases} ATF \dfrac{A_{DAS}}{A_s} & (A_s < A_{DAS}) \\ ATF & (A_s \gg A_{DAS}) \end{cases} \tag{6-86}$$

因此，有

$$U_{sys} = \left[G \int_{\lambda_1}^{\lambda_2} \frac{\pi}{4} \frac{R_u(\lambda) \Delta L_{bb}(\lambda) A_s A_o \tau_o(\lambda) \tau_{atm}(\lambda)}{f_\#^2} d\lambda \right] TTF(A_s \gg A_{DAS}) \tag{6-87}$$

$$U_{\text{sys}} = \left[G \int_{\lambda_1}^{\lambda_2} \frac{\pi}{4} \frac{R_u(\lambda) \Delta L_{bb}(\lambda) A_s A_o \tau_o(\lambda) \tau_{\text{atm}}(\lambda)}{f_\#^2} \mathrm{d}\lambda \right] TTF \quad (A_s \gg A_{\text{DAS}}) \tag{6-88}$$

式中：$A_{\text{DAS}} = A_d (f_c/f_o)^2$。

当 A_s 趋近于零时，可以用辐射强度 $\Delta I_{bb}(\lambda)$ 代替 $\Delta L_{bb}(\lambda)$，于是有

$$\Delta U_{\text{sys}} = \left[G \int_{\lambda_1}^{\lambda_2} \frac{\pi}{4} \frac{R_u(\lambda) \Delta I_{bb}(\lambda) A_s A_o \tau_o(\lambda) \tau_{\text{atm}}(\lambda)}{f_c^2} \mathrm{d}\lambda \right] PVF \tag{6-89}$$

该式就是成像系统点源探测方程，其中，f_c 可以看作是点源目标到红外成像系统的距离。

3. 狭缝响应函数（SRF）

当目标为狭长形状，且其宽度角尺寸 θ（水平方向）小于像元瞬时视场（IFOV），长度角尺寸（垂直方向）远大于像元瞬时视场时，借助同样的描述方法，可获得系统输出信号随目标宽度的变化关系，从而得到一维狭缝响应函数。因此，狭缝响应函数被定义为系统对可变尺寸狭缝目标的归一化响应，它提供了有关系统对狭长目标探测能力的信息。

用 SRF 代替 ATF，有

$$\Delta U_{\text{sys}} = \left[G \int_{\lambda_1}^{\lambda_2} \frac{\pi}{4} \frac{R_u(\lambda) \Delta I_{bb}(\lambda) A_s A_o \tau_o(\lambda) \tau_{\text{atm}}(\lambda)}{f_c^2} \mathrm{d}\lambda \right] SRF \tag{6-90}$$

对于 SRF，目标张角应在 0.1 个瞬时视场与 5 个瞬时视场之间变化。对于 ATF，目标面积应在像元投影面积的 0.1～5 倍之间变化。小目标制作很困难的，可能会影响到测试结果。对于 SRF，狭缝长度不是非常重要的，但必须足够大，从而避免垂直刀口的影响。狭缝长度必须盖足够多的探测器像元，至少要比使用任何行间插值方法所用到的行数多。狭缝必须准确地和探测器阵列轴平行。

因为测试与目标尺寸有关，所以辐射源强度不是重要的，但辐射源强度也要足够高，这样，在没有进入非线性区的情况下，可以提供一个较高的信噪比。然而，随着目标尺寸的减小，来自黑体的辐射通量也会减小。当辐射通量降低到系统可探测极限以下时，得到的就是一个点。这样，就给出了一个在给定目标辐射度条件下可用目标尺寸的下限。对于任何比该下限尺寸要小的目标，都无法进行 ATF 和 SRF 测量。

在测试 ATF 之前，最后先测量响应函数，以确定未进入非线性区域前或未达到饱和时最大可允许的电平。为了提高信噪比，可通过减小系统增益和增大辐射源强度来降低系统噪声。为避免大气干扰影响，通常把测试系统放在密封室内来减小湍流的影响。同样，把测试系统放在隔震光学平台上，可减小震动的影响。系统 ATF 和理想 ATF 的接近程度与弥散斑直径和像元尺寸有关。

6.9.3 噪声参数

从系统输出的红外图像上讲，噪声一般可以分为两类：时间噪声和空间噪声。时间噪声是指在观察均匀目标时，像元输出信号的时间变化。对于扫描型成像系统，这种信号变化是针对扫描线信号而言的；对于凝视型成像系统，这种信号变化指的是帧间信号。空间噪声是指在观察均匀目标时，不同像元信号之间的差异，而不是帧间的变化。这两种类型的噪声都有自己的噪声功率谱密度（NPSD）。

噪声可以明显降低图像质量并限制系统检测低对比度目标能力，对红外成像性能度量非常重要。关于噪声的描述，常采用 3 种不同的分析方法：单参数模型、三维噪声模型以及四参数模型。

1. 单参数模型

在参考大多数红外成像系统制造商提供的技术数据时，关于噪声信息的描述，通常会使用"热敏感度""热分辨率""温度分辨率"或"噪声等效温差"等名称。尽管这些参数有不同的名称，但通常都是指噪声等效温差 NETD。必须说明的是，NETD 是在使用扩展辐射源条件下，利用系统信号传递函数（SiTF）测得的信噪比为 1 时，并转换成目标与背景的温差或目标温度的变化量。因此，NETD 可用来表示对扩展源目标进行测量时，系统的最小可测量信号。如果使用的是点源目标，则最小可测量信号一般用噪声等效通量密度（NEFD）或噪声等效辐射强度（NEI）来表征。

（1）噪声等效温差。

根据经典定义，NETD 是指在系统基准化电路输出端产生单位峰值信号—均方根噪声比时，扩展源目标与背景之间的温度差。因此 NETD 也可表征红外成像系统受客观信噪比限制的温度分辨率。根据定义，有

$$NETD = \frac{\Delta T}{\Delta U_{sys}/U_n} = \frac{U_n}{\Delta U_{sys}/\Delta T} = \frac{U_n}{SITF} \tag{6-91}$$

式中 U_n——基准电路输出噪声的均方根值；

ΔU_{sys}——目标与背景之间温差为 ΔT_s 时基准电路输出端的输出信号。

假设系统增益 $G=1$，且不考虑大气影响，即 $\tau_{atm}(\lambda)=1$，则有

$$\Delta U_{sys} = SITF \Delta T = \int_{\lambda_1}^{\lambda_2} \frac{1}{4} \frac{R_u(\lambda) A_d \tau_o(\lambda)}{F_\#^2} \left[\frac{\partial M_{bb}(T,\lambda)}{\partial T}\right]_{T=T_B} d\lambda \Delta T \tag{6-92}$$

探测器响应度 R_u 与比探测率 D^* 之间的关系为

$$R_u(\lambda) = \frac{U_n D^*(\lambda)}{(A_d \Delta f_e)^{1/2}} \tag{6-93}$$

式中：Δf_e 为噪声等效带宽，将式（6-93）代入式（6-92），并根据 $A_o = \pi\left(\frac{D_o}{2}\right)^2$，$\frac{1}{F_\#} = D_o/f_\delta$，$x = \alpha/f_0$ 和 $\beta = \beta/f_0$，在根据 NETD 的定义式可得

$$NETD = \frac{\pi\sqrt{ab\Delta f_e}}{A_o \alpha \beta} \frac{1}{\int_{\lambda_1}^{\lambda_2} D^*(\lambda) \tau_o(\lambda) \left[\frac{\partial M_{bb}(T,\lambda)}{\partial T}\right]_{T=T_B} d\lambda} \tag{6-94}$$

式（6-94）为噪声等效温差的一般表达式，对于特定的红外成像系统，必须声明噪声带宽 Δf_e，才能准确地预测系统的 NETD。

需要注意的是，NETD 可以被视为度量噪声现象的一种有用的参数，但前提是，是否了解噪声是如何测量的；如果没有这方面的知识，NETD 数据可能是非常令人费解的。使用不同计算方法得到的 NETD 数值差异非常明显。

（2）噪声等效通量密度（NEFD）。

对于点源目标，系统最小可测量信号通常用噪声等效通量密度（NEFD）或噪声等效辐照度（NEI）来表征，其定义为在系统基准化电路输出端产生单位峰值信号—均方根噪声比时，点源目标人射的辐射通量密度，或点源目标在光学系统处的辐照度，即

$$R_u(\lambda) = \frac{U_n D^*(\lambda)}{(A_d \Delta f_e)^{1/2}} \tag{6-95}$$

式中　U_n——基准电路输出噪声的均方根值；

　　　ΔU_{sys}——目标与背景之间温差为 ΔE 时基准电路输出端的输出信号。

假设系统增益 $G=1$，且不考虑大气影响，即 $\tau_{atm}(\lambda)=1$，则有

$$\Delta U_{sys}=\left[\int_{\lambda_1}^{\lambda_2}R_u(\lambda)\Delta E_{bb}(\lambda)A_o\tau_o(\lambda)\mathrm{d}\lambda\right]PVF \tag{6-96}$$

光谱范围 $\lambda_1 \sim \lambda_2$ 内的波段辐照度 ΔE_{bb} 为

$$\Delta E_{bb}=\int_{\lambda_1}^{\lambda_2}\Delta E_{bb}(\lambda)\mathrm{d}\lambda \tag{6-97}$$

将式（6-96）和式（6-97）代入式（6-95）可得

$$NETD=\frac{u_n\int_{\lambda_1}^{\lambda_2}\Delta E_{bb}(\lambda)\mathrm{d}\lambda}{PVF\int_{\lambda_1}^{\lambda_2}R_u(\lambda)\Delta E_{bb}(\lambda)A_o\tau_o(\lambda)\mathrm{d}\lambda} \tag{6-98}$$

如果光谱带宽 $\Delta\lambda=\lambda_2-\lambda_1$ 很小，可以用带宽中心 $\Delta\lambda=\lambda_2+\lambda_1$ 的值估算积分，并将式（6-98）代入，则有

$$NETD=\frac{(A_d\Delta f)^{1/2}}{PVFD^*(\lambda_c)A_o\tau_o(\lambda_c)} \tag{6-99}$$

对于线性系统，ΔU_{sys} 和 ΔE 成正比，所以 $\Delta U_{sys}/\Delta E$ 与背景强度无关。对于背景限系统，U_n 将随背景温度的增加而增大。因此，随着背景温度的增加，$NEFD$ 也会增大。

（3）$NETD$ 的局限性。

① $NETD$ 的测量点是在基准化电路的输出端。由于从电路输出端到终端图像之间还有其他子系统（如显示器），因而 $NETD$ 并不能表征整个系统的性能。

② $NETI$ 反映的是客观信噪比限制的温度分辨率，但人眼对图像的分辨效果与视在信噪比有关。$NETD$ 并没有考虑视觉特性的影响。

③ 单纯追求低的 $NETD$ 值并不意味着一定有好的系统性能。例如，增大工作波段的宽度，显然会使 $NETD$ 减小。但在实际应用场合，可能会由于所接收的日光反射成分的增加，使系统测出的温度与真实温度的差异增大。

④ $NETD$ 反映的是均匀背景下，系统对低频景物（均匀扩展源目标）的温度分辨率，不能表征系统用于观测较高空间频率景物时的温度分辨性能。尽管 $NEFD$ 考虑了点源目标，可用来分析系统最小的可测量信号，但针对的仍是均匀背景情况。

因此，$NETD$ 作为系统性能的综合量度是有局限性的。但是 $NETD$ 定义简单，测量容易，目前仍在广泛采用。尤其在系统设计阶段，采用 $NETD$ 作为对系统诸参数进行选择的权衡标准是有用的。

2. 三维噪声模型

为了描述凝视型成像系统的噪声，人们提出了三维噪声模型，即将噪声置于一个三维坐标系中（时间 T_s、水平方向 V_s、垂直方向 H_s）来考察噪声的大小。

三维噪声模型的核心是把原始图像数组以一个全程常数 S 和 7 种可能噪声的综合组成代替，即

$$U(T,V,H)=S+N_T+N_V+N_H+N_{TV}+N_{TH}+N_{VH}+N_{TVH} \tag{6-100}$$

式中：S 是三维数据库中所有数据值的平均，对应信号的输入响应，跟随 S 的 7 种噪声应具有

零平均,因此对总平均不做贡献。

3. 四参数模型

两个成像系统可以具有相同的 NETD,但人们可观察到由这些系统所拍摄图像间的较大差异。另外,3D 噪声模型使用了 8 个分量来表征噪声现象,这太过复杂以至于不能普遍接受和使用。因此,在这种情况下,采用折中的方式或许是一种不错的选择,即将噪声用四参数模型进行表征。

四参数模型的基础是,假设存在红外成像系统输出图像中的噪声可分为时间噪声和空间噪声两类,而每一类噪声又进一步划分为低噪声和高频噪声,如图 6.38 所示。

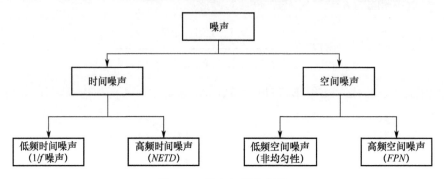

图 6.38 噪声分类示意图

时间噪声会在目标辐射强度不随时间变化的情况下,使成像系统像元的亮度随时间发生变化;而空间噪声会在均匀目标辐照的情况下,使成像系统像元的亮度在空间上发生变化。

低频时间噪声会引起系统像元亮度随时间缓慢地变化,该噪声分量一般是由 $1/f$ 噪声产生的。如果我们捕捉和比较系统在相隔较长一段时间(比如至少十几分钟以上)内生成的图像,会明显地看到这种现象。

高频时间噪声会引起系统像元亮度随时间快速地变化;参照扫描型成像系统的原始 NETD 定义可知, NETD 可被视为总噪声高频噪声分量的度量。

低频空间噪声会引起系统像元亮度在空间上缓慢地变化,该噪声通常称为非均匀性噪声。如果低频空间噪声分量很强,在所捕获的几个紧邻帧间图像中,该现象是非常明显的。

高频空间噪声会引起系统像元亮度在空间上快速地变化,该噪声通常称为固定图案噪声。如果高频空间噪声分量很强,在所捕获的几个紧邻帧间图像中,该现象是非常明显的。

根据系统主要噪声是遍历性噪声或非遍历性噪声,从而确定从 3D 空间—时间矩阵中分离 4 种噪声分量的方法。如果成像系统的噪声是遍历性的,那么从统计上讲,噪声与探测器像元有关,则可根据 n 个不同探测器像元进行平均计算,或将同一探测器像元进行 n 次计算。因此,均方根噪声的计算公式为

$$\sigma = \sqrt{\sigma_{\text{ave}}^2} = \sqrt{\frac{s_1^2 + s_2^2 + \cdots + s_n^2}{n}} \tag{6-101}$$

式中 S_n——来自第 n 个探测器像元的噪声方差,或来自同一探测器像元但被测量 n 次的噪声方差;

n——探测器像元的数量或来自同一探测器像元的数据记录次数。

如果成像系统噪声是非遍历性的,那么噪声可认为与探测器像元无关。从统计上来讲,每个探测器像元都是不同的噪声源。因此,均方根噪声的计算公式为

$$\sigma = \sigma_{\text{ave}}^2 = \frac{s_1^2 + s_2^2 + \cdots + s_n^2}{n} \tag{6-102}$$

6.9.4 主要图像质量参数

最小可分辨温差（MRTD）以及最小可探测温差（MDTD）将图像分辨率和温度分辨率进行了巧妙的融合，且引入了人眼视觉的主观因素，是综合描述红外成像系统温度分辨能力和空间分辨能力的重要参数，对于评价红外成像系统全链路性能十分必要。

1. 最小可分辨温差（MRTD）

MRTD 的定义为：对于处于均匀黑体背景中，具有某一空间频率高宽比为7:1的4个条带黑体目标的标准条带图案，由观察者在显示屏上作无限长时间的观察，直到目标与背景之间的温差从零逐渐增大到观察者确认能分辨（50%的概率）出4个条带的目标图案为止，此时目标与背景之间的温差称为该空间频率下的最小可分辨温差。当目标图案的空间频率变化时，相应的可分辨温差将是不同的，也就是说 MRTD 是空间频率的函数。

MRTD 的数学推导法是根据图案特点及人眼视觉特性，将客观信噪比修正成视觉信噪比，从而得到与图案测试频率有关的在极限视觉信噪比下的温差值。

由 NETD 的定义可知，对均匀扩展源目标图案，有

$$NETD = \frac{\Delta T}{(\Delta U_{\text{sys}}/U_{\text{n}})_{\text{ob}}} \tag{6-103}$$

式中：$(\Delta U_{\text{sys}}/U_{\text{n}})_{\text{ob}}$ 为客观信噪比，由式（6-103）可知

$$(\Delta U_{\text{sys}}/U_{\text{n}})_{\text{ob}} \left(\frac{\Delta U_{\text{sys}}}{U_{\text{n}}}\right)_{\text{ob}} = \frac{\Delta T}{NETD} \tag{6-104}$$

该信噪比是由温差 ΔT 产生的，在基准化电路输出端测得的客观信噪比。以下是在 MRTD 的观测条件下，对 $(\Delta U_{\text{sys}}/U_{\text{n}})_{\text{ob}}$ 进行修正的修正因子。

（1）条带图案相当于放波函数。

采用基频为 f_{spT}^{ℓ} 的条带（方波）图案时，对信号的修正因子应为

$$h_1 = \frac{4}{\pi} MTF_{\text{sys}}(f_{spT}^{\ell}) \tag{6-105}$$

（2）眼睛感受到的目标亮度是平均值。

因正弦信号半周内的平均值是幅值的 $2/\pi$，则对信噪比应有修正因子：

$$h_2 = \frac{2}{\pi} \tag{6-106}$$

（3）眼睛的时间积分效应。

眼睛时间积分效应使信噪比改善的修正因子为

$$h_3 = \sqrt{T_{\text{e}} f_p} \tag{6-107}$$

式中：T_{e} 为眼睛积分时间。

（4）眼睛在俯仰方向的空间积分效应。

视觉信噪比的改善修正因子为

$$h_4 = \sqrt{\frac{L'}{\beta}} = \sqrt{\frac{7W'}{\beta}} = \sqrt{\frac{7}{2f_{spT}'\beta}} \tag{6-108}$$

式中　　L'——条带角长度；
　　　　β——垂直瞬时视场。

(5) 眼睛在水平方向的空间积分效应。

$$h_5 = \frac{\Delta f_c}{\Delta f_{sys}} = \frac{1}{\rho} \tag{6-109}$$

式中：$\rho = \Delta f_{sys}/\Delta f_c$ 为噪声等效带宽修正比。

2. 最小可探测温差（MDTD）

最小可探测温差 MDTD 是将 NETD 与 MRTD 的概念在某些方面作了取舍后而得出的。具体地说，MDTD 仍是采用 MRTD 的观测方式，由在显示屏上刚能分辨出目标时所需的目标对背景的温差来定义。但 MDTD 采用的标准图案是位于均匀背景中的单个方形目标，其尺寸 w' 可调变，这是对 NETD 与 MRTD 的标准图案特点的一种综合。

推导 MDTD 的步骤与 MRTD 类似，仍是考虑了目标图案及视觉效应后，从对测量信噪比作修正入手来导出的。其修正因子如下。

(1) 由于系统对目标高频成分的衰减，形均匀目标 $O(x,y)$，经系统后成的像 $I(x,y)$，不再是均匀的，且因人眼感受的是像的均值 $\overline{I(x,y)}$，回，则对 $(\Delta U_{sys}/U_n)_{ob}$ 应乘以修正因子

$$h_1 = I = \frac{I_M(x,y)}{O(x,y)} \cdot \frac{\overline{I(x,y)}}{I_M(x,y)} = \frac{I(x,y)}{O(x,y)} \tag{6-110}$$

(2) 眼睛的时间积分效应对信噪比的修正因子仍为

$$h_2 = \sqrt{T_e f_p} \tag{6-111}$$

(3) 在俯仰方向上，眼睛的空积分作用对信噪比的修正因子为

$$h_3 = \sqrt{\frac{W'}{\beta}} \tag{6-112}$$

(4) 在水平方向上，眼睛的空间积分效应仍用眼睛的匹配滤波器来等效，即

$$h_4 = \frac{1}{\rho} \tag{6-113}$$

3. 三角方向辨别阈值（TOD）

针对基于周期矩形样条的性能评价本身的固有缺陷，人们提出了一种能充分表征红外成像系统性能且易使用的新方法：三角方向鉴别阈值法（Triangle Orientation Discrimination Threshold，TOD）。此方法是利用不同尺寸、不同对比度的等边三角形作为测试样条，通过红外成像系统，由观察者多次判断过角形方位，得到 75%正确判断概率对应的阈值对比度与三角形尺寸之间的关系曲线。TOD 性能表征方法是以等边三角形测试样条、更好地定义观察者任务和一种纯粹的心理测量程序为基础，具有较强的理论基础和实验应用的优点，适合于扫描型、凝视型红外成像系统，且能够很好地用于真实目标的获取性能预测。

TOD 的三角形测试图样可描述目标的特征细节，细节之间的关系通过三角形角的相对位置来描述。对于真实的目标，由采样、模糊或其他图像降质引起的扭曲或偏移导致待测目标与其他目标混淆在一起；同样，三角形的扭曲或角的相对偏移也导致其与其他三角形方向相混淆，从而确保 TOD 与真实目标获取之间保持密切的联系。

由于三角形样条不具周期性，因而 TOD 法受奈奎斯特（Nyquist）频率的影响比较小，也就从根本上解决了 MRTD 中由于 4 条带图案的周期性引起的频混淆问题。同时，通过平均三

角形许多随机位置，消除了采样阵列上测试图样的实际位置对整个系统识别性能测量的影响。除此之外，与周期性 4 条带图案相比，三角形测试样条简单且易生成。

TOD 测量与 MRTD 测量使用的调节校正过程相比，具有以下突出优点。

（1）阈值结果受观察者的主观判定影响很小。

（2）观察者的工作相对来说比较简单。

（3）观察者的响应判定可进行统计检测，即阈值设置可进行客观检测。

总的来说，TOD 的测量过程有效克服了 MRTD 测量中由于观察者主观因素的影响所带来的不同实验室间测量结果不一致、测量精度不高等一系列问题。

4. 最小可感知温度差（MTDP）

MTDP 定义为测试图案放置在最佳相位（最佳探测相位）时，能被观察者分辨出二条、3 条或 4 条带图案的最小温差。MTDP 模型与 MRTD 模型相似，只是调制传递函数（MTF）被一种称为 AMOP 的品质因子所替代。AMOP 品质因子描述了在采样和信号读出（包含人眼 MTF）后对于成像的 MRTD 测试图案在最佳相位的平均调制。AMOP 无明确的解析表达式，对于指定的系统，可通过标准 4 条带测试图案实验测得。

MTDP 的特点如下：

（1）不是 4 条带靶标都要求分辨。

（2）测试图案位置必须选择最优相位。

（3）MTDP 中使用了 AMOP。

（4）系统性能评估不局限在 1/2 采样频率内。

5. 主观图像质量参数测量

红外成像系统性能参数测试平台基本构成如图 6.39 所示。由图 6.39 可知，被测热像仪的光轴与红外平行光管（准直器）重合，旋转轮放置在准直器的焦平面处，一组具有不同图案的标准靶标固定在旋转轮上，靶标与紧靠其后的黑体一起构成可变温差目标生成器。通过调节黑体温度，目标生成器产生具有一定温度差的目标热辐射分布，通过准直器将目标热辐射分布投射到被测热像仪入瞳上，热像仪产生目标图像，目标图像被观测者观察评价，或被图像捕获器捕获并由专业软件进行处理，从而完成热像仪性能测试。下面对主要模块做简要说明。

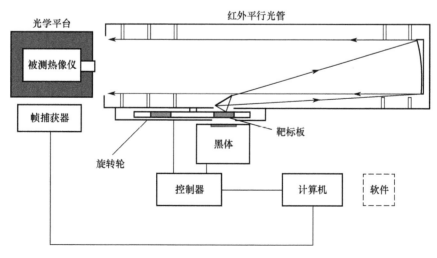

图 6.39　红外成像系统性能参数测量平台的基本构成

（1）目标生成器。

目标生成器山靶标、旋转轮和黑体其同构成。

热像仪测试用的靶标图案是利用精密机械加工技术在金属板上切割成的特定图案。根据不同的测试任务，可采用不同的靶标图案。当靶标放置在黑体前面时，被测热像仪"看到"的是一个处于均匀背景上，由靶标图案决定的不同形状的目标，该目标的表观温度等于黑体温度，背景的表观温度等于金属板温度。

（2）红外平行光管（准直器）。

准直器的作用是模拟无穷远目标。准直器可采用折射系统或反射系统。折射系统易变焦，可改变空间频率，但价格较昂贵；反射系统通常采用离轴抛物面反射镜。被测热像仪要置于准直器像空间辐照度均匀的位置上，使光束射与被测系统到准直物镜的距离无关。准直器参数选择取决于待测热像仪性能，例如分辨率、孔径、光谱范围、热性能得到满足时，才能不失真或低失真地将靶标辐射投射到被测热像仪上。

（3）图像采集/分析。

图像采集/分析模块是由计算机、帧捕获器（视频卡）和测试软件构成的。该模块实现被测热像仪输出信号的捕获、图像分析以及被测热像仪主要特征的半自动确定。

6.9.5 几何参数

系统的几何参数主要包含视场、畸变和扫描线性度。对理想的成像系统而言，显示器上看到的图像可以精确地复现目标的几何特征。自动视觉（机器视觉）系统则依赖于系统的几何传递特性，这是因为系统的输出是山所测得的目标几何特征推导出来的，这些几何特征包括目标的外形、尺寸及运动等。通常情况下，所有与复现目标几何特征有关的输入输出变化关系都称为几何传递数。

光学子系统可能在水平和垂直方向上引起几何失真。光学子系统所引起的几何失真通常称为几何畸变。几何畸变定义为点源成像的实际位置与理想位置之间的极距除以重直视场。典型的畸变包括桶形畸变（矩形向外凸起）、枕形畸变（矩形向内收缩）以及S形畸变（直线扭为"S"形状），如图 6.40 所示。

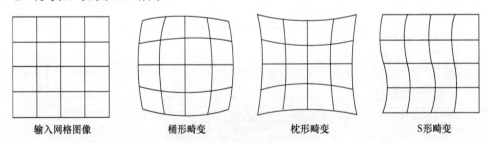

图 6.40　畸变效果示意图

对于扫描型成像系统、几何失真的原因可能是扫描的非线性（扫描方向的失真），也可能是正向和反向扫描区域没有准确地对准（往返扫描失真）。当阵列存在缺陷像元（该像元的响应度与其他像元有较大差别或与其他像元相比噪声较大）时。相邻像元的输出与缺陷像元输出会"捆绑"在一起形成条带。

人们对几何失真的要求会根据感兴趣的区域不同而变化。通常情况下，在视场中心区域，要求有质量好的图像（即几何失真最小），而在视场边缘，可以允许有一定的几何失真。除是非常严重的失真，否则在对实际景物成像时，由于实际物体的轮廓一般都很平滑，失真很难观察到。

6.9.6 准确度参数

早期红外成像系统生产厂家给出的"准确度"指标，一般是指在忽略外部误差源时，测量温度和物体温度真值的接近程度。其典型值为：对扫描型成像系统一般是输出温度的±1%但不小于1℃；对凝视型热像仪，一般是输出温度的±2%但不小于2℃。显然，利用这种"准确度"参数来描述红外成像系统温度测量的优劣，一是不太容易理解，二是不够严谨，因为该"准确度"是温度测量值与真值的接近程度，只表示了一个定性的概念，而不是一个定量的数值。因此，采用"测量不确定度"作为红外成像系统温度测量准确的衡量是比较合适的。测量不确定度表示了与最好值的接近程度，可通过估计测量结果离散度的标准差来衡量。测量不确定度一般用测量过程的数学模型和传递规则来评估。

红外成像系统的测温不确定度可分为两类：内在不确定度和结果不确定度。"内在不确定度"是忽略所有外部误差时的测温不确定度，这个参数可以用来比较不同的红外成像系统；"结果不确定度"是在实际测量条件下，包括内在和外部误差源时的测量结果，这也是评估红外成像系统在实际使用条件下测温准确度的衡量方法。

在具体描述红外成像系统的测温不确定度之前，首先讨论利用红外成像系统进行目标温度测量时，工作条件、操作方式以及系统内部因素对测量结果的影响。

1. 系统定标对测温的影响

当红外成像系统用于目标温度测量时，可以将红外成像系统看作是单波段成像测温仪。单波段是指系统可以工作在中波（如3～5μm）或长波（如8～12μm）红外波段；成像测温仪是指可将被测目标进行成像，并在输出图像中标记出所要测量的区域，依据输出信号数字量化结果，即温度与灰度值之间的定量关系，显示出目标的温度分布。因此，如果将红外成像系统作为测温仪使用，则可以将红外成像系统看作是由$m \times n(m \times n$为输出图像的像素数）个单波段测温仪组成，规格为$m \times n$同步输出，输出速率f_p（f_p不为帧频）的红外测温仪。

（1）定标。

定标的目的是确定热像仪输出与入射辐射量之间的准确定量关系。定标时，通常采用不同温度的黑体，因为它们的辐射量，如光谱辐射亮度$L_{bb}(\lambda, T)$是准确已知的。因此，定标过程在输出信号与黑体温度之间建立了一个确定的关系。热像仪定标后，所有像元都可给出目标的准确温度信息。

在定标过程中，黑体完全充满热像仪孔径；热像仪与黑体之间的距离很小，大气透过率可以假定为1。对于给定的热像仪，在波长(λ_1, λ_2)内，输出信号$S_{out}(T_{bb})$与黑体辐射亮度$L_{bb}(\lambda, T)$之间的关系可以写为

$$S_{out}(T) = C_{con} \int_{\lambda_1}^{\lambda_2} R_{sysi}(\lambda) L_{bb}(\lambda, T) d\lambda \tag{6-114}$$

输出信号$S_{out}(T)$取决于热像仪的光谱响应$R_{sysi}(\lambda)$，而$R_{sysi}(\lambda)$由探测器光谱响应和光学系统光谱透过率决定，特征常数C_{con}，与热像仪光学系统有关。变换镜头可能会改变C_{con}，以及光学系统的光谱透过率，因此，对于每个镜头，都必须进行定标。使用滤光片，热像仪的

光谱响应也将改变，因此带有滤光片的热像仪也必须进行重新定标。

定标曲线可以用指数拟合函数对实测的信号 $S_{\text{out}}(T)$ 进行拟合：

$$S_{\text{out}}(T) = \frac{R}{\text{EXP}\left(\dfrac{B}{T}\right) - F} \tag{6-115}$$

通过调整拟合参数 R（响应因子）、B（广谱因子）、F（形式因子），以达到最佳拟合。

（2）非均匀性校正（NUC）。

在热像仪用于定量温度测量之前，有两个重要的校准步骤须执行。第一个是前面描述的温度定标；第二个是探测器阵列不同单元增益以及信号偏移的校正，即探测器阵列的非均匀性校正。这两个步骤是相互关联的，但原理上是有区别的。

红外焦平面阵列（IRFPA）是一种兼具辐射敏感和信号处理功能的新一代红外探测器，是现代红外成像系统的关键器件。由于受材料和制造工艺等原因限制，各个探测单元的响应率不一致，导致红外焦平面阵列普遍存在非均匀性。

IRFPA 非均匀性产生的原因大致有以下几个。

① 红外探测器单元自身的非均匀性。这类原因与制造探测器的材料质量和工艺过程有直接的关系，如光敏元面积、光谱响应的差异以及偏置电压的不同等。IRFPA 一旦制造完成，这些非均匀性将固定存在，而且很难避免。

② 探测器与读出电路的耦合非均匀性。这类因素主要是由探测器件的电荷转移效率以及探测器自身与 CCD 读出电路的耦合相关的紧密程度的不同造成的。

③ 器件工作状态引入的非线性，如焦平面器件所处的工作温度、入射的目标和背景红外辐射强度的变化范围，红外探测器单元和 CCD 器件的驱动信号等。

④ 红外光学系统的影响，如红外光学系统镜头的加工精度、探测元相对光轴的偏离角度等因素。

IRFPA 非均匀性（增益和偏移发散）会在入射辐射相同的条件下产生探测器输出信号的发散。如果非均匀性较大，成像系统输出的图像就变得无法识别，从而极大地限制了红外成像系统的性能，因此，无论对观察型还是测量型红外成像系统，都必须进行 IRFPA 非均匀性校正。简单的非均匀校正算法有两点校正法和基于场景的非均匀校正法。

（3）盲元补偿。

盲元又称失效元，是指 IRFPA 中的响应过高和过低的探测器单元。由于红外敏感元件、读出电路、半导体特性等各种的原因，红外平面阵列不可避免地存在着盲元。随着焦平面阵列规模的扩大以及像元尺寸的减小，材料和工艺的影响越发显著，盲元出现的概率也大幅提高。在红外成像时不经相应的处理，盲元会使图像出现亮点或暗点，严重影响成像质量。

正如 FPA 非均匀性校正一样，在红外成像系统中剔除盲元是非常关键的步骤。盲元的剔除包括盲元检测和补偿两个方面。

盲元检测是对盲元进行补偿的前提和基础，能否尽可能地不漏检和过检盲元是十分关键的。盲元漏检会影响对亮点、暗点的抑制；盲元过检测会损失真实信息。常用的盲元检测方法分为定标法和基于场景检测法两类。定标法是通过对黑体成像以获取单帧或序列均匀辐射图像，在此基础上根据盲元和正常单元在响应率、偏差系数、噪声统计量等不同特征上的区别来判定盲元。定标法需要较长时间打断系统的正常工作以便采集黑体的均匀辐射，其操作流程比较繁琐，仅适用于检测固定盲元，无法处理实际应用过程中随机出现的新盲元。而基于场景的检测方法则能进一步对成像过程中随机出现的盲元进行检测和补偿,因此受到研究者越来越多的重视。

盲元补偿是采用盲元周围的有效图像信息或前后帧的图像信息对盲元位置的信息进行预测和替代的过程,其方法相对简单和固定,通常有线性插值法、相邻像元替代法、中值滤波法等。

2. 热像仪操作对测温的影响

使用热像仪进行精确的温度测量,需要正确的规范操作。例如,虽然采用了实验室室内测试流程,但如果热像仪还未达到热平衡,将无法很好地完成实地测量。在开始测试前几小时,热像仪应首先开机,以使热像仪处于热平衡状态。为了达到精确的校准,大部分红外热像仪都有内置的温度传感器,实时检测热像仪内部部件的温度。在校准过程中,通常将热像仪放置在一个环境仓内,不同环境温度以及不同黑体温度下所收集的数据,都存储在内部固件中。这些数据被用来校正热像仪的温度输出。同时,在整个校准过程中,这种校正(称为环境漂移修正)也用于校正热像仪类似的热稳态行为。

有以下几种典型的操作行为对测量结果的影响。

(1)开机后,立即测量,这将导致错误的温度读数;

(2)环境温度快速变化过程中测量,这也会导致测量误差;

(3)在特定的测量角度下,可能出现冷反射现象,这也将影响测量结果。

3. 红外成像系统的内在不确定度

描述红外成像系统测温精度的参数有 7 个:最小误差 ME、噪声产生误差 NGE、数字温度分辨率 DTR、温度稳定性 TS、重复能力 RE、测量一致性 MU、测量空间分辨率 MSR。

(1)最小误差 ME。

最小误差定义为测量条件和标定条件完全一致时,输出温度和对象真实温度的偏差。标定条件通常为:被测目标是一个足够大的黑体。被测目标与红外成像系统之间的距离足够小以至于可以忽略大气传输的影响。环境温度为实验室温度(20~30℃),被测目标位于视场中心。温度测量要求在红外成像系统的最小量程内进行,测量结果是多次测量的平均。

(2)噪声产生误差 NGE。

噪声产生误差 NGE 定义为系统噪声引起的输出温度偏差的标准差。NGE 有时间和空间两种测量方法。时间测量方法是测量单一像元随时间变化的标准差;空间测量方法是测量均匀黑体温度下一帧图像的标准差。空间测量方法因为包括了噪声和探测器的非均匀性,所以要大一些,但经过非均匀性校正后,两种测量方法的结果基本一致。

(3)数字温度分辨率 DTR。

数字温度分辨率 DTR 定义为红外成像系统数字通道能够分辨的最小温差。DTR 体现了红外成像系统数字通道的分辨率限度,即在忽略热像仪模拟噪声时所能分辨的最小黑体温差,但当 NGE 存在时 DTR 不易被准确测得,一般采用下式估计:

$$DTR = \frac{\Delta T_{span}}{2^N} \tag{6-116}$$

式中 ΔT_{span}——测量温度范围;

N——红外成像系统 A/D 转换器的位数。

一般被测热像仪的温度范围不超过 200℃,其 A/D 转换器的位数为 12 时,DTR 的估计值小于 0.1℃，可见数字通道分辨率限度带来的影响可以忽略不计，在测量 NGE 时已经包括了它，在测试参数中不必单独考虑。

（4）温度特性 TS。

温度稳定性 TS 定义为在厂商给出的红外成像系统上作环境温度范围内测量结果的偏差。

（5）重复能力 RE。

重复能力 RE 定义为在同一测量条件下测量结果的偏差，该测量必须和 ME 的测量条件完全一致。重复能力体现了红外成像系统的时间稳定性，该参数的测量比较费时，它的影响在 ME、NGE、TS 中已经体现，因此没有必要专门进行测量。

（6）测量一致性 MU。

测量一致性 MU 定义为测量对象位于红外成像系统视场的不同区域时测量结果的偏差。实验表明，这种偏差类似于测量 NGE 的偏差，因此位置误差的影响在红外成像系统中可以忽略不计。

（7）测量空间分辨率 MSR。

测量空间分辨率 MSR 定义为不影响温度测量结果的被测对象的最小角度。MSR 的测量方法是，首先定义一个狭缝温度响应函数 STRF，即狭缝和背景的温差与狭缝角宽度的函数，并将温度对狭缝宽度归一化；然后将 MSR 定义为狭缝温度响应数 STRF 值为 0.99 时的角度狭缝尺寸。狭缝响应函数 SRF 是基于归一化的信号输出，而 STRF 是基于归一化的温度输出，引入 STRF 的原因是不可能测量红外成像系统输出的电信号或亮度信号。通过定义狭缝图像的最大温度和均匀背景的归一化温差，可以测量被测成像系统的 STRF 而且在不考虑阵列探测器的采样效应下，STRF 不依赖于狭缝在水平或垂直方向的位置。

4. 红外成像系统的测量结果不确定度

实际使用中，在采用红外成像系统进行温度测量时，有 4 个方面的测量不确定度来源：由于真实物体的发射率 ε_r 未知而导致的不确定度 u_ε；由于真实背景有效温度 T_{back} 未知而导致的不确定度 u_T；由于真实大气有效透过率 τ_{air} 未知而导致的不确定度 u_τ；成像系统的内在不确定度 u_{in}。红外成像系统输出温度 T_{out} 的综合不确定度由下式决定：

$$u_c(T_{out}) = (u_\varepsilon^2 + u_T^2 + u_\tau^2 + u_{in}^2)^{\frac{1}{2}} = \{[c_\varepsilon u(\varepsilon_r)]^2 + [c_T u(T_b)]^2 + [c_\tau u(\tau_{air})]^2 + u_{in}^2\}^{1/2} \quad (6-117)$$

式中　$u(\varepsilon_r)$——确定真实物体发射率 ε_r 的标准不确定度；

$u(T_b)$——确定有效背景温度 T_b 的标准不确定度；

$u(\tau_{air})$——确定大气有效率 τ_{air} 的标准不确定度；

c_ε、c_T、c_τ——灵敏度系数，计算如下：

$$c_\varepsilon = \frac{\int_0^\infty \frac{r_{sys}(\lambda)}{\lambda^5 \left[\exp\left(\frac{c_2}{\lambda T_{out}}\right) - 1\right]} d\lambda - \int_0^\infty \frac{r_{sys}(\lambda)}{\lambda^5 \left[\exp\left(\frac{c_2}{\lambda T_b}\right) - 1\right]} d\lambda}{\int_0^\infty \frac{\varepsilon_r r_{sys}(\lambda) c_2 \exp\left(\frac{c_2}{\lambda T_{out}}\right)}{\lambda^6 T_{out}^2 \left[\exp\left(\frac{c_2}{\lambda T_{out}}\right) - 1\right]^2} d\lambda} \quad (6-118)$$

$$c_\varepsilon = \frac{\int_0^\infty \dfrac{r_{sys}(\lambda)}{\lambda^5\left[\exp\left(\dfrac{c_2}{\lambda T_{out}}\right)-1\right]}d\lambda - \int_0^\infty \dfrac{r_{sys}(\lambda)}{\lambda^5\left[\exp\left(\dfrac{c_2}{\lambda T_b}\right)-1\right]}d\lambda}{\int_0^\infty \dfrac{\varepsilon_r r_{sys}(\lambda) c_2 \exp\left(\dfrac{c_2}{\lambda T_{out}}\right)}{\lambda^6 T_{out}^2\left[\exp\left(\dfrac{c_2}{\lambda T_{out}}\right)-1\right]^2}d\lambda} \qquad (6\text{-}119)$$

$$c_\tau = \frac{\int_0^\infty \dfrac{\varepsilon_r r_{sys}(\lambda)}{\lambda^5\left[\exp\left(\dfrac{c_2}{\lambda T_{out}}\right)-1\right]}\lambda - \int_0^\infty \dfrac{(1-\varepsilon_r)r_{sys}(\lambda)}{\lambda^5\left[\exp\left(\dfrac{c_2}{\lambda T_b}\right)-1\right]}d\lambda}{\int_0^\infty \dfrac{\varepsilon_r r_{sys}(\lambda) c_2 \exp\left(\dfrac{c_2}{\lambda T_{out}}\right)}{\lambda^6 T_{out}^2\left[\exp\left(\dfrac{c_2}{\lambda T_{out}}\right)-1\right]^2}d\lambda} \qquad (6\text{-}120)$$

式中：r_{sys} 为系统相对光谱灵敏度。

为了计算综合的标准不确定度 $u_c(T_{out})$，不但要知道系数 c_ε、c_T、c_τ，还要知道标准差 $u(\varepsilon_r), u(T_b), u(\tau_{air})$。可以通过估计随机变量 ε_r、T_b、τ_{air} 的区间范围估计出不确定度。但是很难估计出这些量的概率分布类型，我们可以假设它是均匀分布的，$u(\varepsilon_r), u(T_b), u(\tau_{air})$ 可以按下式计算。

$$u(\varepsilon_r) = \frac{\Delta\varepsilon}{\sqrt{3}}, u(T_b) = \frac{\Delta T_b}{\sqrt{3}}, u(\tau_{air}) = \frac{\Delta\tau}{\sqrt{3}} \qquad (6\text{-}121)$$

小 结

本章主要介绍了红外热成像系统的组成、工作原理和关键参数，在此基础上介绍了红外热成像系统的光机扫描方式、摄像方式和信号处理及显示模式，举例说明了多种红外热成像系统在实际生活中的应用。

习 题

1. 红外成像系统和可见光成像系统相比有什么优缺点。
2. 成像系统的分辨率和哪几种因素有关？在探测器像元数量相同的情况下，如何提高空间分辨率？
3. MTF 的物理意义是什么？对热成像系统的实用意义是什么？
4. 典型的红外成像系统有哪几部分构成？各部分的作用是什么？和我们以前学过的哪些课程相关联？
5. 最小可分辨温差和最小可探测温差的物理意义是什么？
6. 红外成像系统的分类有几种？未来的发展趋势是什么？

7. 红外焦平面器件的像面尺寸为 8mm×6mm，像元数为 320×240。

（1）实现观察 100m 外 25m 宽的场景，应采用什么参数的光学系统？

（2）利用此系统观察 1m 处的目标，能够实现的极限分辨率是多少？

8. 红外探测器的灵敏度和噪声等效温差两个参数在系统设计中有什么实际意义？

9. 红外成像系统和可见光成像系统的主要区别是什么？红外成像系统输出的彩色图像是如何产生的？

10. 在红外成像系统中，什么情况下两个物体显示同样的灰度？可见光成像系统中，什么情况下两个物体显示同样的灰度？

11. 阐述约翰逊准则及其意义。

12. 衡量红外热像仪的主要指标有哪些？这些指标的意义如何？

13. 红外偏振成像的优点与缺点各是什么？

14. 选通技术用于主动红外夜视仪可取得怎样的效果？

15. 红外焦平面阵列有哪些各有什么特点？

16. 非制冷红外焦平面阵列有哪些形式？各有什么优缺点？

17. 常用的光机扫描方案有哪些？特点如何？

18. 试述热成像系统的最小可探测温差 $MDTD$ 的定义，它与 $MRTD$ 有何不同？

19. 试述热成像系统全视场、瞬时视场、驻留时间、过扫比、扫描效率的定义。

20. 增加探测器元数为什么可以提高系统的信噪比？串行扫描和并行扫描摄像方式在提高系统信噪比方面有何异同？

21. 噪声等效温差的定义及测量方法。

第7章 红外跟踪及搜索系统

本章主要介绍了红外跟踪系统的基本组成、工作原理，介绍了对导引装置跟踪系统的基本要求，并展示了多种红外跟踪系统在实际生产生活中的应用。

学习目标：
1. 掌握红外跟踪系统的基本组成及工作原理；
2. 掌握对导引装置跟踪系统的基本要求；
3. 了解坐标变换器的主要作用，掌握其工作原理；
4. 了解陀螺系统的跟踪原理；
5. 了解红外导弹的组成及其导引装置；
6. 了解成像跟踪系统的基本组成及工作原理；
7. 掌握红外搜索系统的基本参量（包括工作原理、探测概率和虚警概率等）。

红外跟踪系统是依靠接收选定的运动目标的红外辐射来指引系统跟踪这个目标，这种系统就是跟踪系统，也称为红外跟踪器。如果系统是自动导引寻找目标的，则称为制导系统或红外寻的器。此外，还有半自动制导的，如反坦克导弹中的"红外跟踪，有线制导"系统。

红外跟踪是靠目标的红外辐射，雷达跟踪是靠无线电回波脉冲，激光跟踪是靠激光反射脉冲。此外，还有红外测角装置和雷达协同，构成雷达搜索红外跟踪系统，不论哪种类型，任何跟踪系统都必须取得目标方位信息，然后按信息数据驱动跟踪机构跟踪目标或控制系统，校正航道使系统飞向目标。

在许多方面，如警卫、侦察、跟踪、森林探火等，为了探测和鉴别目标，需要在大空间区域内进行对目标搜索。这时，如果红外系统将整个空间区域都同时收集进去，势必导致大量增加干扰和假信息，这就应力求使每一瞬间投射在接收器上的空间区域尽量地小。这样，从使用上的要求出发，需要观察大空间区域，而从装置的技术可能性来看，在某一瞬间，所观察的区域应当尽可能地小。解决办法是利用瞬时视场小的系统，按一定规律连续地向所观察区域内的空间各部分扫描以探测目标，这类探测装置称为搜索系统。

搜索系统可以根据扫描类型或实现扫描的方式或瞬时视场移动的轨迹等特性来分类。按照空间瞬时视场移动的规律（轨迹特性），搜索系统可分为"日"字形扫描系统、行扫描系统、螺旋线扫描系统以及圆锥-旋转扫描和圆锥平移扫描系统等各种类型。搜索系统和跟踪系统组合一起构成跟踪搜索系统，这类系统多采用"日"字形扫描系统。

7.1 红外跟踪系统的组成及其工作原理

7.1.1 基本组成

红外跟踪系统的基本组成如图7.1所示，它包括位标器和相应的电子线路。位标器包括光学系统、调制盘（或扫描机构）、探测器和陀螺跟踪机构。电子线路用于对电信号进行处理并形成控制信号。

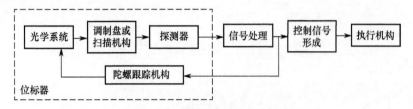

图 7.1 红外跟踪系统组成方框图

光学系统收集运动目标的红外辐射并成像在调制盘上，调制盘提取目标的方位信息，经探测器转换成反映目标方位的脉冲信号。电子线路将此信号进行处理后，一方面输至陀螺系统使光学系统轴跟踪目标；另一方面形成控制信号输至执行机构（如导弹舵机），实现对运动目标的跟踪。

7.1.2 工作原理

跟踪系统对运动目标进行跟踪的原理如下。

如图 7.2 所示，设 M 和 D 分别表示目标和跟踪系统位标器的瞬时位置。跟踪系统与目标的连线 DM 称为目标视线。Dx 为任意选定的基准线。目标视线、系统光轴与基准线间的夹角分别为 q_M、q_t，调制盘系统探测目标方位的原理可知，当目标位于光轴上时，$q_M = q_t$，失调角 $\Delta q = 0$，系统无误差信号输出。当目标运动偏离光轴时 $q_M \neq q_t$，失调角 $\Delta q \neq 0$，系统输出与失调角 $\Delta q = q_M - q_t$ 相对应的方位误差信号，该信号经电子线路处理后送入跟踪机构（陀螺系统），跟踪机构便驱动位标器向减小失调角的方向运动。当 $q_M = q_t$ 时，位标器停止运动。此时若由于目标运动再次出现失调角 $\Delta q \neq 0$ 时，系统的运动又重复上述过程，这样，系统便自动跟踪了目标。

下面简单介绍当前使用的空–空导弹常用的导引方法——比例导引法的基本原理。

如图 7.3 所示，在图示的条件下，导弹在目标飞行路线后左侧发射，而以两倍于目标的速度飞行。图中的实线表示当目标 3 做匀速直线飞行时的目标飞行路线 4、导弹 1 的飞行路线 2 和不同时刻的目标视线。在这种特定条件下，导弹的飞行路线也是一条直线，而目标视线是不转动的。此时，导弹采取了对目标截击的正确航线。导弹的飞行路线与目标的飞行路线相交于预定的截击点 5。

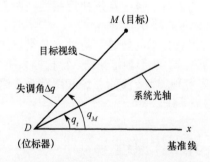

图 7.2 跟踪系统与目标的运动关系

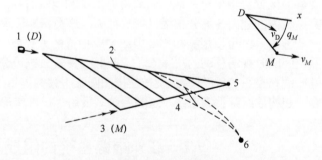

图 7.3 比例导引原理

1—导弹；2—导弹飞行路线；3—目标；4—目标飞行路线；
5—目标不做机动时的截击点；6—目标做机动时的截击点。

如果目标按虚线所示的飞行路线向右转做机动飞行以躲避导弹，目标视线将顺时针转动。此时按比例导引法导引导弹，即使导弹速度矢量以一个与目标视线转动角速度成正比的角速度转动，而使导弹的飞行路线向右转弯，导弹一直转弯到目标视线停止转动为止。如果目标继续转动，则导弹不断改变速度方向来修正航迹，截击机动后的目标（在截击点6）。

由上述过程可知，比例导引法是导弹在攻击目标的飞行过程中，导弹速度矢量的转动角速度与目标视线的转动角速度成正比。比例系数是一个有限的常数，通称为导引常数（K）或导航比。这意味着导弹转弯速率为目标视线转弯速率的 K 倍。

7.2 对导引装置跟踪系统的基本要求

对跟踪系统的基本要求有以下几个方面。

7.2.1 跟踪范围

跟踪范围是指在跟踪过程中，位标器光轴相对跟踪系统纵轴的最大可能偏转范围。它由系统使用要求提出，由系统本身结构进行限制。

7.2.2 跟踪角速度和角加速度

跟踪角速度和角加速度是指跟踪机构能够输出的最大角速度和角加速度，它表明了系统的跟踪能力。这个要求是根据系统总体要求确定的，即由系统在使用条件下，所攻击目标相对系统的最大运动角速度和角加速度决定。系统跟踪角速度从每秒几度到几十度不等，角加速度一般在 $10°/s^2$ 以下。

7.2.3 跟踪精度

系统跟踪精度是指系统稳定跟踪目标时，系统光轴与目标视线之间的角度误差。

系统的跟踪误差包括失调角、随机误差和加工装配误差。系统稳定跟踪一定运动角速度的目标，就必然有相应的位置误差，这个位置误差还与系统参数有关。随机误差是仪器外部背景噪声以及内部的干扰噪声造成的。加工装配误差则是由仪器零部件加工装校过程中产生的误差造成的。

对精度的要求视仪器的使用场合不同而异。例如用于高精度跟踪并进行精确测角的红外跟踪系统，要求其跟踪精度在 10″ 以下。一般用途的红外搜索跟踪装置，跟踪精度可在几〔角〕分以内。而导引头的跟踪精度亦可在几十〔角〕分之内。

7.2.4 对系统误差特性的要求

红外自动跟踪系统同其他自动跟踪系统一样，是一个闭环负反馈控制系统。为使整个系统稳定、动态性能好及稳定误差小，同时为了满足跟踪角速度及精度要求。则对方位探测系统的输出误差特性曲线应有一定要求。这些要求包括对盲区、线性区和捕获区的几个区段。

（1）盲区。

盲区为系统的不控制区，它的大小直接影响跟踪误差，因此精跟踪系统要求误差特性曲线无盲区，而对于跟踪精度要求不高的制导系统可允许有适当大小的盲区。

(2) 线性区。

系统处于跟踪工作状态都是处于误差特性曲线的线性上升区。为使跟踪过程中不易丢失目标，要求线性区有一定的宽度。线性段的斜率表明系统放大倍数的大小。为使系统稳态误差小，测量精度高、系统工作灵敏，要求线性段的斜率大，但太大又会降低系统的稳定性。当线性区的宽度一定时，斜率越大，可能达到的跟踪角速度值越大。为使整个跟踪范围内放大倍数为一定值，要求特性曲线线性上升，线性度要好。

(3) 捕获区。

捕获区是用来捕获目标的，要求捕获区有一定的宽度，以防丢失目标。瞬时视场较大时，这一段可呈下降形式，瞬时视场小时，系统特性曲线在整个视场内都是单调上升的。

上述要求往往是相互矛盾的，设计时要根据具体的指标，权衡考虑误差特性曲线的形状。跟踪系统的上述基本要求确定后，就可以确定系统的结构形式。

7.3 坐标变换器

7.3.1 坐标变换器的主要作用

一类导引装置由探测器输出的以及坐标形式反映目标方位的电信号经电子线路放大后直接送至陀螺系统进动线圈以产生进动力矩，驱动位标器光轴跟踪目标。另一类导引装置的陀螺系统需要两个相互垂直的电磁力矩以产生进动，这就需要将探测器输出的电信号在输至陀螺系统前就进行坐标变换。此外，无论哪一类导引装置，其执行机构都需要两个相互垂直的控制信号，因此也须将探测器输出的电信号进行坐标变换。

7.3.2 坐标变换器的工作原理

红外系统中的坐标变换器是由一些不是类型的相敏检波器构成的。本节介绍坐标变换器的工作原理。

用两个相敏检波器，分别加入两个相位相差 90°的基准信号，输入同一个极坐标误差信号，就构成了一个坐标变换器。

由两个桥式相敏检波器构成的坐标变换器如图7.4所示。加在 R_1、R_2 两端的误差信号 u，分别加在两桥路的一个对角线上，作为每一桥路的输入电压。相位相差 90°的两个基准电压（频率与误差信号的频率相同）u_{jx}、u_{jy} 作为每一桥路的第二输入，加在桥路的另一对角线上。每一桥路的输出信号，都由该桥路的基准线圈的连接点与电阻 R_3、R_4 的连接点之间给出，如图中的 u_{0x} 和 u_{0y}。根据相敏检波的原理可知，每一桥路输出电压的大小正比于输入信号 u 的幅值乘以误差信号与基准信号的间相位差的余弦（或正弦）。因为两基准信号间相位差为 90°，所以两桥路输出电压在相位上也同样彼此相差 90°，即输出电压 u_{0x} 与 u_{0y} 相位差 90°。当输入含有目标方位信息（$\Delta q, \theta$）的误差信号电压为

$$u = K\Delta q \sin(\Omega t - \theta) \tag{7-1}$$

时，输出电压为

$$u_{0x} = K\Delta q \sin(\theta) \tag{7-2a}$$

$$u_{0y} = K\Delta q \cos(\theta) \tag{7-2b}$$

式中：u_{0x}、u_{0y} 分别为方位方向和俯仰方向的直流误差信号。

第 7 章 红外跟踪及搜索系统 ◆ 217

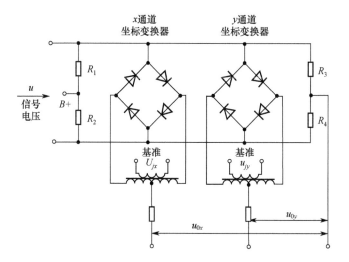

图 7.4 桥式坐标变换器图

如图 7.5 所示，由两个三极管桥式相敏检波器所构成的坐标变换器，其进行坐标变换的原理与图 7.4 所示的情况类似。

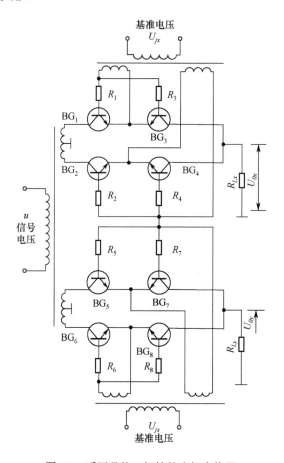

图 7.5 采用晶体三极管的坐标变换器

7.4 陀螺系统的跟踪原理

空-空导弹导引装置一般都采用三自由度陀螺作为跟踪机构，光学系统装在陀螺转子上，光轴与转子轴重合，转子高速旋转，利用调制盘获得的目标方位信号，通过力矩产生器产生力矩，作用于陀螺系统，使陀螺进动，驱动光学系统光轴跟踪目标。本节介绍陀螺系统的跟踪原理。

7.4.1 陀螺及其特性

通常，绕自身轴高速旋转的对称刚体称为陀螺。能够绕 3 个互相垂直的轴自由旋转的陀螺称为三自由度陀螺，如图 7.6 所示。三自由度陀螺的内环和外环能保证陀螺转子轴在空间指向任意方向，所以内环和外环组成的支架又叫方向支架。

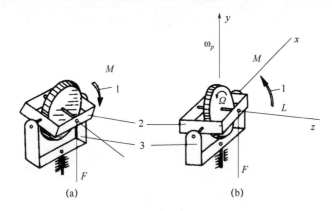

图 7.6 三自由度陀螺及其进运性
1—转子轴旋转方向；2—内环；3—外环。

当陀螺高速旋转时，如果不受任何外力矩作用，无论安装它的轴座如何转动，转子轴在惯性空间的方向将永远保持不变。也就是说，把三自由度陀螺装在导弹或其他跟踪系统上，在没有外力矩干扰时，不管系统如何摆动，陀螺转子的动量矩方向将永远保持不变。以上这种特性叫陀螺的定轴性。

如陀螺转子以高速 Ω 旋转，绕内环轴作用以外力矩 M，这时转子轴并不绕内环轴转动，而是绕外环轴转动，如图 7.6（b）所示。以上现象称为陀螺的进动性。陀螺的进动规律上：如果陀螺上作用有外力矩，陀螺转子发生进动，使转子动量矩 L 沿最短途径向外力矩 M 的方向靠拢（进动）。

在图 7.6（b）中，当高速旋转的陀螺转子受到绕 x 轴的外力矩 M 作用时，陀螺转子将绕 y 轴发生进动，进动角速度 ω_p 方向沿 y 轴方向，其大小为

$$\omega_p = \frac{M}{L} (\text{rad} \cdot \text{s}^{-1}) \tag{7-3}$$

式中　M——外力矩的大小（$N \cdot m$）；
　　　L——陀螺的自转动量矩（$kg \cdot m^2 \cdot s^{-1}$）。

陀螺的动量矩 L 是转子绕自身轴〔图 7.6（b）中的 z 轴〕的转动惯量 J 和转子自转角速

度 Ω 和乘积，即

$$L = J\Omega(\text{kg}\cdot\text{m}^2\cdot\text{s}^{-1}) \tag{7-4}$$

式中　J——陀螺转子的转动惯量（$\text{kg}\cdot\text{m}^2$）；

　　　Ω——陀螺转子的自转角速度（$\text{rad}\cdot\text{s}^{-1}$）。

当 M、L、ω_p 三者互相垂直时（7-3）才成立。一般情况下，它们之间有下列矢量关系

$$M = \omega_\text{p} \times L \tag{7-5}$$

大多数情况下，外力矩 M 与重量矩 L 大致成 $90°$，故可用（7-3）表示 M、L、ω_p 三者之间的关系。

7.4.2　陀螺系统的跟踪原理

陀螺的具体结构有两种型式。

（1）外框架式。转子位于内外框架的里边，一般陀螺多为这种型式。英国"火光"空-空导弹红外导引头位标器即为外框架式。通过内外框架架轴上各装一个力矩电机控制陀螺转子的进动。这种型式的陀螺结构尺寸、质量都比较大。

（2）内框架式。内外框架在转子里边。许多空-空导弹及小型地-空导弹的导引头都采用了这种型式的陀螺结构。如美国的"响尾蛇"空-空导弹和原苏联的"萨姆-7"地-空导弹等。

陀螺跟踪原理即它的进动原理。关键是进动力矩是怎样产生的，以及进动力矩的大小和方向是怎样确定的。由于不同的陀螺系统的结构不同，因之进动力矩的产生方式也不同。为了直观起见，我们就一般外框架式三自由度陀螺系统介绍它的进动原理。

如图 7.7 所示，陀螺的光学系统和调制盘等组件与转子一起旋转，转子通过轴承安装在陀螺内环上。两个电磁矩产生器可控制陀螺内外环轴进动，其信号由坐标变换器供给。

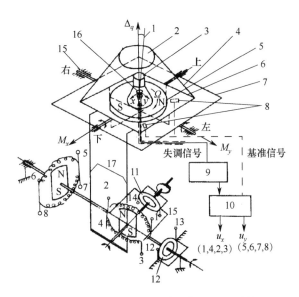

图 7.7　外框架式三自由度陀螺的跟踪系统

1—目标视线；2—太阳保护器；3—光学头；4—支撑杆；5—转子；6—内环；7—外环；
8—基准脉冲线圈；9—接收放大器电路；10—坐标变换器；11—方位分解器；12—水平分解器；
13—M_x 力矩产生器；14—M_y 力矩产生器；15—构架；16—元敏元件；17—连杆。

力矩产生器为直流，每一转子由垂直于力矩产生器的轴的永久磁铁构成。磁路由环绕磁铁的固定环构成。该环上有绕组，通以控制电流后，永久磁铁受电磁力矩旋转，即产生力矩。两个力矩产生器的轴线互相垂直，二者的交点与陀螺内外环轴交点的连线和两个连杆平行。所以力矩产生器的可动部分与陀螺内外环的运动是同步的。

当目标偏离光轴时，电子线路输出误差信号，此信号的幅值与失调角 Δq 成正比，其相位与目标的方位角 θ 有关。电子线路输出的电信号经坐标变换器变换后分解成水平和垂直的两个通道的误差信号 u_{0x} 和 u_{0y}，它们各与 Δq 水平分量和垂直分量成正比。将两个信号分别输至相应的力矩产生器时，两力矩产生器即可将正的或负的力矩通过连杆机构分别加到内、外环上，使陀螺转子轴（或光轴）向着与目标视线重合的方向进动。

7.5　红外导弹及其导引装置

具有被动式自动寻的制导系统的导弹，一般称为红外导弹。红外导弹利用目标辐射的红外辐射能量作为制导信息，并通过导引装置形成能反映目标偏离导引头光轴情况的跟踪误差信号。此信号进一步送给导弹控制系统，而由控制系统响应这一信号，并按一定的导引规律控制导弹对目标跟踪，直到命中为止。红外导弹的种类很多，而且每种导弹在结构布局上各有其特点，本节以某空-空导弹为例，介绍红外导弹的组成及其导引装置的原理结构。

7.5.1　空-空导弹的组成

空-空红外导弹是由飞机发射，由红外自动寻的系统导引其攻击空中目标。虽然类型很多，但是作为一种红外制导武器来说，其基本组成是相同的。一般包括导引装置（又称为红外导引头）、控制设备舱、引信装置、战斗部、发动机以及装在弹身壳体上的弹翼 6 部分。如图 7.8 所示，为某空-空导弹的外形结构简图。

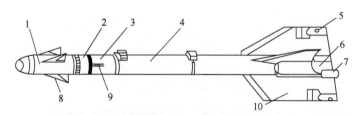

图 7.8　空-空导弹
1—导引控制舱；2—引信舱；3—战斗部；4—发动机；5—陀螺稳定器；
6—发动机；7—曳光管；8—舵面；9—引信保险执行机构；10—弹翼。

红外导弹的制导系统是由导引装置和控制系统构成。导引装置全部设在弹上的红外导引头舱中。导引装置一般由位标器和相应的电子线路组成。导引装置用来测定目标相对光轴的偏离情况及目标在空间的方位，一方面提供给陀螺跟踪机构以驱动光学系统跟踪目标，另一方面形成功率足够大的跟踪误差信号提供给控制系统，在控制系统中进一步形成操纵舵机转动的控制信号。

战斗部是由引信引爆的。空-空导弹有触发引信和非触发引信两类。当导弹直接与目标接触时，触发引信是在撞击力的作用下接通保险执行机构内的引爆电路，使战斗部起爆。非触发引信是在导弹离目标还有一定距离时，利用红外辐射能的作用接通电路，使战斗部在最恰当的时机起爆，以便对目标有最大的摧毁力。

发动机是推动导弹飞行的动力装置。空-空导弹一般采用一级固体燃料火箭发动机，装在燃烧室内的火药柱由点火装置点燃，燃烧后产生的高压燃气在喷管内膨胀，高速喷出后产生反作用力，推动导弹飞行。

7.5.2 红外导弹的导引装置

我们在这里介绍位标器部分，仍以前节所述空-空导弹为例。

光学系统如图7.9所示。

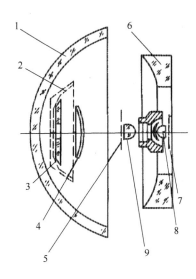

图7.9 光学系统
1—整流罩；2—伞形光阑；3—平面反射镜；4—支撑校正透镜；5—调制盘；
6—球面反射镜；7—探测器；8—浸没透镜；9—场镜。

（1）整流罩是一个半球形同心透镜，作为导弹头部的外壳。它是一块负透镜，其作用为校正主反射镜的球差及作为导引头的密封。整流罩在导引头工作波段内有高的透过性能，亦即吸收、反射作用很小。这种导弹的整流罩采用氟化镁多晶制成。耐高温、机械强度高。

（2）伞形光阑是限制目标以外的杂散光线直接射入系统光敏元件上的一种辅助光阑。为了更有效地消除杂散光，伞形光阑上设有消光槽，各元件不通光部分都进行黑化处理。

（3）平面反射镜是光学系统的次镜，同样为K_8玻璃，表面镀铝。支撑透镜用来把伞形光阑、平面反射镜等零件与镜筒连接在一起、起支撑作用。另一方面因消除像差的需要而在次镜之后加入这样一个凸透镜，可以进一步消除剩余像差。支撑透镜材料是氟化镁多晶。

（4）支撑校正透镜是用来把伞形光阑、平面反射镜等零件与镜筒连接在一起，起支撑作用。另外因消除像差的需要而在次镜之后加入这样一个凸透镜，可以进一步消除剩余像差。支撑透镜材料是氟化镁多晶。

（5）调制盘如图7.10所示，为该种导弹所采用的旋转调幅式调制盘的图案及调制波形图。这种调制盘在工作原理上与棋盘式旋转调幅调制盘大同小异。不同之处主要是由图案差别造成的调制特性有些区别，可以看到，调制盘呈棋盘格状的半圆分为3个区：内环脉冲区（又可分为双脉冲、四脉冲、六脉冲区三部分）为线性工作段；中间 6 个环的六脉冲区为捕获段和 18 个脉冲的引信信号调制区（后者为当导弹靠近目标，像点逸出调制盘时，给引信发出开启信号）。

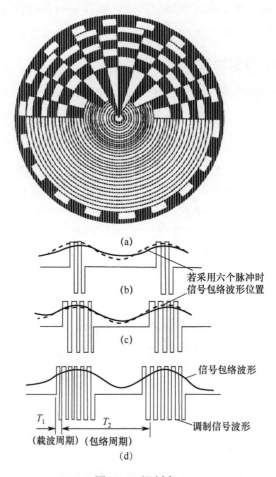

图 7.10 调制盘
（a）调制盘图案；（b）双脉冲区调制波形；（c）四脉冲区调制波形；（d）六脉冲区调制波形。

同心圆线条半圆分为细线条区和粗线条区。在内环区采用了双脉冲、四脉冲和六脉冲区可以改善调制特性。这是因为减少了调制脉冲的数目之后，经光敏元件与电子线路检波后输出电压的幅值将会下降（如脉冲数减少到零，则无交流信号输出，这就改善了调制特性线性段的线性度）。调制盘基片材料为石英玻璃。

（6）球面反射镜是光学系统的主反射镜，起聚焦作用，它给整个光学系统带来正球差。这种系统的焦距 $f'=41.18$mm，直径 47.2mm，材料为 K_8 玻璃，凹面上真空镀铝以减少入射辐射能的损失。

（7）探测器采用制冷硫化铅探测器，制冷装置为气体节流制冷器。制冷气体使用高压的纯度为 99.99% 的氮气为提高探测能力，光敏元件前加有浸没透镜。采用了制冷探测器增强了抗干扰能力；导致装置最大作用距离提高到 14～16km；正常工作时与太阳夹角限制减小到 7°～10° 左右。制冷装置的储气瓶安装在发射架上，经输气管通过脐式插头送到导引装置中。

制冷探测器输入阀门内有粉末过滤器,导弹离开载机后此阀门关闭。工作时,高压气体由输气管进入干燥筒再次过滤,净化后进入杜瓦瓶及液化器中绝热膨胀,冷却杜瓦瓶前端的光敏元件。

为了使探测器工作在恒定的低温下,还采用了装在杜瓦瓶内的热敏电阻 R_t,(图7.11(b))作为控制元件来控制电磁阀门,组成了一个温度控制电路。如图7.11(c)所示。当探测器温度高于光敏元件规定温度时,置于杜瓦瓶内的热敏电阻 R_1 有较小的阻值,电磁阀门处于开放状态,制冷气体经过电磁阀门进入杜瓦瓶制冷,光敏元件和热敏电阻同时被冷却。此时 R_t 阻值升高,BG_8 控制极电压增高,当达到一定数值时,BG_8 被导通,有电流流过电磁阀门的绕组,可使电磁阀门关闭,停止制冷,R_1 阻值又下降。但此时尚不能使 BG_8 复原,必须由脉冲发生器 BG_9 来完成,它连续发出脉冲加在 BG_8 的阴极。当 BG_8 的控制电压低于某一数值时,才能使 BG_8 复原,电磁阀门打开再度制冷。由以上过程进行自动调节,从而可维持光敏元件在一定温度。

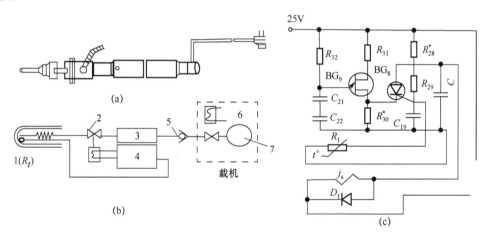

图 7.11 制冷探测器
(a)外部结构;(b)工作原理示意;(c)温度控制电路。
1—热敏电阻;2—电磁阀门;3—干燥筒;4—温度控制电路;5—输气阀;6—电磁阀门;7—压缩气瓶。

(8)浸没透镜是使探测器的光敏层和超半球透镜的底面形成光学接触,会聚光束,提高光敏元件的接收立体角,减小光敏元件的面积从而降低噪声。这种导弹采用钛酸锶单晶作为浸没透镜材料。

(9)场镜是可把通过调制盘的辐射能会聚到探测器光敏层上;另外加入场镜后原来经物镜聚焦的照度不均匀的目标像斑,经焦面后发散的光线折向光轴,使光能均匀地分布在探测器的光敏层上。场镜采用平凸透镜。场镜材料为氟化镁单晶,在工作波段内有良好的透射比。

7.6 成像跟踪系统

由于近年来科学技术的飞跃发展,对红外跟踪系统的要求是:增大探测距离(到几千米、几十千米);反干扰、伪装能力加强;能识别目标。这样,老式的调制盘探测系统和"十"字形探测系统就不能满足战术要求了。

7.6.1 基本组成

成像跟踪系统的跟踪原理是热成像系统摄取景物空间的热图像，并测出各个景物在视场中的位置。对其中相对于摄像头做某种运动的目标，系统进行跟踪。具有这种跟踪能力的成像装置称为成像跟踪器，成像跟踪器的组成方框图如图 7.12 所示。

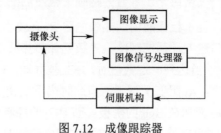

图 7.12 成像跟踪器

成像跟踪，首先是测出目标在视场中的位置，测量目标位置的方法有测量目标图像边缘、测量目标图像矩心以及测量目标图像的相关度等几种。用这些不同的测量方法构成的跟踪器分别称为边缘跟踪器、矩心跟踪器和相关跟踪器。

7.6.2 工作原理

由摄像头输出的目标视频信号送到图像信号处理器，将目标视频信号处理后检出与目标位置相应的误差信号，误差信号控制伺服机构使摄像头跟踪目标。所以，成像跟踪的主要问题是将做相对运动的目标的视频信号处理成误差信号。边缘跟踪和矩心跟踪都要设置一个波门。在视场内波门的尺寸略大于目标图像，波门紧紧套住目标图像，如图 7.13 所示。波门是随目标视频图像信号而产生的。在波门以内的信号被检出而去除波门以外的其他信号。相关跟踪是用测量两幅图像之间的相关度的方法来计算目标位置的变化，用预先存储的目标图像去和实时摄取的目标图像求取相关值。经过处理得到误差信号。相关跟踪器的误差信号处理中对相关度的取值有一定要求，所以对与选定的跟踪目标图像不相似的其他一切景物都不敏感。因此相关跟踪器具有极好的选通跟踪能力和抗背景跟踪能力。

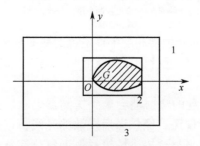

图 7.13 成像跟踪的视场、波门
1—目标；2—波门；3—视场。

对成像跟踪系统的基本性能要求应从成像和跟踪两个方面同时考虑，如成像性能的温度分辨率、空间分辨率及扫描速率；跟踪性能为跟踪角速度、跟踪精度等。

在成像系统的研制方面，法、英、美等国处于领先地位。今摘录法国研制的用于火控系统的Ⅲ型红外跟踪仪的主要性能和特点如下。

Ⅲ型整机为双通道光学结构，工作波段为 4～5μm 和 8～12μm。

(1) 光学系统。

通光孔径 170mm；视场±8mrad；角分辨率 0.15mrad。

(2) 探测器。

探测元件为 Insb（4～5μm）和 HgCdTe（8～12μm）。由 60 只单元探测器组成。该探测器进行了内错位处理，从而提高了探测灵敏度和增益。

(3) 图像处理技术。

由探测器输出的信号为模拟信号，先采用频谱滤波技术进行预处理，除去部分烟雾的影响，提高对比度。把多路传输信号经模/数转换器变成数字量，每秒可转换的数据率为一百万个像素。数字图像处理大致分两步进行，先采用快速信号处理机进行处理，再由较慢的处理计算机用相关算法、目标角运动特性以及强度增加等算法，选出跟踪目标，大大降低了虚警率。

(4) 波门技术。

采用波门技术，选取所需跟踪的目标，排除波门外目标的干扰、自动跟踪时，波门视场为±1mrad，自动搜索时为 10mrad。

(5) 电视兼容扫描技术这种热像仪。

对低空飞机和掠海导弹的探测跟踪距离大于 8km。

7.7 导弹的红外对抗

红外导弹依靠航空目标发出的红外辐射来攻击目标，而航空目标为了保存自己就必然要采取措施对导弹的进攻进行干扰，使其不能正常工作而失去控制能力。红外导弹的设计者又要力求提高其制导系统的抗干扰性能，以更有效地攻击目标。这就构成了航空目标与导弹之间的斗争，称为红外对抗。

红外导引装置的设计者在研究制导的同时，也要考虑到红外对抗问题。

目前，红外对抗和反对抗所采用的基本方式如下：

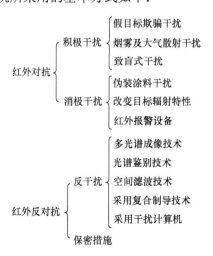

7.7.1 飞机对红外导弹的对抗

直至目前，红外导弹的导引装置多属于被动系统，这种系统的基本特点是：利用目标自身的辐射和背景辐射差异来探测目标；识别体制大都以点目标识别系统为主，来自目标的辐射是一个不受控因素。根据以上特点，对红外导弹的对抗不外乎从隐蔽自己、改变红外辐射传输条件、制造假象、改变目标自身辐射特性以及摧毁导弹红外探测装置等几个方面进行。基本方式如前所述。

1. 假目标欺骗干扰

这种干扰是采用欺骗、诱惑的手段，使红外导弹的导引系统不能正常工作。这类干扰系统必须是有源的，亦即应该是一个具有适当大功率的热源。红外欺骗干扰系统最好采用红外和射频混合系统。

（1）红外干扰弹。

红外干扰弹又称为红外诱饵。干扰弹能产生类似飞机发动机的强烈辐射，从而使红外导弹脱离真目标。如图 7.14 所示，是一种当前比较成熟而有效的干扰方法。因为这种曳光弹是由飞机上发射投放的强辐射点光源，使得红外导弹在视场内难以分辨真假目标，它被广泛认为是一种比较可靠的干扰手段。

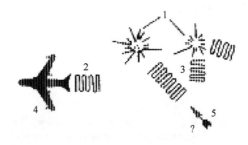

图 7.14　利用红外干扰弹对红外导弹进行干扰
1—红外干扰弹；2—目标辐射；3—干扰弹辐射；4—目标；5—导弹。

这种干扰弹由镁-聚四氟乙烯、镁-亚硝酸钠和镁-铝-氧化铁等作发光材料制成。辐射强度可达数十万坎德拉（cd），在低空时可兼作照明弹使用。发射方式有"人工"投放和"自动"投放两种。当被攻击机可能发现有红外导弹跟踪的时候，可按一定程序大量投放。

这类干扰弹的弱点是燃烧时间短，有可能被红外导弹摆脱。同时，投放后要下沉，将使之与载机有相当距离，故有被分辨的可能。若红外导弹在控制系统中增设记忆装置，有可能对这种假目标的干扰不予反应，而继续跟踪原有目标。

红外干扰弹常与装在飞机尾部的红外报警器配合使用。这种报警设备实际是一个红外辐射接收机。当导弹接近时，它可输出报警信号通知飞行员，同时自动发射干扰弹。

（2）红外干扰机。

干扰机自身带有热源，它发出类似飞机发动机喷口及其排气的高强度辐射，并经一定的调制后，在某一视场范围内发射出去。为扩大干扰范围，还可进行一定规律的扫描。当红外干扰机自动扫描时，它相对红外导弹的导引装置产生一个人工的红外大光圈使导弹不能保持可靠的跟踪，并最终偏离目标而脱靶，如图 7.15 所示。

目前，红外干扰机按热源不同可分为 3 种形式，第一种是采用强光氙灯为辐射；第二种是利用燃料燃烧形成一个强热辐射源（例如使用丙烷气）；第三种是电热式，如电弧灯等。红外干扰机辐射多采用 1.8～5.2μm 波长的调制型辐射源。

不论采用哪种辐射源，其尺寸大小对输出功率都有一定的影响。可以证明，红外干扰机的调制辐射源对具有调幅体制的红外导引系统干扰有效，对调频及脉冲位置调制系统无干扰作用。

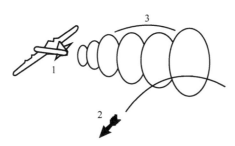

图 7.15　红外干扰机对红外导弹的干扰
1—干扰机；2—导弹；3—幅度调制的红外辐射。

（3）喷油延燃技术。

喷油延燃技术俗称"热砖"。当被攻击机发现受到红外导弹攻击时，突然在发动机喷口喷出一团燃油，延迟一段时间后燃烧。燃油燃烧的辐射特性与飞机发动机及其排气的辐射类似，从而诱使导弹偏离真实目标，而攻击机则可增速逃脱。

2. 致盲式干扰

致盲干扰主要是使红外导弹的红外探测器失去工作能力，至将其彻底摧毁。例如采用相应于导弹探测器响应波长的激光器，发射强功率激光束，使导弹的电子线路饱和或过载，甚至将探测器烧毁。

3. 改变传输介质的透过特性

可施放烟雾来造成各种波长光束传输的不利条件，从而使红外导弹不能正常跟踪目标。

近年来，国外非常重视电离气悬体进行红外干扰研究。它是利用飞机发动机喷出的含有易电离的金属粉末（铯、钠、钾等），在高温气流下形成像云一样的等离子区，悬停在空中来降低大气的能见度。

云、雾、雨、水珠等对红外辐射具有漫反散射与吸收性，可以严重影响红外辐射的传输。因此，采用人工降雨和布雾生云可以掩护自己，达到干扰敌方红外导弹的目的。

大气散射干扰是利用大气对光束的散射实现的。例如采用多台激光干扰机组成的大视场的大气散射干扰机，它发射的激光能量通过大气散射到红外系统的探测器，并使其失效。这种干扰只能在良好的气象条件下有效，其优点是只需要信号频率对准，无须方向对准。

4. 改变与降低飞机自身的辐射特性

在红外波段改变飞机的辐射特性一般从两方面着手，一是改变辐射的方向图，二是改变其辐射光谱分布，即改变辐射的峰值波长位置，使其处于红外导弹的响应波长范围以外。这就需要降低发热部位的温度，使其尽量接近周围的环境温度。要完全做到这一点是相当困难的。但是从局部改变其辐射特性还是可以的，可对局部暴露的高温部件采用热抑制措施。例如用金属-石棉-金属层材料绝热，在发动机喷管外加屏蔽罩，在喷气中添加附加物使排气温度下降等。此外，采用散热涂料及红外吸收材料等也可以达到改变辐射特性的目的。

在发动机喷口下方加挡板或使排气管向上弯曲，可改变红外辐射的方向性。一些武装直升飞机的发动机排气管向上弯曲，用来对抗低空地-空红外导弹的攻击等。

7.7.2 红外导弹的反对抗

红外导弹对干扰的对抗称为反对抗。从上述介绍可知，对红外导弹的干扰包括人为的干扰和自然背景的干扰两个方面。那么，相对应的反抗措施必然也包括这两个方面。红外导弹跟踪导引系统不同于雷达系统，其信息都得由系统本身根据目标红外辐射与周围环境的差异而产生，是一种被动的点目标识别系统，这种系统一般包括接收辐射、限制杂光和保证有良好的像质并按一定规律运动的系统；有可选择光谱范围并与整个系统相匹配的滤光设备与探测元件；有一定空间鉴别能力并与信息处理电路相匹配的调制盘，以及与前者配合完成信息处理的电子线路。因此，整个系统配合决定着红外探测器的探测率能否得到充分利用，决定着能否得到尽可能多的可供利用的信息，并使在处理过程中尽可能减少信息的流失。以上是红外系统的两个重要问题。一般说，如果探测率得到充分利用，系统的作用距离裕量越大，那么对信息的利用就越有利。增加可利用的信息与提高系统的信噪比以降低虚警概率是导弹红外系统提高抗干扰能力的主要途径。

现阶段红外空—空导弹对付人工干扰的主要措施有：改造调幅式调制盘为中心信息处理系统，如采用调幅-调频体制或采用脉冲位置调制体制；采用光谱滤波器-滤光镜；采用长波光敏元件和利用多波段与多色的信息处理方式；采用复合制导系统；对导弹技术性能实行严格保密。

现就目前红外导弹常用的一些鉴别技术，结合反干扰措施分析介绍如下。

1. 光谱鉴别技术

光谱鉴别是利用目标、背景以及一些人工干扰辐射源的光谱分布的差异，通过限制系统的光谱通带，即通过选择最佳工作波段的方法，把目标从自然和人工干扰中识别出来。光谱鉴别一般用滤光镜来实现。滤光镜可以滤除阳光及云团等较短波长的干扰以及与飞机发动机辐射有区别的干扰曳光弹的诱骗干扰。这种措施的缺点是，由于目标和背景或假目标的光谱波段相当多的部分可能是重叠的，因此，部分有用信号也被滤除掉。同时，也要求背景和假目标的光谱波段是已知的，并且相对变化不大。这一点对人工干扰方面往往不易做到。目前采用滤光镜对消除太阳、云团等自然背景干扰较为有效。

采用某种激光波长不能通过的滤光镜可能使导弹避开激光致盲的攻击。这种滤光镜又称为防护镜。例如，当前国内外出现的一种变色透镜，当受到激光照射时，透镜能在很短的时间内析出银粒子，使强烈的激光不能通过。而在激光消失后，透镜又可恢复透明。

装置滤光镜虽是一种抗干扰的有效方法，但是只能针对某种条件的干扰才有一定的效果。如图 7.16 所示，是某型导弹所加干涉滤光片的透过特性以及目标、背景和探测器工作波段的光谱分布示意图。图中阴影线部分是加滤光片后导引系统的有效能量范围。可以看到，能够大大抑制 $2\mu m$ 以下较短波长红外辐射的背景干扰，但来自 $2\mu m$ 以下的目标辐射也被滤除掉了。

2. 多光谱鉴别技术

利用几个红外波段同时成像，能够有效地反伪装，并识别真假目标。因为一种红外伪装只能对某一种红外波段起作用，多光谱成像便能识别真伪。多光谱成像通常采用两个光谱带。这些光谱带可以位于某一大气窗口内或相邻两个大气窗口内。所以这种鉴别技术又称为双色技术。对于每一光谱都可计算一个积分值。这个积分值也就是可滤除的辐射源的光谱辐射亮度、大气在传输路程上的光谱透射比、限制光谱通带的光学系统和滤片的光谱透射比以及探测器光谱响应的乘积的积分。为了得到理想滤波，两个乘积的积分必须相等。

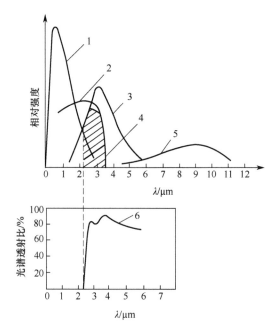

图 7.16 目标、背景、探测元件及滤光片工作波段示意图

1—太阳干扰（主要为背景对辐射的反射）；2—硫化铅元件的光谱响应（195K）；
3—目标（900K 黑体）辐射的光谱分布；4—导引系统装有滤光片后的有效能量范围；
5—天空背景热辐射光谱分布（相当于 300K 黑体）；6—干涉滤光片的光谱透射比。

3. 发展复合制导系统

随着红外对抗技术的日益发展，势必促进红外系统鉴别技术的复杂化。利用"红外—雷达"和"红外—激光"等复合或组合制导系统，制成双工态导引头，将使导弹具有良好的战术技术性能和抗干扰能力，它的优点是在某一制导系统受到干扰失效后，另一种制导系统仍然工作，仍可将导弹引向目标。

如图 7.17 所示，是这种复合制导的双工态导引头的一种方案。由图 7.17 可见，红外辐射经非球面反射镜、次镜反射到调制盘上，被调制后经平行光管及会聚透镜而落到光敏元件上，光敏元件输出电信号。对雷达反射信号（射频），在透过主镜后，由抛物面反射镜再反射入初级馈源，进一步通过超高频电缆送入微波信号接收机。关于调制盘，同样可采用多种方案。这种系统研制的关键是双频天线罩。

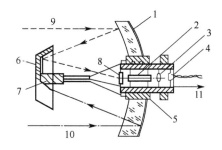

图 7.17 雷达/红外双工态导引头的一种方案

1—主反射镜；2—平行光管；3—聚光透镜；4—光敏元件；5—轴承；6—次反射镜；7—初级馈源；8—调制盘；
9—红外辐射；10—射频；11—到微波接收机。

4. 武器性能的严格保密

对使用以及设计中的导弹的技术性能，必进行严格的保密，即使它的使用性能不太好，突然使用也可能出奇制胜。武器性能保密不当，或被敌方侦破后，敌方采用较简单的方式进行对抗而大大降低其效果。武器保密得当，也是导弹反干扰的一项重要措施。

7.8 红外跟踪搜索系统

7.8.1 红外跟踪搜索系统的任务、组成和工作原理

红外跟踪搜索系统是搜索系统和跟踪系统组合的红外系统，其搜索系统的任务是产生搜索信号，控制跟踪系统的位标器对选定的空域进行搜索，发现空域内目标使组合系统由搜索状态进入跟踪状态。

如图7.18所示，为一种跟踪搜索系统的方框图。系统由变换、放大电路，搜索信号产生器，陀螺系统和状态转换机构组成。方位探测系统（如光学系统、调制盘、探测器）和陀螺系统为搜索系统和跟踪系统所共有。

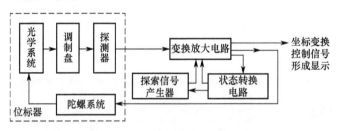

图7.18 红外跟踪搜索系统组成方框图

实现对空域搜索的工作原理如下。

状态转换机构最初处于搜索状态。当光学系统视场内没有目标时，搜索信号产生器产生"日"字形搜索信号，如图7.19所示。此信号送入变换、放大电路，经功率放大器输出电流，此电流送入陀螺系统进动线圈，产生进动力矩作用于陀螺转子，带动光学系统按"日"字形扫描运动。

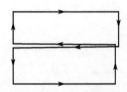

图7.19 "日"字形搜索信号

光学系统搜索过程中探测到目标后，目标辐射能经光学系统、调制盘和探测器后，输出电压信号，此电压信号经放大、变换送到状态转换电路，使继电器动作，断开搜索信号并接通跟踪回路，使系统处于跟踪状态。

从放大变换电路引出的另一反映目标方位的极坐标信号，经坐标变换器变换成方位和俯仰信号，分别控制方位和俯仰电机去驱动显示器的目标标记运动，从而显示目标方位或驱动执行机构。

7.8.2 红外搜索系统的基本参量

1. 搜索视场

搜索视场是指在搜索一帧景物的时间内,光学系统瞬时视场所能覆盖的空域角范围。这个范围通常用方位和俯仰角度(rad)来表示,如图 7.20 所示中的 $A\times B$,A 为方位搜索视场,B 为俯仰搜索视场。搜索视场通常由仪器的使用要求给定。

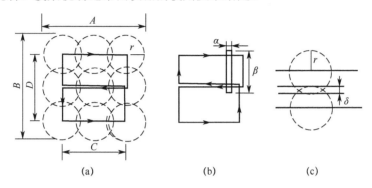

图 7.20 搜索视场

搜索视场等于光轴的扫描范围与光学系统瞬时视场之和。图 7.20(a)所示中的 C 和 D 分别为光轴扫描的水平和俯仰范围,整个光轴的扫描范围为 $C\times D$,即光轴在空间扫描的空域范围。

瞬时视场是指光学系统静止不动时所能观察到的空域角范围。如果位标器为调制盘系统或 "十" 字形系统,则瞬时视场为圆形,令其直径为 $2r$,如图 7.20 所示中(a)图所示。若位标器为扫描系统,其瞬时视场为长方形 $\alpha\times\beta$,如图 7.20 所示中(b)图所示。

以上三者关系为

搜索视场=光轴扫描范围+瞬时视场;

对于圆形瞬时视场

$$A = C + 2r \tag{7-6a}$$
$$B = D + 2r \tag{7-6b}$$

对于长方形瞬时视场

$$A = C + \alpha \tag{7-7a}$$
$$B = D + \beta \tag{7-7b}$$

对于长方形瞬时视场还可以表示成为

$$A\times B = M\alpha\times N\beta \tag{7-8}$$

式中:M 和 N 分别为扫描的列数和行数。

2. 重叠系数

为防止在搜索视场内出现漏扫的空域,确保在搜索视场内能有效地探测目标,相邻两行瞬时视场要适当重叠。

瞬时视场的重叠用重叠系数来描述。重叠系数是指在搜索时,相邻两行光学系统瞬时视场的重叠部分(δ)与光学系统瞬时视场($2r$)之比,即

$$g = \frac{\delta}{2r} \tag{7-9}$$

式中：g 为重叠系数，如图 7.20 所示（c）。

对于长方形瞬时视场系统，重叠系数为

$$g = \frac{\delta}{\beta} \tag{7-10}$$

3. 搜索角速度

搜索角速度是指在搜索过程中，光轴在方位方向上每秒钟转过的角度。

通常是由使用要求提出搜索一帧（即一个周期）所用的时间 T_f，然后根据扫描图形、光轴扫描范围的大小及帧时间，求出搜索角速度。

搜索过程中，扫描图形帧扫方向上行与行之间的转换时间很短，在忽略行与行之间转换所用的时间时，则帧时间全部用来进行扫描，此时扫描角速度 ω_f 可近似表示为

$$\omega_f = \frac{C}{T_f / N} (\text{rad/s}) \tag{7-11}$$

式中　C——光轴水平扫描范围（rad）；

　　　T_f——帧时间（s）；

　　　N——扫描图形的行数。

在光轴扫描范围为定值的情况下，搜索角速度越高，帧时间就越短，就越容易发现空域内的目标。但搜索角速度太高，又会造成截获（即从搜索转为跟踪）目标困难。

7.8.3　红外搜索信号产生器

1. 搜索信号的形式

搜索信号产生器用来产生搜索信号。搜索信号的形式取决于光轴扫描的形式，后者又取决于光轴扫描的行数，这样，就需要首先确定扫描行数。扫描行数可以根据已经确定的搜索视场并考虑到光学系统瞬时视场的大小和一定的重叠系数来确定。原则是在一个搜索周期内，整个搜索视场内不出现漏扫部分。当搜索视场大小要求一定时，如果瞬时视场大，则扫描行数可以少些，如图 7.21（a）所示；如果瞬时视场小，则要增加扫描行数，如图 7.21（b）所示，此时如不增加扫描行数，就会出现漏扫的空域，如图 7.21（c）所示。

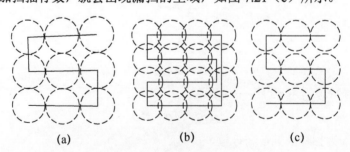

图 7.21　扫描行数的确定

扫描行数确定以后，就可以进一步确定采用什么样的扫描图形。例如扫 3 行的图形可以有双"日"字形和"日"字形，如图 7.22（a）、（b）所示；扫 4 行的图形可以是"凹"字形（图 7.22（c）），等等。

双"日"字形和"日"字形虽然都能产生 3 行扫描线，但实际的扫描效果是不同的。双"日"字形每帧扫两场，每一行都重复扫两次，搜索视场边缘和中心扫描机会是相等的。"日"

字形图案每帧只扫一场,但中心一行重复扫两次,搜索视场中心扫描机会多于上、下两边。因此,用于要求中间扫描特别仔细的情况下,采用"日"字形是合适的。在搜索视场大小相同,帧时间要求相同的情况下,双"日"字形比"日"字形的搜索角速度大,当设计上能够使系统有较好的截获性能时,采用双"日"字图形是有利的。

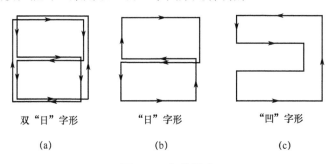

图 7.22　扫描图形

2. 搜索信号产生器的类型

搜索信号产生器基本上可以分成两种型式,即电子式和机电式。

1)电子式搜索信号产生器

电子式搜索信号产生器完全采用电路的方式产生方位搜索信号和俯仰搜索信号。如图 7.23 所示,为一个产生搜索信号的电路方框图,它由振荡器、等腰三角形波发生器和等距阶梯波发生器组成。方位搜索信号和俯仰搜索信号的定时图如图 7.24 所示。

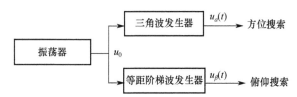

图 7.23　电子式搜索信号发生器电路方框图

振荡器产生一个触发脉冲信号 $u_0(t)$,用它去分别触发等腰三角形波发生器和等距阶梯波发生器,以产生方位搜索信号 $u_\alpha(t)$ 和俯仰搜索信号 $u_\beta(t)$。如果随动系统是理想的,则光轴在空间的运动完全与 $u_\alpha(t)$ 和 $u_\beta(t)$ 的特征一致,$u_\alpha(t)$ 和 $u_\beta(t)$ 的合成图形即光轴扫描图形,如图 7.25 所示。由图 7.24 和图 7.25 可以看出,触发脉冲的周期对应光轴扫一行所用的时间。构成双"日"字扫描图形的方位、俯仰搜索信号频率有如下关系

$$f_\beta = \frac{2}{3} f_\alpha \tag{7-12}$$

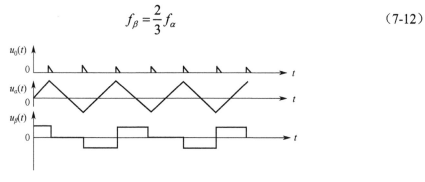

图 7.24　方位和俯仰搜索信号定时图

2）机电式搜索信号产生器

机电式搜索信号产生器即为机电式信号源，它可以产生极坐标式搜索信号或直角坐标式搜索信号。下面介绍一种产生极坐标信号的机电式搜索信号产生器的工作原理。

这种类型的搜索信号产生器，产生极坐标形式的电压或电流信号（如具有一定初相位的正弦信号），去控制光轴按一定规律扫描。

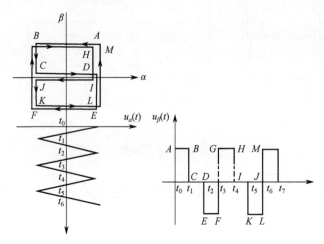

图 7.25　搜索信号与扫描图形

当搜索系统的执行机构是一个内框架式三自由度陀螺时，则位标器光轴的运动是由进动线圈中通入具有一定初相位的电流所产生的磁场推动的。光轴运动的方向就是进动电流初相位的方向。因此，若能把具有不同初相位的电流按一定次序通入进动线圈，则光轴就会按给定的规律在空间扫描。

由陀螺进动力矩的产生原理可知，当大永久磁铁与调制盘相对位置如图 7.26 所示时，则陀螺的动量矩 L 垂直于图面向内。取 $Oxyz$ 直角坐标系，并以 Oy 轴为计算角度 Ωt 的起始轴。如果此时目标像点 A 出现在方位角 θ 上，则进动电流为 $i = i_0 \sin(\Omega t - 0°)$，所产生平均力矩 M_{cp} 就沿 θ 方向，则陀螺旋转动量矩 L（垂直于图面向内）就向 M_{cp} 方向进动。可见，陀螺转子的运动方向，就是进动线圈中电流初相位的方向。

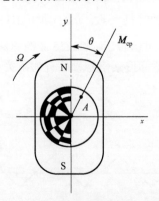

图 7.26　永久磁铁的位置及转动方向

如果欲使陀螺转子动量矩 L 向 y 轴方向靠拢，即在俯仰方向做向上的运动，只需在线圈中通入一电流 $i = i_0 \sin(\Omega t - 0°)$。若要使 L 向 x 轴方向靠拢（即陀螺轴在方位方向向右运动），须在进动线圈中通入电流 $i = i_0 \sin(\Omega t - 90°)$。同理，在进动线圈通入电流 $i = i_0 \sin(\Omega t - 270°)$，陀螺转子就在方位方向做向左的运动。进动线圈中通入电流的初相位与陀螺转子运动方向的关系如表 7.1 所示。

表 7.1 进动电流初相位和陀螺转子运动的方向关系

进动线圈中电流	陀螺转子运动方向
$i = i_0 \sin(\Omega t - 0°)$	垂直向上
$i = i_0 \sin(\Omega t - 90°)$	水平向右
$i = i_0 \sin(\Omega t - 180°)$	垂直向下
$i = i_0 \sin(\Omega t - 270°)$	水平向左

搜索时，光轴运动就是表 7.1 中右边 4 种运动按一定程序组合。要实现上表中右边的 4 种运动，关键是要有表中左边的 4 种信号电流，有了这 4 种信号电流，把它们按不同时间间隔依次通入进动线圈，即实现了搜索图案。

在搜索装置中，永久磁铁的周围互成 90°放置 4 个径向绕制的线圈，称为搜索线圈，如图 7.27（a）所示。永久磁铁和这 4 个搜索线圈就构成了搜索信号产生器，当永久磁铁以匀角速度 Ω 旋转时，每一线圈中的磁通 Φ 周期性变化，如图 7.27（b）所示，线圈中产生感应电势 $e = -\dfrac{\mathrm{d}\Phi}{\mathrm{d}t}$，落后于磁通 90°，如图 7.27（c）所示。

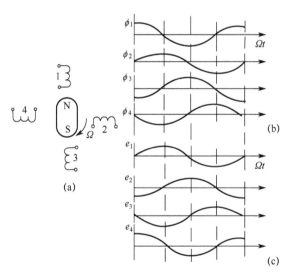

图 7.27 搜索信号产生器及其波形

感应电势 e_1、e_2、e_3 和 e_4 分别经过倒相器和推挽功率放大器，在进动线圈中得到进动电流为

$$i_1 = i_0 \sin(\Omega t - 0°) \tag{7-13a}$$

$$i = i_0 \sin(\Omega t - 90°) \tag{7-13b}$$

$$i = i_0 \sin(\Omega t - 180°) \tag{7-13c}$$

$$i = i_0 \sin(\Omega t - 270°) \tag{7-13d}$$

它们的波形如图 7.28 所示。

若将上述电流依次地分别通入进动线圈，并能控制每个电流通入的时间，则在此电流作用下，陀螺转子轴（即光轴）便按表 7.1 所示方向运动。

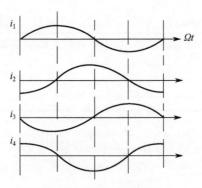

图 7.28 进动电流波形

该装置中,通过转鼓的转动,转鼓上接线片和电刷之间相互接通和断开来实现上述要求,其工作原理如图 7.29 所示。4 个电刷分别与 4 个搜索线圈相连,4 个电刷相互绝缘,但它们分别通过转鼓上的接线片与输出电刷相通。转鼓上接线片的位置保证信号 e_1、e_2、e_3 和 e_4 按一定次序接入电路。转鼓电机带动以一定转速旋转(转速与搜索一帧的时间有关)。通过转鼓上接线片的长度来控制通入信号的时间,从而控制转轴运动的范围。

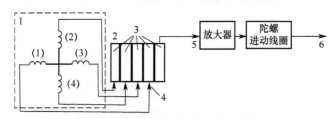

图 7.29 机电搜索信号产生器原理图

1—搜索线圈;2—转鼓;3—接片片;4—电刷;5—输入电刷;6—光轴运动。

如果按照 e_1、e_2、e_3、e_4、e_3、e_2、e_1、e_4 的顺序接入,就可以得到一个"日"字形扫描图形,如图 7.30 所示,图中 1、2、3、4 表示接通搜索线圈的序号。

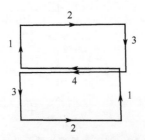

图 7.30 搜索线圈接通顺序与形成的扫描图形

7.9 行扫描搜索系统

从空中对地面进行搜索,往往采用行扫描搜索系统。这种搜索系统的任务也是产生搜索信号,以提供给报警系统或显示系统。

7.9.1 工作原理

行扫描的原理是系统的瞬时视场一部分一部分地依次扫过空间区域,空间区域的角宽度等于系统的瞬时视场角,而长度决定了扫描角的大小。扫描线由一行转到另一行是借助装置的运载工具的移动来实现的,如图7.31所示。

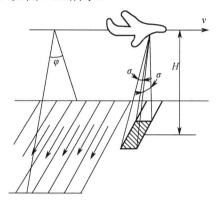

图 7.31 行扫描图形

行扫描搜索系统的扫描机构为其光学系统中的反射镜转鼓,如图7.32所示。光学系统与运载工具的飞行方向平行(图7.32(a))或垂直(图7.32(b))。当反射镜转鼓旋转时,其视线与飞行方向成直角地扫过地面,运载工具(如飞机、飞船、卫星等)的运动提供了飞行方向上的扫描。合理地设计系统,可以得到一系列毗连的扫描线。

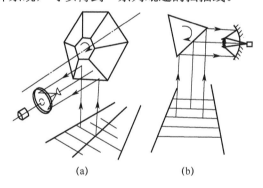

图 7.32 扫描机构

在系统采用单元探测器的情形下,转鼓每转一周,可观察 m 个空间行(m 为反射镜面数)。如果系统采用由 n 个敏感元件组成的线列探测器,则转鼓的每个面能同时观察到 n 个邻接的行,而转鼓旋转一周所观察到的总行数为 mn 行。探测器将光学系统收集到的地面瞬时视场来的红外辐射能转变成电信号,经电子线路处理,输送到报警系统或显示系统。

7.9.2 扫描参量

对于一个搜索系统,通常总希望它搜索视场尽量大些,以使运载工具在飞行过程中能够搜索更大的空间区域;另外,为提高系统的分辨率,要求瞬时视场尽量小些,从而能提供更多的细节。另外,在扫描地带中不能发生漏扫。为达到上述要求,我们将看到,在各扫描参量中,设计者对某些量是无法控制的,而可供选择的只有少量参量如扫描速度、瞬时视场等。下面具体讨论之。

我们利用图7.32(a)所示的系统来说明其基本关系。该系统采用由 n 个敏感元件组成的线列探测器,转鼓反射镜的面数为 m。

设地面瞬时视场的辐射照射到探测器上的时间（驻留时间，即该地面处在装置视场中的时间）为 τ_d；探测器的时间常数为 τ。为了在探测器输出端获得扫描区域内每处景物的信息，装置的 τ_d 确不应小于 $k_\tau \tau$，其中 k_τ 是与探测器时间常数 τ 相比较超过驻留时间 τ_d 的正系数。将这一叙述写出来，即是

$$\tau_d \geqslant k_\tau \tau \tag{7-14}$$

假设扫描反射镜转鼓的旋转频率为 p（Hz），系统的瞬时视场角为 σ，则装置每秒观察到的扫描元数 q 为

$$q = \frac{2\pi p}{\sigma} \tag{7-15}$$

而被观察区域每个点的辐射作用在探测器上的驻留时间可表示为

$$\tau_d = \frac{1}{q} = \frac{\sigma}{2\pi p} \tag{7-16}$$

考虑到前面的条件式（7-14），我们得到

$$p \leqslant \frac{\sigma}{2\pi k_\tau \tau} \tag{7-17}$$

这表示，扫描器不能以太高的速率工作，即扫描的旋转频率有一个上限，这个上限是由探测器的时间常数决定。

另外，由于扫描地带中不能发生漏扫，我们将看到，扫描器的旋转频率还有一个下限。

在运载工具飞行方向上，每个探测器所扫过的地面带宽为 σH（在运载工具的正下方），其中，H 为飞行高度。若转鼓反射镜面数仍为 m，线列探测器元件个数为 n，则每秒钟扫描器所扫过的地带宽度为 $\sigma H m n p$。根据在扫描地带内不发生漏扫的要求，这个地带宽度数值必须不小于运载工具的飞行速度 v，即

$$\sigma H m n p > v \tag{7-18}$$

于是有

$$p \geqslant \frac{v}{\sigma H m n} \tag{7-19}$$

这表明，扫描器又不能以太慢的速率工作，扫描器旋转频率的下限由比值 v/H 决定，v/H 称为运载工具的速高比。

归纳以上结果可以得出，扫描器旋转频率既存在由探测器时间常数决定的上限，也有由相邻行转接的要求提出的下限。此外，扫描元件的旋转频率还受到机械性能的限制。对于时间常数非常短的探测器，扫描器的旋转频率却不是由探测器的时间常数而是由其他诸如材料的强度、附加振动以及所允许的变形等因素所决定，它们可能限制反射镜的最大转速。尽管这些因素是大量存在而且经常地起作用，然而却能以任何简单的方式用解析的形式表示出来，在设计此类系统时，务必注意。

考虑到相邻行的重叠情况，定义扫描重叠系数为

$$g = 1 - \frac{v/H}{mnp\sigma} \tag{7-20}$$

扫描镜转鼓的转速 p 一般可由 $g = 0$ 时的速高比 $(v/H)_0$ 决定，此时，式（7-19）取极限情况为

$$p = \frac{(v/H)_0}{mn\sigma} \tag{7-21}$$

根据式（7-17）可以看出，系统的瞬时视场角 σ 也有一个约束条件。它与 p 不同，σ 只

有下限,即瞬时视场角不能太小,具体的限制由探测器时间常数和运载工具的速高比决定。

归纳以上,假定在没有重叠的情况下,用式(7-21)和式(7-17)的极限情况可以解出 p 和 σ 分别为

$$p = \left[\frac{1}{2\pi k_\tau \tau mn}\left(\frac{v}{H}\right)_0\right]^{1/2} \qquad (7\text{-}22)$$

$$\sigma = \left[\frac{2\pi k_\tau \tau}{mn}\left(\frac{v}{H}\right)_0\right]^{1/2} \qquad (7\text{-}23)$$

以上是就图 7.32(a)所示的扫描机构得到的基本关系。对于如图 7.32(b)所示的扫描机构,反射镜转鼓垂直于光轴,当转鼓旋转时,入射光线以大一倍的速度移动,即存在二倍角的关系。在此情形下,式(7-22)或式(7-23)取下面形式

$$p = \left[\frac{1}{4\pi k_\tau \tau mn}\left(\frac{v}{H}\right)_0\right]^{1/2} \qquad (7\text{-}24)$$

$$\sigma = \left[\frac{4\pi k_\tau \tau}{mn}\left(\frac{v}{H}\right)_0\right]^{1/2} \qquad (7\text{-}25)$$

正如前面所提到的,在扫描器的各参量中,设计者对 v、H、τ 和 k_τ 是不能控制的,前两个因子是由运载工具的性能以及所完成的任务而确定。而探测器的时间常数是由材料的性质所决定,只有有限的几种选择。k_τ 一般不小于 2。设计者所能控制的自由变量唯有转鼓反射镜的面数 m、探测器线阵元数 n 以及瞬时视场角 σ,而 σ 又受到下限的限制。

也应指出,对于条件(7-21)如果在运载工具正下方都满足的话,则在运载工具侧下方就不一定满足。这是由于瞬时视场所对应的地表面将随着 L 的增大而扩展的缘故(地表面假定为平面),如图 7.33 所示。

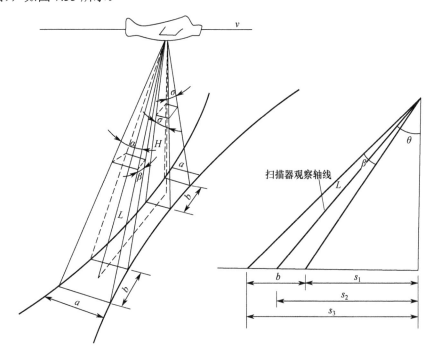

图 7.33 扫描线不在运载工具正下方时的情形

7.9.3 系统的分辨率

从图 7.33 可以看到，在角分辨率是常数的条件下，在地面上的线分辨率并不是常数。扫描器的垂线与垂直方向的夹角 θ 越大，能够分辨的线段就变得越大，并且这种改变是各向异性的。

为简便起见，我们对地面仍采取平面近似。图 7.33 中各量：θ 为扫描器光轴对垂直方向的偏离；L 为扫描器到观察单元的距离；a 为瞬时视场沿飞行方向在地面上所张的长度，α 为其所对应的张角；b 为瞬时视场沿垂直于飞行方向在地面上所张的长度，β 为其所对应的张角。

从图 7.33 中不难看出

$$a = \alpha L = \alpha h \sec\theta \tag{7-26}$$

$$b = s_3 - s_1 = H tg\left(\theta + \frac{\beta}{2}\right) - H tg\left(\theta - \frac{\beta}{2}\right) = H \sec^2\theta \tag{7-27}$$

结果表明，随着 θ 的增加，尽管瞬时视场角 α 和 β 不改变，然而线段 a 和 b 都在不断增大。这种增大是各向异性的，即 $a \neq b$，一个与 $\sec\theta$ 成正比，一个与 $\sec^2\theta$ 成正比。为保证成像质量，对于大角度的扫描必须充分注意式（7-26）、式（7-27）带来的影响。

在上面的描述中，表达了行扫描搜索系统特性和运载工具飞行的参数之间的基本关系。

行扫描搜索系统的主要优点是扫描系统的结构比较简单，缺点是在给定的行重叠的情况下，必须使扫描元件的旋转频率适应运载工具的飞行速度。其次，要在扫描角范围内与目标位置有关的不同距离上探测目标，这就需要对扫描区内不同点上相同目标的信号进行识别。此外，随着瞬时视场角偏离法线角度的增大，不仅会使达到辐射目标的距离增大，而且会增加辐射通量传播途中的大气吸收层的厚度。上述情况还会使目标的辐射通量大大减弱，从而使探测器输入信号减少。

7.10 其他扫描方式的搜索系统

7.10.1 圆锥-旋转扫描系统

在这种系统中，装置的瞬时视场相对于扫描轴线或系统轴线的固定方向旋转。在探测地面的装置中，该轴线与地面的垂直线方向重合。在一般情况下，瞬时视场以角 α 偏离旋转轴，其在地面的扫描轨迹为一个圆，如图 7.34 所示。由于旋转时角 α 为常数，所以每一瞬间投影在探测器上的地面面积大小也不变（假设旋转轴与大地法线重合）。

7.10.2 螺旋线扫描系统

光学系统如图 7.35（a）所示。上面的椭圆反射镜安置在旋转圆盘上，是由微型电机及传动装置带动的扫描部件。入射光束经反射镜反射向下，进入卡塞格伦式聚焦系统。在聚焦系统的焦平面上安置红外探测器，在探测器前光路上加入适当的滤光片，以选择性地吸收入射辐射。

扫描机构如图 7.35（b）所示。转动部分经过蜗轮、蜗杆的传动，使反射镜做俯仰运动。方位旋转和反射镜的俯仰，决定了瞬时视场在地面扫过的螺旋线形轨迹，如图 7.35（c）所示。

方位的确定是靠直接在转动部分上取出电脉冲来指示。在转盘的圆周上分出十个方位，扫描时，每取出十个脉冲就表明旋转一周。比如由起点计算，取出 25 个脉冲时，就是从正北方开始已经转到第 3 圈的第 5 个方位（即正南方）的时刻。如果这个时刻探测到目标，就能判明目标位置。

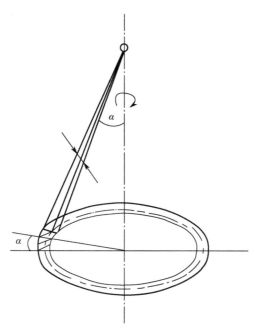

图 7.34 圆锥-旋转扫描系统空间扫描原理

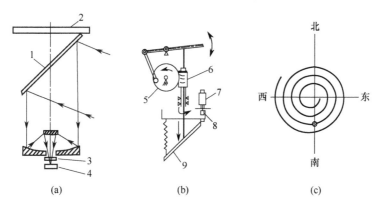

图 7.35 螺旋线扫描系统
（a）光学系统；（b）扫描机构；（c）扫描轨迹。
1—椭圆反射镜；2—旋转圆盘；3—滤光片；4—探测器；5—蜗轮；6—蜗杆；7—电机；8—摩擦轮；9—椭圆镜。

7.11 红外搜索系统的探测概率和虚警概率

搜索系统的任务是在工作区域内判断目标是否存在和位于何方。当目标较近，目标信号较强时，问题解答比较明确；当目标距离较远，所产生的信号较弱时，问题的解答就不那么容易了。这是因为红外系统中总不可避免地存在噪声，而噪声是随机变量，时有起伏，其大小往往可以和远处目标信号相比拟。这时误把噪声当作信号，或误把信号当成噪声，都是可能的。这时不能做出"是"和"非""有"和"无"的回答,而区分信号和噪声将是统计学的问题。

搜索系统的探测过程中,常常引用这样两个概念,即探测概率和虚警概率。

探测概率,就是当有目标时系统探测到目标的概率;虚警概率则是没有目标时而系统认为有目标的概率。搜索系统的一个重要问题就是在提高探测概率的同时,尽量抑制虚警概率。

我们先讨论搜索系统的探测概率和虚警概率与哪些因素有关,再讨论在实际设计中如何控制它们的大小。

7.11.1 影响探测概率和虚警概率的因素

为了缩小问题的范围,做两点假定:(1)假定所讨论的系统是一个非载波系统;(2)如果总视场中有目标,则假定只有一个目标,而且是点状目标。前一假定保证了所讨论的系统在信号检测过程中没有非线性过程,对于这种过程基本上可以认为输出噪声是属于高斯分布,平均值为零,方差为 U_n^2,即噪声的均方根为 U_n。后一个假定保证了所要得到的目标信号是一个短暂的方形脉冲,而且是一次观察(即在一个帧时间内)最多只有这样一个脉冲。这个信号若被检测出来,即目标被探测到,这时的探测概率又称为单次观察时的探测概率。

根据这两个假定,就可以写出只有噪声时输出电压的幅值分布为

$$p_0(U) = \frac{1}{(2\pi)^{1/2} U_n} e^{-U^2/2U_n^2} \tag{7-28}$$

平均值为零,方差为 U_n^2。

当有信号输入时,其输出电压的幅值分布就变为

$$p_1(U) = \frac{1}{(2\pi)^{1/2} U_n} e^{-(U-U_p)^2/2U_n^2} \tag{7-29}$$

式中: U_p 为目标信号脉冲所能达到的峰值。这时幅值分布亦为高斯分布,方差仍为 U_n^2,但平均值为 U_p,如图 7.36 所示,为仅有噪声时和有信号时的输出电压脉冲幅值分布。

从 $p_0(U)$ 和 $p_1(U)$ 公式及其图示中不难看出,对应于任何电压的一个幅值,既可以在有目标时超过它,又可以在无目标时超过它,当然,所对应的概率是不一样的。

如果在输出电压脉冲超过某一数值称为阈值,如 U_b 时认为有目标,低于这一数值则认为没有目标,那么,在这种原则下进行判断,探测概率和虚警概率各为多少?

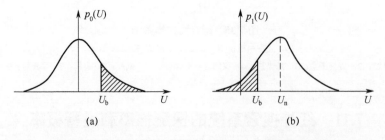

图 7.36 仅有噪声时和有信号时输出电压脉冲幅值分布

式(7-28)和式(7-29)实际上即是在无信号和有信号情况下探测器输出电信号的概率密度。在相应的曲线(图 7.36)中,U 值从 U_b 值到 ∞ 间的曲线下的面积值即表示在这范围内随机情况的概率。积分式(7-29),得

$$P_{\text{d}} = \int_{U_b}^{\infty} p_1(U) \text{d}U = \frac{1}{(2\pi)^{1/2} U_n} \int_0^{\infty} \text{e}^{-(U-U_p)^2/2U_n^2} \text{d}U \tag{7-30}$$

积分式 (7-28), 得
$$P_{fa} = \int_{U_b}^{\infty} p_0(U) \text{d}U = \frac{1}{(2\pi)^{1/2} U_n} \int_0^{\infty} \text{e}^{-U^2/2U_n^2} \text{d}U \tag{7-31}$$

式 (7-30) 和式 (7-31) 即分别为所求的探测概率和虚警概率。

为方便起见, 偏差常用 U_n 作单位表示, 写作
$$U' = \frac{U - U_p}{U_n} \tag{7-32}$$

进行规格化, 这时式 (7-30) 化为
$$P_{\text{d}} = \frac{1}{(2\pi)^{1/2}} \int_{U_b' = \frac{U_b - U_p}{U_n}}^{\infty} \text{e}^{-U^2/2} \text{d}U = \frac{1}{(2\pi)^{1/2}} \int_{y-x^{1/2}}^{\infty} \text{e}^{-U^2/2} \text{d}U' \tag{7-33}$$

式中 $x^{1/2} = U_p / U_n$ ——规格化信号强度, 或峰值信号噪声比;

$y = U_b / U_n$ ——规格化偏压电平。

根据式 (7-33), 在一旦选好了阈值电压 U_b 后, 就可以估算出系统的探测概率等于多少。具体计算主要是查数学积分表, 这类表在许多工程手册和统计学书籍中都有。

搜索系统的探测概率依赖于系统的峰值信噪比和系统的探测距离, 其间关系如图 7.37 所示。

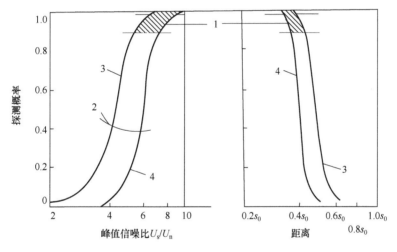

图 7.37 探测概率和系统的信噪比及作用距离的关系
1—正常工作区; 2—阈值; 3—$\tau_{fa}(\Delta f) = 10^4$; 4—$\tau_{fa}(\Delta f) = 10^8$。

从图 7.37 中可以看出, 峰值信噪比越大, 探测概率越向 1 逼近。为了保证足够大的探测概率, 系统的峰值信噪比应在 5~8 之间。图中, S_0 为 $U_p/U_n=1$ 时, 系统的作用距离; τ_{fa} 为虚警时间; Δf 为电子系统通频带宽度。

将式 (7-32) 代入式 (7-31), 并利用 $y = U_b / U_n$, 得
$$P_{fa} = \frac{1}{(2\pi)^{1/2}} \int_y^{\infty} \text{e}^{-U^2/2} \text{d}U \tag{7-34}$$

式 (7-34) 即为 U 值从 U_b 到 ∞ 范围系统的虚警概率。然而在任何一个有限时间间隔, 都会有大量的噪声脉冲输出, 在这种情形下, 需要考虑在某一有限时间内做出错误判断的概率。下面讨论这一问题。

7.11.2 虚警时间

在实际问题中，关心的并不是在输出端有多少次噪声脉冲发生，也不是每一次脉冲所可能引起的虚警概率，而真正关心的是在某一段时间内虚警的次数。为描述后者，引入虚警时间的概念。

所谓虚警时间是指在这个时间间隔内红外系统平均只给出不大于一次的假警报，用 τ_{fa} 表示。下面求出虚警时间 τ_{fa} 和虚警概率 P_{fa} 之间的关系。

为此，我们考虑在虚警时间 τ_{fa} 内所发生的独立脉冲的数目 n。先求出 n 次独立的噪声脉冲不引起虚警的概率，然后再求出 τ_{fa} 内有多少独立的噪声脉冲。

根据前面的讨论可知，一次噪声脉冲，不超过阈值电平、不引起虚警报的概率应为 $(1-P_{fa})$。那么，n 次独立的噪声脉冲皆不引起虚警报的概率为

$$P_0 = (1-P_{fa})^n \tag{7-35}$$

n 总是很大的，即 $n \gg 1$，将式（7-35）两边取自然对数，得

$$\ln P_0 = n\ln(1-P_{fa}) \tag{7-36}$$

P_{fa} 总是很小的，即 $P_{fa} \ll 1$，于是有

$$P_{fa} = \frac{1}{n}\ln\frac{1}{P_0} \tag{7-37}$$

从噪声频谱和噪声自相关函数来考虑。设输出噪声频谱为

$$\Phi(f) = \begin{cases} N/2, & |f| \leqslant \Delta f \\ 0, & \text{其他} \end{cases} \tag{7-38}$$

式中：Δf 为带宽，则其自相关函数为

$$\Phi(\tau) = \int_0^{\Delta f} \Phi(f) e^{j2\pi f\tau} df = \frac{N}{2\pi\tau}\sin 2\pi\Delta f\tau \tag{7-39}$$

从式（7-38）和图 7.38 看出，自相关函数 $\Phi(\tau)$ 是一个振幅逐渐衰减的似正弦波动；当 $\tau=0$ 时为极大 $[\Phi(0)=N\Delta f]$；当 $\tau = m/\Delta f (m=\pm 1,\pm 2,\cdots)$ 时 $\Phi(\tau)=0$，即严格不相关。根据这一点，可以定义 $1/\Delta f$ 为相关时间。有了相关时间就可以知道在虚警时间 τ_{fa} 内有多少个独立噪声脉冲 n

$$\Phi(\tau) = \int_0^{\Delta f} \Phi(f) e^{j2\pi f\tau} df = \frac{N}{2\pi\tau}\sin 2\pi\Delta f\tau \tag{7-40}$$

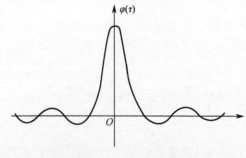

图 7.38　$\Phi(\tau) \sim \tau$ 关系曲线

式（7-40）表明，放大器的频带越宽，独立噪声脉冲越频繁。为了抑制噪声，放大器的

频带越窄越好；然而又不能太窄，否则信号势必受到抑制。根据脉冲技术中的经验，带宽 Δf 通常取信号持续时间的倒数，即

$$\Delta f = \frac{1}{\Delta t} \tag{7-41}$$

这里的 Δt 即系统瞬时视场 σ 扫过目标所经历的时间

$$\Delta t = \frac{\sigma}{\Omega} T_\mathrm{f} \tag{7-42}$$

式中　Ω ——系统总视场角；
　　　T_f ——帧时间。

所以有

$$\Delta f = \frac{\Omega}{\sigma T_\mathrm{f}} = \frac{\dot{\Omega}}{\sigma} \left(\dot{\Omega} \equiv \frac{\Omega}{T_\mathrm{f}} \right) \tag{7-43}$$

和

$$n = \tau_{fa} \frac{\Omega}{\sigma} \tag{7-44}$$

将此 n 的值代入式（7-37），有

$$P_{fa} = \frac{0.693}{\tau_{fa}} \cdot \frac{\sigma}{\dot{\Omega}} \tag{7-45}$$

7.11.3　探测概率和虚警概率的讨论

式（7-30）和式（7-31）

$$P_\mathrm{d} = \int_{V_\mathrm{b}}^{\infty} p_1(U) \mathrm{d}U$$

$$P_{fa} = \int_{V_\mathrm{b}}^{\infty} p_0(U) \mathrm{d}U$$

是讨论探测概率和虚警概率问题的基础。

虚警概率 P_{fa} 的大小依赖于噪声的具体性质（即遵从什么分布、平均值、方差或均方根值等），也依赖于阈值电平的选择。而探测概率 P_d 则依赖于信号加噪声的具体性质、统计和相对大小，也依赖于阈值电平的选择。我们仅对非载波系统输出电压分布为高斯分布的特殊情况进行讨论，而对于载波系统，其中电信号处理中有非线性过程，最后导致的不再是高斯分布的情况，我们不进行讨论，但原则是一样的，只不过用新的概率密度函数 $p_1(U)$ 和 $p_2(U)$ 而已。

为减小虚警概率 P_{fa} 的数值，希望阈值电平 U_b 越大越好，然而 U_b 增大的结果，探测概率 P_d 下降，二者互相制约。因此，阈值电平 U_b 的选择是颇费周折的，它属于统计决策和运筹学的问题。不过有这样一个概念，即阈值电平的选定，要使得付出的代价最小。当然，代价的大小与搜索系统的工作对象、环境等有关。对一舰船用的搜索系统，搜索海面上的冰山或石礁，P_{fa} 大一点无所谓，而 P_d 小一些就要付出很大代价。此时 U_b 就可以适当地选择小一些；对于战略预警中的搜索系统，一方面要求高的探测概率 P_d，另一方面也要求虚警概率 P_{fa} 很小，因为后者要考虑到每一次假警报所引起的后果。

通常，红外搜索系统的设计考虑下面 4 步进行：
（1）根据实际情况，提出可以容忍的虚警时间 τ_{fa}，从而确定出虚警概率 P_{fa}；

（2）根据这 P_{fa} 确定阈值 U_b 的大小；
（3）再计算探测概率 P_d；
（4）根据性能方程给出红外搜索系统的探测概率对距离的依赖关系，对系统性能做出估计和推断。

小　结

本章主要介绍了红外跟踪系统的组成及其工作原理，给出了对导引装置跟踪系统的基本要求，介绍了红外搜索系统的基本组成、扫描方式以及影响探测概率和虚警概率的因素。

习　题

1. 对红外跟踪系统的基本要求是什么？
2. 画出典型红外跟踪系统的原理框图，并简述其工作原理。
3. 红外搜索与跟踪系统主要解决什么问题？红外搜索与跟踪系统同前视红外系统有什么异同？
4. 如习题 4 图所示，试设计一个红外周视预警系统，工作高度为 h，红外探测器的像元为 M*N，能够对周围 d_1 到 d_2 距离的视场范围进行车辆进入监控预警。要求：需要将系统工作的参数列举出来，并设计检测算法，说明算法的有效性。

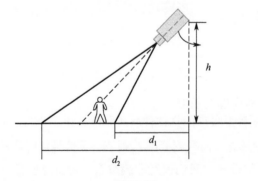

习题 4 图

5. 什么是红外跟踪系统、红外搜索系统。
6. 陀螺系统的跟踪原理。
7. 搜索系统的基本参数。
8. 行扫描搜索系统的工作原理。
9. 红外搜索系统的探测率和虚警率的定义。
10. 影响红外搜索系统的探测率和虚警率的因素。

第8章 红外系统的分析与设计

本章主要介绍红外系统的分析与设计，其中包括红外系统的作用距离、扩展源情况下系统的信噪比方程、搜索系统和跟踪系统的作用距离方程、测温仪器的温度方程等。另外，还讲解了红外系统、红外热成像系统和红外搜索系统的总体设计方案。

学习目标：
1. 掌握系统噪声为探测器噪声限的红外系统的作用距离，掌握系统噪声为背景噪声限的红外系统作用距离；
2. 掌握扩展源情况下系统的信噪比方程；
3. 掌握搜索系统和跟踪系统的作用距离方程；
4. 掌握点源情况和扩展源情况的温度方程；
5. 掌握红外系统、红外热成像系统和红外搜索系统总体设计的主要内容。

系统设计的任务是根据使用要求设计出合适的红外系统。系统设计通常是指红外系统的总体设计。红外系统总体设计包含两个方面的内容：一是对系统的性能进行分析和设计，包括目标与背景特性的分析、大气传输特性分析、信号检测和信号处理、显示判读等；二是进行系统结构总体设计，包括系统的结构型式、探测器、光学系统以及电子线路、显示系统等各环节的设计。

对红外系统的性能，最关心的是一具红外探测系统能探测多远？它输出的信噪比如何？一具红外成像系统能给出的温度分辨率是多少？要回答这些问题，就须建立系统的探测能力，明确如何才能达到最大探测距离，以及如何才能达到为了保证红外系统的可靠使用所需的最起码的信噪比。

本章将首先建立一组给出一般红外系统探测能力的性能方程或灵敏度方程；然后介绍红外系统总体设计的内容和一般方法；最后就两具示例系统介绍总体设计的具体步骤。

8.1 红外系统的作用距离

红外系统的作用距离是探测系统的一个重要的综合性能参数。当目标对系统的张角小于系统的瞬时视场时，系统不能分辨，这时可将目标看作点辐射源。红外系统接收点辐射源的能量与其间的距离有关，距离越远则接收到的能量越少，与接收到的最小可用能量相应的距离称为系统的作用距离。本节将导出系统对点源的作用距离方程并进行讨论。不能看作点源目标的情况将在下节中讨论。

8.1.1 系统噪声为探测器噪声限的红外系统作用距离

我们先讨论如果系统的噪声仅受探测器的噪声所限制的情况，并假定点源目标是黑体。

由点源目标发出的到达红外系统入射孔径处的光谱辐照度 E_λ 为

$$E_\lambda = \frac{I_\lambda \tau_a(\lambda)}{s^2} \tag{8-1}$$

式中　I_λ ——目标的光谱辐射强度；

　　　$\tau_a(\lambda)$ ——从目标到红外系统的传播路程上的大气光谱透射比；

　　　s ——目标到系统的距离。

入射到探测器上的光谱辐射功率 P_λ 应为

$$P_\lambda = E_\lambda A_0 \tau_0(\lambda) \tag{8-2}$$

式中　A_0 ——光学系统入射孔径面积；

　　　$\tau_0(\lambda)$ ——光学系统的光谱透射比（包括保护窗口、聚光系统透镜、滤光片、调制盘基片的透射比，反射镜的反射比或遮挡等）。

探测器产生的光谱信号电压 $U_{s\lambda}$

$$U_{s\lambda} = R(\lambda) P_\lambda \tag{8-3}$$

式中　$R(\lambda)$ 为探测器的光谱响应度。

对选定的光谱区间 $\lambda_1 \sim \lambda_2$，在这段区间内的信号电压 U_s 为

$$U_s = \int_{\lambda_1}^{\lambda_2} U_{s\lambda} d\lambda \tag{8-4}$$

将式（8-1）～式（8-3）代入式（8-4），得

$$U_s = \frac{A_0}{s^2} \int_{\lambda_1}^{\lambda_2} J_\lambda \tau_a(\lambda) \tau_0(\lambda) R(\lambda) d\lambda \tag{8-5}$$

或者，用归一化探测率 $D^*(\lambda)$ 表示探测器的性能来代替上式中的 $R(\lambda)$

$$R(\lambda) = \frac{U_n D^*(\lambda)}{(A_d \Delta f)^{1/2}} \tag{8-6}$$

式中　A_d ——探测器敏感元的面积；

　　　Δf ——等效噪声带宽；

　　　U_n ——探测器的噪声电压的均方根值。

已认为探测器噪声为系统的噪声限，将式（8-6），代入式（8-5），得信噪比为

$$\frac{U_s}{U_n} = \frac{A_0}{s^2 (A_d \Delta f)^{1/2}} \int_{\lambda_1}^{\lambda_2} J_\lambda \tau_a(\lambda) \tau_0(\lambda) D^*(\lambda) d\lambda \tag{8-7}$$

式中：I_λ、$\tau_a(\lambda)$、$\tau_0(\lambda)$、$D^*(\lambda)$ 都是波长的函数（大气透射比 $\tau_a(\lambda)$ 同时又是距离的函数），因此，由这个式子很难直接解出作用距离 s 来。

为了简化式（8-7），可采用工程近似法，即将式（8-7）中与波长有关的各项用它们在系统光谱通带内的平均值来代替。做法是：对 $\tau_0(\lambda)$，假定系统的光谱通带为一矩形，即在 λ_1 和 λ_2 之间光学系统的透射比为某一常数值 τ_0，大气透射比 $\tau_a(\lambda)$ 项可用选定距离上 λ_1 和 λ_2 之间的大气透射比的平均值 τ_a 来代替，其值可由光谱透射比曲线来估算，或通过查表的方法来计算得出。同样，$D^*(\lambda)$ 用 λ_1 和 λ_2 之间的平均值 D^* 来代替，其值可根据 D^* 对波长的曲线来估算，或者根据 D^* 的峰值波长 λ_p 相应的峰值归一化探测率 $D^*_{\lambda_p}$ 和相对响应曲线来估算。经这样简化后，得到

$$\frac{U_s}{U_n} = \frac{I_{\lambda_1 - \lambda_2} A_0 \tau_a \tau_0 D^*}{s^2 (A_d \Delta f)^{1/2}} \tag{8-8}$$

式中：$I_{\lambda_1-\lambda_2} = \int_{\lambda_1}^{\lambda_2} I_\lambda d\lambda$ 为点辐射源在波长 λ_1 和 λ_2 之间的辐射强度，通常给出的目标数据即为 $I_{\lambda_1-\lambda_2}$ 值。

由式（8-8）解出作用距离，得

$$s = \left[\frac{I_{\lambda_1-\lambda_2}\tau_a\tau_0 A_0 D^*}{(A_d\Delta f)^{1/2}(U_s/U_n)}\right]^{1/2} \tag{8-9}$$

如果光学系统的瞬时视场为 ω，光学系统的等效焦距为 f'，则探测器的面积为

$$A_d = \omega f'^2 \tag{8-10}$$

用数值孔径表示光学系统

$$(NA) = \frac{D_0}{2f'} \tag{8-11}$$

式中 (NA)——光学系统的数值孔径；

D_0——光学系统的通光孔径的直径。

再考虑到光学系统有 $A_0 = \pi D_0^2/4$，代入这些，则式（8-9）变为

$$s = \left[\frac{\pi I_{\lambda_1-\lambda_2}\tau_a\tau_0 D_0(NA)D^*}{2(\omega\Delta f)^{1/2}(U_s/U_n)}\right]^{1/2} \tag{8-12}$$

在工程上常用 F 数表示光学系统：

$$F = \frac{f'}{D_0} = \frac{1}{2(NA)} \tag{8-13}$$

代入式（8-12），得到距离方程的另一表达式：

$$s = \left[\frac{\pi I_{\lambda_1-\lambda_2}\tau_a\tau_0 D_0 D^*}{4F(\omega\Delta f)^{1/2}(U_s/U_n)}\right]^{1/2} \tag{8-14}$$

当用距离方程来求解最大探测或跟踪距离时，U_s/U_n 项表示为系统正常工作所需的最小信噪比。如果系统用调制盘提供已调载波，则 U_s 和 U_n 都为均方根值。在脉冲系统中，U_s 通常取峰值，U_n 取均方根值。总之，对不同的系统，信号的波形、频率、调制度等都可能不同，因而在计算中须要根据系统的特点，对式（8-12）或式（8-14）进行具体的修正。

为了估算各个参量变化的影响，可将 U_s/U_n 等于 1 时的距离定义为理想作用距离 s_0：

$$s_0 = \left[\frac{\pi I_{\lambda_1-\lambda_2}\tau_a\tau_0 D(NA)D^*}{2(\omega\Delta f)^{1/2}}\right]^{1/2} \tag{8-15}$$

$$s_0 = \left[\frac{\pi I_{\lambda_1-\lambda_2}\tau_a\tau_0 D_0 D^*}{4F(\omega\Delta f)^{1/2}}\right]^{1/2} \tag{8-16}$$

为了更清晰地看出各种因素对探测距离的影响，把式（8-12）中各项重新组合成如下形式

$$s = [I_{\lambda_1-\lambda_2}\cdot\tau_a]^{1/2}\cdot\left[\frac{\pi}{2}D_0(NA)\tau_0\right]^{1/2}[D^*]^{1/2}\left[\frac{1}{(\omega\Delta f)^{1/2}(U_s/U_n)}\right]^{1/2} \tag{8-17}$$

（目标和大 　（光学系统）　（探测器）　（系统特性和信
气透过率）　　　　　　　　　　　　　　　号处理）

由式（8-17）可以看到，红外系统的作用距离是由目标辐射、大气传输、光学系统性能、探测器性能以及系统特性和信号处理系统的质量等因素所决定的，逐项讨论如下。

第一项属于目标的辐射强度和沿视线方向的大气透射比，它反映了所观察的目标辐射和大气传输的特性，是红外系统设计者无法控制的两个量，所能做的只是根据实际情况设计系统选取不同的工作波段而已。

第二项包括了表征光学系统特性的各个参量。式中告诉我们，红外系统的作用距离不是与入射孔径直径 D_0 成正比，而是与 D_0 的平方根成正比。这是由于数值孔径 $(NA)=D_0/2f'$ 有一个理论极限为 1，而实际上很少超过 0.5。在变动光学系统尺寸的大小时，一般需要保持数值孔径（NA）的值不变。因此，增大光学系统的直径，就须要按比例增大焦距。焦距变长了，为了保持视场不变，探测器的尺寸也要相应地增大。从而探测器的噪声随探测器面积的平方根增加。结果，系统的作用距离 s 就与入射孔径 D_0 的平方根成正比了。

第三项属于探测器的特性。目前，许多探测器已经十分接近 D^* 的理论极限，因此，依靠进一步改进探测器使探测距离大幅度增加的希望不大。

第四项包括说明系统和信号处理特性的因素。它表明，减小视场或带宽可增加探测距离，但由于这些因子的幂次都是 1/4，故增加得不快。而且，由于频带宽度变窄了，对于急剧变化电子系统来不及响应，因而增加了探测距离却牺牲了信息速率。

8.1.2 系统噪声为背景噪声限的红外系统作用距离

前面关于红外系统探测能力的讨论是在探测器噪声为主要噪声的情况下进行。我们知道，有些光子探测器能工作在背景限制的条件下，也就是说，此时探测器的噪声是因背景光子引起载流子的产生以及随后复合的速率的起伏而产生的。

在一定波长上，背景限制的光电导型探测器的 D^* 理论最大值为

$$D_\lambda^* = \frac{\lambda}{2\pi c}\left(\frac{\eta}{Q_B}\right)^{1/2} \tag{8-18}$$

式中　η——探测器的量子效率；
　　　Q_B——背景光子通量；
　　　h——普朗克常数；
　　　c——光速。

对一定的光谱范围 $\lambda_1 \sim \lambda_2$，D_λ^* 可以取这个范围内的平均值 D^*。

如果探测器设有冷屏蔽，θ 为探测器对屏蔽孔所张的圆锥半角，则入射到探测器上的背景光子数与 $\sin^2\theta$ 成正比，因此 D^* 变成

$$D^* = \frac{\lambda}{2hc}\left(\frac{\eta}{\sin^2\theta Q_B}\right)^{1/2} \tag{8-19}$$

如果系统工作在空气中，则折射率 $n=1$，数值孔径为

$$(NA) = \sin u' \tag{8-20}$$

式中：u' 为会聚在焦点上的光锥的半角。

如果屏蔽孔径恰好让光学系统的全部光线通过，则 u' 等于 θ，数值孔径为

$$(NA) = \sin\theta \tag{8-21}$$

将式（8-19）、式（8-21）代入式（8-15），得背景限制探测器的理想作用距离为

$$S_{0(\text{Blip})} = \left[\frac{\pi I_{\lambda_1-\lambda_2} \tau_a \tau_0 D_0 \lambda}{4hc} \left(\frac{\eta}{Q_B \omega \Delta f} \right)^{1/2} \right]^{1/2} \tag{8-22}$$

式（8-22）中已消去了数值孔径，因此，影响背景限制探测器最大作用距离的是光学系统的直径，而不是光学系统的相对孔径。运用式（8-22）时应注意只适用于屏蔽孔径与光学系统匹配的情况。

如果系统的噪声并不以探测器噪声为主，而是点源周围背景产生的噪声超过探测器噪声，那么就必须考虑到另外一些因素。

设点辐射源的辐射强度为 I，背景的辐射亮度为 0 到 L_B，则点源在系统入瞳上产生的辐照度为 $I\tau_a/s^2$，背景在系统入瞳上产生的最大辐照度为 $\omega L_B \tau_a$。现在我们来考察两个相邻分辨单元的信号差。最坏的情况莫过于点源所在的分辨单元上的背景辐射亮度为 0，而邻近单元上的背景辐射亮度为最大值 L_B，此二单元在入瞳上引起的辐照度差为

$$\frac{I\tau_a}{s^2} - \omega L_B \tau_a$$

若要探测到点源目标，必须使上面的差值不小于背景产生的辐照度，即要求

$$\frac{I\tau_a}{s^2} - \omega L_B \tau_a \geqslant \omega L_B \tau_a$$

或

$$s^2 \leqslant \frac{I}{2\omega L_B} \tag{8-23}$$

由此可见，为了获得最大的探测距离，为了在背景干扰很大的情况下探测到点源目标，瞬时视场必须尽可能地小。

8.2 扩展源情况下系统的信噪比方程

当辐射源（目标）的角尺寸超过系统的瞬时视场时，称为扩展源。对于扩展源，系统所接收到的辐射能量与其间的距离无关，这时前面的结果不再正确。

热成像系统所面临的目标正是扩展源。量度热成像系统性能用它的噪声等效温差、最小可分辨温差和最小可探测温差等量。现在我们从信噪比的角度，来看在扩展源目标的情况下，对红外系统各参量有怎样的要求。

仍假设扩展源目标为黑体，则入射到红外系统探测器上的光谱辐射功率 P_λ 为

$$P_\lambda = L_\lambda \omega A_0 \tau_a(\lambda) \tau_0(\lambda) \tag{8-24}$$

式中 L_λ——扩展源的光谱辐射亮度；

ω——系统的瞬时视场角；

A_0——光学系统的通光孔径面积；

$\tau_a(\lambda)$——扩散源目标到系统间大气光谱透射比；

$\tau_0(\lambda)$——光学系统的光谱透射比。

信号电压 U_s 为

$$U_s = \frac{L\omega A_0 \tau_a \tau_0 D^* U_n}{(A_d \Delta f)^{1/2}} \tag{8-25}$$

式中 D^*、τ_a 和 τ_0——$D^*(\lambda)$、$\tau_a(\lambda)$ 和 $\tau_0(\lambda)$ 在光谱区间 λ_1 和 λ_2 之间的平均值；

$$L = \int_{\lambda_1}^{\lambda_2} L_\lambda \mathrm{d}\lambda \ ;$$

其他各量的意义和以前各式中的相同。

用 $\pi D_0^2/4$ 代替 A_0 和 $\omega f'^2$ 代替 A_d,得到系统输出的信噪比为

$$\frac{U_s}{U_n} = \frac{\pi L \tau_a \tau_0 D_0 (NA) D^*}{2} \left(\frac{\omega}{\Delta f} \right)^{1/2} \tag{8-26}$$

式(8-26)即为扩展源情况下系统的信噪比方程。

可以看出,若大气透射比 τ_a 与距离无关,或不考虑大气衰减的情况下,则系统的信噪比与距离无关。所以,在扩展源的情况下,不能用系统的信噪比的值来确定目标的距离。

也可看出,欲得到大的信噪比,就要求系统有大的光学孔径 D_0、大的探测器件 $A_d(=\omega f'^2)$、小的 F 数和窄的电子系统带宽 Δf。

以上结果是在假设目标为黑体并未考虑到反射的情况下得出的。

8.3 搜索系统和跟踪系统的作用距离方程

从原则上说,前两节推出的一般作用距离方程和信噪比方程能够用于任何类型的红外系统,但对各类具体的系统,有表征各自性能的特殊的参量,如把这些参量导入性能方程,在使用上将是很方便的。为此,将一般距离方程和信噪比方程做适当的修改,使之适用于各类专用系统。本节先讨论搜索系统和跟踪系统,8.4 节将导出辐射计及测温仪的方程式。

8.3.1 搜索系统的作用距离方程

大多数搜索系统都使用单个探测器或阵列探测器通过光学机械扫描的方法来扫描搜索视场。因为这类系统都是当扫描运动使瞬时视场扫过目标时产生一个脉冲,所以都属于脉冲系统。

对于脉冲系统,一般距离方程(式(8-12)或式(8-14))中的信噪比 U_s/U_n 应该用峰值信号 U_p 对噪声的均方根值 U_n 的比来代替。而大多数脉冲系统的脉冲波形接近于矩形,因而信号占有很宽的频谱,其中一部分为信号处理系统的有限带宽衰减掉了,结果 U_p 小于 U_s,则量

$$\delta = \frac{U_p}{U_s} \tag{8-27}$$

表示脉冲通过信号处理系统后信号损失的度量,称 δ 为信号过程因子。考虑到这部分损失,将这一因子加入到理想作用距离方程(8-15)中去,得到

$$s_{0(\text{搜索})} = \left[\frac{\pi I_{\lambda_1-\lambda_2} \tau_a \tau_0 D_0 (NA) D^* \delta}{2(\omega \Delta f)^{1/2}} \right] \tag{8-28}$$

设系统采用阵列探测器,并联探测元件数目为 n,每个探测元件对应的瞬时视场立体角为 ω,总搜索视场为 Ω,扫描帧速为 F,扫描效率为 η_{sc},则探测器驻留时间为

$$\tau_d = \frac{n \omega \eta_{sc}}{\Omega F} \tag{8-29}$$

而瞬时视场角为

$$\omega = \frac{\Omega \tau_d F}{n \eta_{sc}} \tag{8-30}$$

等效噪声带宽为

$$\Delta f = \frac{1}{2\tau_{\rm d}} \tag{8-31}$$

将以上 ω、Δf 代入式（8-28）中，得

$$s_{0(搜索)} = \left[\frac{\pi I_{\lambda_1-\lambda_2}\tau_a\tau_0 D_0(NA)D^*\delta}{2}\right]^{1/2}\left[\frac{2n\eta_{\rm sc}}{\Omega F}\right]^{1/4} \tag{8-32}$$

或者，考虑到 $U_{\rm s}$、$U_{\rm p}$、Δf 和 $\tau_{\rm d}$ 这四项实际上都与信号处理系统的特性有关定义脉冲能见度系数 ν 为

$$\nu = \left(\frac{U_{\rm p}}{U_{\rm s}}\right)^2\frac{1}{\tau_{\rm d}\Delta f} = \delta^2\frac{1}{\tau_{\rm d}\Delta f} \tag{8-33}$$

则（8-28）变为

$$s_{0(搜索)} = \left[\frac{\pi I_{\lambda_1-\lambda_2}\tau_a\tau_0 D_0(NA)D^*}{2}\right]^{1/2}\left[\frac{\nu n\eta_{\rm sc}}{\Omega F}\right]^{1/4} \tag{8-34}$$

ν 值取决于噪声的频谱特性和信号处理系统滤波器的带宽。对于线性处理系统，ν 值不超过 2。实际上 ν 的值一般在 0.25～0.75 之间。

8.3.2 调制盘型跟踪系统的作用距离方程

我们知道，跟踪系统中调制盘的作用是提供目标的方位信息，带有目标方位信息的误差信号送到跟踪控制机构，使系统跟踪目标。

通常采用调制盘的跟踪系统具有圆形瞬时视场，其大小由起视场光阑作用的调制盘的大小确定。设调制盘的有效透射比为 $\tau_{\rm r}$，对调频系统，$\tau_{\rm r}=0.5$；对调幅系统，平均透射比为 0.5，有的为了产生调制，常常需要有 1/2 的附带损失，这样 $\tau_{\rm r}=0.25$。在探测器是圆形的简单情形下，当探测器直接放在调制盘后面时，理想作用距离按（8-28）为

$$s_{0(搜索)} = \left[\frac{\pi I_{\lambda_1-\lambda_2}\tau_a\tau_0\tau_{\rm r}D_0(NA)D^*\delta}{2(\omega\Delta f)^{1/2}}\right]^{1/2} \tag{8-35}$$

如果探测器是方形的，与视场光阑圆面积外切，则探测器产生的噪声要大，从而使作用距离比式（8-35）的计算值要小。

大多数用调制盘的跟踪系统，在调制盘后面加一个场镜，使经过调制盘后发散了的光束重新均匀地会聚到探测器上，以允许使用较小的探测器。使用场镜后探测器的直径 $d_{\rm f}$ 与不使用场镜时探测器的直径 d 之比等于主光学系统数值孔径 (NA) 与场镜数值孔径 $(NA)_{\rm f}$ 之比。因为探测器的噪声与探测器面积的平方根成正比，因此，加场镜后探测器的噪声为

$$U_{\rm nf} = \frac{(NA)}{(NA)_{\rm f}}U_0 \tag{8-36}$$

代入式（8-35），并注意到理想作用距离时 $U_{\rm s}=U_{\rm nf}$，于是

$$s_{0(搜索)} = \left[\frac{\pi I_{\lambda_1-\lambda_2}\tau_a\tau_0\tau_{\rm r}D_0(NA)_{\rm f}D^*\delta}{2(\omega\Delta f)^{1/2}}\right]^{1/2} \tag{8-37}$$

式（8-35）～式（8-37）各式中保留了信号过程因子 $\delta=U_{\rm p}/U_{\rm s}$。对于跟踪系统，一般认为信噪比是指信号均方根值对噪声均方根值之比。因此，信号处理系统 $U_{\rm p}/U_{\rm s}$ 必须包括把这

些公式中所用的峰值照度转变为其基波的均方根值的系统。

8.4 测温仪器的温度方程

测温仪或辐射计是用来测定目标辐射温度和其他辐射特性（如辐射通量、发射率等）的红外仪器。普通的辐射计或测温仪对准目标后是不扫描的。在测温过程中做扫描运动的，称为扫描辐射计。

测温仪所测定的目标分为点源和扩展源两类。这里的点源是指目标尺寸对测温仪的张角小于它的视场角，而实际上仍是具有一定大小的真实物体。

测温仪所测定的目标往往不是黑体，而对非黑体测量得到的都是物体的表观温度而非其真实温度。本节中假设测定的目标为灰体，并假定不考虑目标对环境辐射反射的影响。

采用的探测器为对全波响应的热探测器。

8.4.1 点源情况的温度方程

由点源的作用距离公式（8-12）解出其辐射强度为

$$I = \frac{2s^2(\omega\Delta f)^{1/2}(U_s/U_n)}{\pi\tau_a\tau_0 D_0(NA)D^*} \tag{8-38}$$

这里去掉了 I 的下标 $\lambda_1 - \lambda_2$。

如果点源目标是灰体，设其发射率为 ε，辐射亮度为 L，以环境辐射的反射比为 ρ，则

$$I = \frac{\sigma}{\pi}(\varepsilon T^4 + \rho T_1^4)L \tag{8-39}$$

式中 T——灰体目标的真实温度；
　　　T_1——环境温度。

认为测温仪器采用的是全波响应的热探测器，记

$$T_e^4 = \varepsilon T^4 + \rho T_1^4 \tag{8-40}$$

由式（8-38）～式（8-40）解出 T_e，得

$$T_e = \left[\frac{2s^2(\omega\Delta f)^{1/2}(U_s/U_n)}{\sigma L\tau_a\tau_0 D_0(NA)D^*}\right]^{1/4} \tag{8-41}$$

对于黑体，$\varepsilon = 1$，用上式计算所得的 T_e 与黑体的真实温度是一致的。对于灰体欲求真实温度，须用式（8-42）。

8.4.2 扩展源情况的温度方程

由扩展源情况下系统的信噪比方程式（8-26）解出其辐射亮度为

$$L = \frac{2}{\pi\tau_a\tau_0 D_0(NA)D^*}\left(\frac{\Delta f}{\omega}\right)^{1/2}\left(\frac{U_s}{U_n}\right)^{1/4} \tag{8-42}$$

由于

$$L = \frac{\sigma}{\pi}(\varepsilon T^4 + \rho T_1^4)$$

由式（8-40），解出 T_e，得

$$T_\mathrm{e} = \left[\frac{2}{\sigma \tau_a \tau_0 D_0 (NA) D^*} \left(\frac{\Delta f}{\omega} \right)^{1/2} \left(\frac{U_\mathrm{s}}{U_\mathrm{n}} \right) \right]^{1/4} \quad (8\text{-}43)$$

欲求真实温度，可由式（8-40）解出 T

$$T = \left[\frac{T_\mathrm{e}^4 - \rho T_1^4}{\varepsilon} \right]^{1/4} \quad (8\text{-}44)$$

如果忽略反射，就得到以往由辐射温度 T_e 求真实温度 T 的表达式：

$$T = T_\mathrm{e} / \varepsilon^{1/4} \quad (8\text{-}45)$$

但是在室内测常温目标时，如果目标是灰体（$\varepsilon \neq 0$，$\rho \neq 0$），使用式（8-45）由辐射温度 T_e，求真实温度 T 将是不正确的，因为反射影响必须考虑进去。为了说明这个问题，我们来讨论式（8-40）。为了简单起见，假设等效黑体环境温度 $T_1 = T$，并且认为目标是不透明体，

$$\rho = 1 - \varepsilon \quad (8\text{-}46)$$

则式（8-40）成为

$$T_\mathrm{e}^4 = [\varepsilon + (1-\varepsilon)] T^4 \quad (8\text{-}47)$$

由上式可见，对于不同的灰体（ε 不同）都有 $T_\mathrm{e} = T$，ε 不起作用。一般总以为当 T 相同时，ε 越高，物体的辐射越强，T_e 也越高。其实这只是未考虑反射时的片面结论。因为在室内测常温目标时，整个室内的物体好像处在一个黑箱中，把它们自身的辐射加上反射环境物体的辐射，其辐射总值差不多。这是因为 ε 大的 ρ 小，ε 小的 ρ 大，加起来就差不多。但是这种情况之所以出现的前提是 T 与 T_1 差不多，并且目标处在一个近似封闭的环境中。如果 T 与 T_1 差得远，或目标处在野外开放的环境中，那么 ε 的影响就显示出来了。

8.5 红外系统总体设计的主要内容

在进行系统结构总体设计时，首先要根据仪器的使用要求拟出总体设计指标，然后再进行总体及各部件的技术设计和计算。包括：确定系统的结构形式、工作波段、探测器及其制冷器、调制盘或扫描机构的形式；确定光学系统的结构形式以及信号检测和信号处理系统的设计，分别介绍如下。

8.5.1 红外系统的总体指标

系统总体指标的项目系根据仪器的类别而定，如热成像系统应有的基本要求为：温度分辨率、空间分辨率、帧速及扫描效率；跟踪系统为：跟踪角速度、角加速度、跟踪范围及作用距离；搜索系统为：搜索范围、搜索速度、作用距离、探测概率和虚警概率，等等。通常，下面几项指标往往是必须确定的。

1. 作用距离

作用距离是红外系统的主要技术参数之一，要根据具体的系统和实际情况而定。对搜索系统为搜索距离，对跟踪系统为跟踪距离。如配有空空导弹的飞机，若机上装有红外探测装置，则这个装置的作用距离至少应大于空空导弹的最大发射距离。在另一些情况下，作用距离要通过对具体的工作状态的分析计算后才能得出。

2. 视场

总体指标所指的视场主要是指仪器的观察范围。对具体的技术设计，视场有下列几种：

(1) 搜索视场（或观察范围），指整个需要观察或搜索的空间范围；

(2) 捕获视场，指在这个角度范围内可以捕捉到目标；

(3) 跟踪视场，指在这个角度范围内可以对目标进行跟踪；

(4) 瞬时视场，指系统瞬时观察范围。

这 4 种视场之间以及它们与系统其他参数之间往往有着一定的关系，视具体装置而定。瞬时视场的设计主要考虑减小背景干扰影响、目标的驻留时间和空间分辨率的要求。

3. 温度分辨率

根据使用要求来确定系统应有的温度分辨率，需要针对实际情况进行一些分析与计算。首先应设法弄清目标的温度及发射率，背景的温度及发射率，然后计算出噪声等效温差便可定出温度分辨率值。

4. 空间分辨率

红外系统的空间分辨率与系统的用途有关。主要由系统的瞬时视场决定，但也与系统的传递函数有关，设计时应妥善选定这些参量以满足技术要求。

5. 角速度

从总体方面，应有搜索角速度和跟踪角速度这两个角速度值。它们的技术指标完全由战术指标确定。

6. 探测概率和虚警概率

对于警戒用的红外装置，探测概率一般要大于 50%；对于跟踪装置，则要求大于 90%。一虚警概率通常在 $10^{-6} \sim 10^{-12}$ 之间。按平均虚警时间 τ_{fa} 和系统带宽 Δf 也可以决定虚警概率 ρ_{fa} 的大小。

8.5.2 红外系统的结构类型设计

系统的结构类型是指采用单元探测器的还是多元探测器的系统，是调制盘体制还是扫描体制，等等。系统的结构类型决定于总体指标中对性能的要求。如系统要求作用距离不太大，或温度分辨率不太高，则采用单元探测系统即可；如果要求较大的作用距离，或较高的温度分辨率，则应采用多元探测系统。单元探测系统采用调制盘体制或扫描体制均可，而多元探测系统则只能采用扫描体制了，这要结合灵敏度、精度要求等方面综合考虑确定。调制盘体制以及"十"字形体制的瞬时视场是与搜索视场相应的，通常均较大，因此背景噪声也较大；扫描体制的系统，瞬时视场较小，所以可以做成灵敏度和空间分辨率较高的系统。

8.5.3 红外系统的工作波段、探测器及其制冷装置设计

1. 工作波段

选取工作波段根据以下几方面综合考虑决定：目标及背景的辐射光谱特性、大气窗口、可供选用的探测器的光谱特性，以及可供选用的光学系统的光谱透射特性。其中起主要作用的是目标及背景的辐射光谱特性。

在选取工作波长时，要根据仪器的工作特点，采用相应的性能计算公式计算在不同波长下的仪器性能值从而选取合适的工作波段。例如对点目标的探测系统，应以作用距离计算式

为准进行计算比较，对扩展源目标的热成像系统则应以 NETD 计算公式为准进行计算比较。

2. 探测器

选择探测器时，应使探测器主要性能满足系统设计要求。如探测器的光谱响应范围应和选定的工作波段相符合，且在选用的工作波段范围内具有较高的探测率 D^*。在快速探测、跟踪成像系统中，往往要求探测器具有较小的时间常数或较高的响应频率。满足仪器的性能要求是选用探测器的首要条件，但在实际设计中对探测器的制造工艺是否使性能稳定可靠，结构是否简便也常要认真考虑。

近年来在红外系统中为了提高系统的性能往往采用多元探测器。探测器元数的多少一方面要根据系统的灵敏度、帧速、工作频率等决定，另一方面也要看探测器实际能达到的制造工艺水平而定。

SPRITE 器件用于多元串联扫描可以简化系统结构，这种器件的性能取决于扫描速度、冷屏蔽口径和偏置引起的热负载。

IRCCD 的最大优点是可实现固体自扫描读出。系统结构大为简化，工作也因此相当可靠，是红外仪器今后设计的主要趋向。

探测器的类型选定后，进一步的设计是确定探测器应有的形状、尺寸、元数、制冷与冷屏蔽等方面。探测器的形状、尺寸和元数主要根据系统瞬时视场和灵敏度二者决定。制冷与冷屏蔽，除了根据元件工作要求外，还应考虑系统结构设计问题。

3. 制冷装置

1) 选择制冷装置应考虑的主要方面。

（1）探测器的类型、结构及尺寸（已由上面的讨论决定）。

（2）要求制冷的工作温度，根据选定的探测器的工作要求而定。

（3）制冷器的热负载，包括：落在冷却表面上的辐射负载；探测器的偏流功率；通过导线传导到探测器的热量；通过机械传导到探测器上的热量。

（4）起动时间，指开始制冷到达额定工作温度的时间。这与红外仪器的使用要求有关，制冷器的起动时间应与红外仪器的总的起动时间相协调。起动时间确定后，则应选择合适的制冷工作物质

（5）工作时间，指制冷器在额定负载下正常工作的持续时间，可根据使用要求决定。

（6）备用时间，指制冷器处于准备工作状态的可能延续时间。这个时间也应与整个红外仪器的备用时间相协调。

（7）制冷所需的空间、质量以及制冷器所消耗的功率。可根据拟选用的制冷器的类型参照现有产品的规格数据给定。

（8）制冷剂传输管所需长度，主要由结构安排确定。

（9）冷屏要求，利用冷屏以降低背景的光子通量。冷屏角由光学系统设计，冷屏角确定以后，制冷装置应据此设计冷屏蔽。

2) 制冷装置类型的选择。

（1）制冷剂的选取，根据探测器所需的工作温度以及制冷剂的气化温度来决定。

（2）制冷器工作方式的选取，制冷器的工作方式分为三种，已在第 5 章中讲过、从军用红外仪器的设计来看，一般都乐于来用开式循环制冷器，因为这种工作方式结构较简便，工作时间也大致适应工作要求。对工作时间较长及热负载较大的红外仪器，则需要闭式循环制冷器，以减少制冷剂的消耗量。采用闭式循环制冷器时应特别注意消除震颤噪声。

8.5.4 红外系统中光学系统部分设计

在系统设计中,光学系统部分要完成的工作大体是:根据总体要求确定光学系统的结构型式以及光学系统几何尺寸的初步计算。至于像质计算则由光学系统的专门设计中去完成。

1. 总体给光学系统限定的指标

(1) 最大允许口径及焦距。

从仪器的灵敏度考虑,希望接收口径尽量大,但仪器的外形和体积又受仪器的安装部位及空间大小的限制。

(2) 瞬时视场的大小由光学系统的焦距和敏感元件的有效面积决定。

敏感元件的面积往往受工艺水平的限制不能任意选定,因此要在光学系统设计上设法达到预定的瞬时视场要求。总体规定的搜索视场或扫描视场要由专门的搜索或扫描机构及相应的光学系统共同保证。有些仪器还规定视场有一定的变化范围,因此光学系统的焦距应设计成可变的。

(3) 工作波段。

进行光学系统初步设计时,即应根据选定的工作波段去考虑光学系统基本方案,进一步选定所用的光学材料,进行像差设计。

(4) 像质。

对点目标的探测往往只要求目标像点的大小。这个像点大小的值,对采用调制盘的系统,主要根据调制特性的要求确定;对扫描系统,则应根据定位精度确定;对热成像系统,则要求图像有一定的可分辨概率,因此对光学系统应提出成像清晰度的质量指标。

2. 确定光学系统的结构形式

光学系统的结构形式分反射式光学系统和折射式光学系统两大类,它们的特性如表 8.1 所示。

表 8.1 反射式光学系统和折射式光学系统特性比较

序	项目	反射系统	折射系统
1	体积质量	可用折叠反射系统,用铍、铝等轻金属材料作基体,因而体积可较小,质量也可较轻	系统不能转折,且折射系统通常均须包边,因而更加大了体积,红外透射材料相对密度均在 2.4 以上,故质量较大
2	光能损耗	表面吸收损耗较小(通常可小于 3%),反射系统面数较小,因而积累损耗不大	材料吸收损耗较大,且有表面反射损耗(尤其是大入射角情况)对一定材料只能在一定波长范围内使用。折射系统一般面数都不少,积累损耗更大
3	像差	没有色差,但对单色像差修正起来较复杂	有色差,但对单色像差修正的途径较多,因而像质可较好
4	工艺	球面镜制造容易,非球面镜加工较困难	一般折射系统都是球面的,加工工艺可按常规方式进行
5	光学零件尺寸	可根据需要能做得较大	受光学材料尺寸限制,通常直径很少超过 200mm
6	扫描方式	用于物扫描的较多,像扫描也用,但相对少些	主要用于像扫描
7	经济性	较省	成本较高

根据以上所述,以红外探测系统,像质要求相对较低,但体积、质量要求较严,所以常采用以反射系统为主的光学系统。也可能在光学系统中,另外加入某些折射的光学校正透镜

之类元件以改善像质,这便是折反射光学系统。热像仪则倾向于使用折射光学系统,以期获得较好的像质。

3. 扫描机构

光机扫描的热像仪等红外仪器需要扫描机构。对扫描机构的设计除了前面讲过的设计一般红外光学系统的几点基本依据外,其特殊要求是应满足系统所提出的扫描速度、扫描效率和扫描器转角与物空间转角的线性关系等指标。设计扫描机构无非是根据扫描速度、扫描效率、视场、像质以及允许体积等几个主要方面,对三种扫描机构(平面摆镜、转鼓及旋转棱镜)以及前置望远系统做合适的选用组合。

4. 设计光学系统时的几个问题

(1) 计算像质时应考虑的问题。

对用调制盘的系统,光学系统的像质要配合调制盘图案设计一起考虑。如对探测跟踪系统,根据调制特性的要求,可能要求成像质量为:轴上像点与偏轴像点大小大致相等,则成像面就不一定设在焦面上,可以适当调焦,以满足成像要求。又如对偏轴旋转光学系统、搜索系统、扫描系统等要考虑在所有可能活动范围内的像差,对它们进行校正然后计算像质。

(2) 设计热成像系统时还应考虑避免冷反射。

在采用折反射光学系统或全折射光学系统的扫描装置中,若探测器是制冷的,探测器的冷表面辐射会反过来射到光学系统中某一折射元件的后表面上,这个折射元件的后表面如同一块反射镜将探测器的冷表面反射成像在原系统的焦平面上。当扫描器转至某一特定位置时,探测器冷表面反射所成的像恰好落在探测器上。这样,探测器在接收原观察的"热景物"以外,又增添了一个"冷干扰物"。这种现象称为冷反射。由于冷信号相对于平均景物值是负的,所以在正常显示屏上冷信号是黑的。在很严重的情况下,冷反射可能超过 $NETD$ 值的好几十倍,致使系统完全不能工作。

在光学设计中为了减少冷反射的影响,可采取下面几种措施。

① 将所有可能反射冷辐射的表面镀上高效增透膜以减少冷反射。

② 加光阑抑制。如图 8.1 所示为一种型式的热像仪的光学系统。制冷探测器经中继透镜返回来入射到转动四方棱镜的后表面上,经后表面反射后又折回到探测器上,形成冷反射。因此在系统设计时,除了将棱镜表面镀上高效增透膜外,主要还应在 P 点处设置一小孔光阑,以限制冷反射通过。

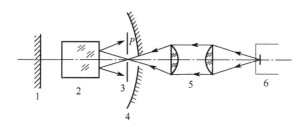

图 8.1 加光阑抑制冷反射的方法

1—次镜;2—四方棱镜;3—光阑;4—主镜;5—中继透镜;6—探测器。

③ 控制折射面的曲率半径,使探测器的冷反射分散开,不使原平面与冷反射共焦。

④ 采用隔热挡板,使外露的冷发射面积仅限于探测器阵列本身以减小焦平面上有效的冷面积。

除了热成像系统以外，其他制冷的多元探测系统也会有类似的冷反射问题，在设计时亦应注意防止。

（3）抑制背景和杂光。

如设置必要的视场光阑，加伞形罩，仪器内壁涂黑以吸收涂料等。

（4）防止热窗干扰。

当红外系统安装在高速飞行的导弹或飞机上时，气动加热会使系统的窗口升温产生辐射而形成热窗干扰。这种干扰有时相当严重，致使仪器不能正常工作。减轻热窗影响的方法除了根据热窗辐射特性适当选择应用波段及选择敏感元件类型外，在光学设计上的主要方法是：

① 减小视场，这样将会减小射到敏感元件上的热窗辐射。

② 将仪器窗口安置在弹上或飞机上的合适位置上，以减小因气动加热而引起的温升。

8.5.5 红外系统中信号调制部分设计

信号调制包括调制方式的选择和调制盘的设计。现将几种常用的调制系统的工作特性如表 8.2 所示，介绍调制方式的选择和调制盘设计的考虑。

表 8.2 几种常用的调制系统的工作特性

序号	方式 / 方法 特性	调幅调制		调频调制		脉冲调制	
		同心旋转调制盘	光点扫描调制盘	圆周平移调盘	章动扫描辐射调制盘	辐条式调制盘	十字形系统
1	目标能量利用率	<50%	≤50%	可以>50%	≤50%	≤50%	可能达到100%
2	扫描视场与瞬时视场的关系	相等	近2倍	相等	相等	相等	近2倍
3	像质要求	较好	不高	较好	较好	较好	不高
4	盲区	较大	无	无	无	无	无
5	线性区大小	较宽	窄	宽	较宽	宽	宽
6	频谱分布	较集中	较分散	分散	分散	较分散	分散
7	相移	较大	较小	小	较大	较大	小
8	跟踪精度	较低	高	高	较高	较低	高
9	捕获性能	较好	较差	一般	较好	一般	一般
10	跟踪性能	较好	较好	较好	较好	一般	很好
11	有无维持信号	无	有	有	有	有	有
12	空间滤波性能	好	较次	较好	较好	较好	无

1. 调制方式的选择

从表 8.2 所列各种调制系统的工作特性可以看出，各种调制系统各有特色，因而分别适用于不同的应用场合。如同心旋转调制盘系统（调幅调制）特别适用于导弹导引系统，其特点是频带窄，因而灵敏度高，线性区宽，捕获性能和跟踪性能均较好，空间滤波性能好。虽然存在一定的盲区及跟踪角精度较低等问题，但对于导引系统，这些方面对导弹的最终命中目标都无大影响。光点扫描式调制盘系统（调幅调制）适用于目标在较大视场范围内的精跟踪，其特点是扫描视场较大，跟踪精度高，跟踪性能好，但线性区窄，频谱较分散，跟踪角速度动态范围较小。圆周平移调制盘系统适用于大速度跟踪及测角装置,属于调频体系。其特点是线性区宽,跟踪精度高,跟踪性能好,角分辨率高,抗干扰性能好,空间滤波性能好;但频谱分散,灵敏度较低。十字形系统特别适用于精跟踪,其特点与圆周平移调制系统大致相同,但属于脉冲调制体系,突出的优点是目标能量利用率可达100%,扫描视场范围亦较大,对远距离、大速度精跟踪及精密测角特别合适;缺点是不具备空间滤波能力,频谱分散,探测器制造困难。

2. 设计的考虑

调制方式选定后即可进行图案设计。现将几个较主要的问题简述如下。

1) 调制频率的确定

确定调制盘输出的载波频率时,主要要考虑红外探测器的时间常数,根据探测器的最佳响应频率而定。

例如室温硫化铅(PbS)的时间常数为 50~500μs。它的频率响应曲线如图 8.2(a)所示,最佳响应频率为 800Hz。室温锑化铟(InSb)的时间常数为 1μs,其频率响应曲线如图 8.2(b)所示。确定调制盘载波频率时,对于室温硫化铅,选在 800Hz 较好,如调制频率选得太低,则探测器的 $1/f$ 噪声增加,导致比探测率 D^* 降低;对于使用锑化铟探测器的系统,载波频率大于1000Hz 均可,通常选在 1000Hz。由于受电机转速及结构的限制,载波频率不宜选得太高。

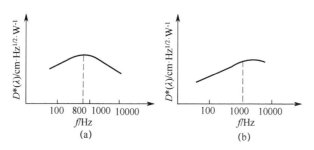

图 8.2 探测器的频率响应曲线
(a) 室温硫化铅探测器;(b) 室温锑化铟探测器。

2) 调制曲线的确定

调制曲线通常如图 8.3 所示。

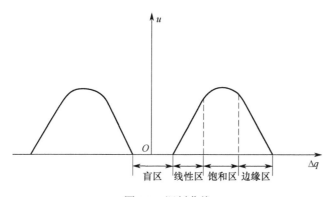

图 8.3 调制曲线

(1) 盲区。

盲区是某些类型调制盘所固有的，除了导引系统以外，其他各类红外系统都不允许存在盲区，因为盲区将直接影响对目标的跟踪精度和测角精度。

(2) 线性区。

这个区域的宽度由跟踪误差确定。线性区大小视红外系统类型的不同而差别很大。线性区曲线的斜率由系统所要求的跟踪角速度决定。

圆周平移调制盘、辐条式调制盘、章动扫描辐射调制盘和"十"字形系统的全视场差不多都是线性区，所以在设计上不存在什么特别问题。现仅就同心旋转调制盘和偏轴旋转调制盘的线性区的设计做些简单说明。

同心旋转调制盘，按理论计算可以认为 $\rho/n\delta=1$ 以下仍近似地为线性区（其中，ρ 为目标像点偏离调制盘中心的距离，δ 为像点半径，n 为调制盘半圆调制区角度分格数）。目标距离越近，像点尺寸越大，线性区也越大。

光点扫描式调制盘的线性区主要由信号波形的占空比决定。频率变化也有一定的影响，像点大小所引起的调制深度变化的影响则相当重要。为了使频率变化不致过大，线性区的大小以相当于 1/10 瞬时视场大小为宜。

(3) 下降段。

边缘下降段的斜率的绝对值应小于线性区斜率的绝对值，这样就可以使系统在跟定一个目标后，不致再去跟踪出现在视场边缘的其他目标。为了在边缘区获得符合需要的下降特性，有时对调制盘进行一些特殊的设计。以同心旋转调制盘为例，在从中心向边缘偏离时，在中间适当的位置处开始往后设计成适当的棋盘格子，使目标像点的调制度下降，则调制曲线会出现合乎要求的下降段。

(4) 空间滤波。

对于大面积背景，透射比要保持为常数。分格越细越好，但也不能太细，因为像点总有一定的大小。

3) 图案设计

调制盘的图案设计基本上有 3 种方法。

(1) 理论设计分析法　即用纯数学方法来设计调制盘，根据基本物理概念和理论推导得出图案结构。

(2) 计算逼近法　用数学工具假定一些条件，计算出结果，不断地修改技术数据，逐次逼近，从而获得所希望的图案。

(3) 实验修改法　根据经验，参考已有的调制盘，分析，拟定出一定形式的图案，然后进行模拟实验，再修改图案，这样反复进行多次，最后得到满意的图案。

目前采用实验修改法的较多。从理论分析或根据已有的调制盘做出一个初步的图案，然后把这一图案做成调制盘，再对此调制盘进行实际的实验测试，根据实验结果对不足的方面进行修改，反复多次，就可以确定一种较好的适合于使用要求的调制盘。

8.5.6　红外系统中信号处理部分设计

信号处理的问题是设计一套具有一定频带宽度的带有增益控制的信号放大器电路。红外系统对目标的探测距离往往在很大范围内变化，因此，系统所接收到的目标的有效辐射能量也跟着有很大的变化。再考虑大气在不同距离上的衰减影响使系统接收到的辐射能量随距离的变化就更显著。距离变化时，目标在系统中的成像大小也跟着变化，于是调制深度也有变化。但调制深度的变化对信号的影响是次要的，辐射能量的影响则是主要的。

对信号放大器来说，输入量的动态范围很大（如 100dB），而输出量的动态范围却较小（如 20~40dB）。因此放大器的放大倍数也应该是可变的。这就需要在设计信号放大器时设置自动增益控制电路，以控制放大器的放大倍数。

放大器带宽的设计要遵循两条原则：一是使放大器的输出达最大信噪比；二是保存原有信号的调制信息。这可将放大器的频率响应做成具有一定频带宽度的形式，来满足上述要求。对于矩形脉冲信号，当放大器 3dB 带宽 Δf 为

$$\Delta f = \frac{1}{2\tau_a} \tag{8-48}$$

时，输出功率信噪比呈现最大值，其中 τ_a 为矩形脉冲的宽度。实验表明，对于任何形式的脉冲检测，最佳带宽在

$$\Delta f = \left(\frac{1}{4} \sim \frac{3}{4}\right)\frac{1}{\tau_a} \tag{8-49}$$

范围内。

选取放大器带宽应考虑保存调制信息的问题。如调幅调制信号载波频率为 f_ω，调制频率为 f_Ω，则为保留基本调幅波形，应有的最窄带宽范围应为

$$f_\omega \pm f_\Omega$$

若在工作过程中，调幅波的载波频率或调频波的中心频率还有可能偏离的话，则带宽的设计亦应顾及这类频率偏离的影响而适当加宽。

8.6 红外热成像系统的总体设计

本节就一具医疗、工业多用热像仪的设计之例来简单介绍红外系统初步设计的方法和步骤。

医用热像仪系依据人体体表病变部位与其邻近正常部位体表温度的微小差异并结合其他诊察手段来确定诊断该病变的性质的。其使用要求为：

（1）能检测出病变部位与相邻正常部位体表 1℃ 的差异（确诊乳腺癌，骨肉瘤）；
（2）在人体表面能分辨出上述温差的最小范围不应大于 3mm×3mm；
（3）仪器工作距离可在 1.5m 左右。

在设计时，应使得仪器具有更高些的测量的精度，再考虑到工业使用的要求，如果上述线分辨尺寸和工作距离条件已够，则温度分辨率还应更高些，如要求为测出 0.1℃ 的差异。

此外，还要求仪器性能可靠，体积尽量小，并考虑使成本低廉。

下面进行具体设计。

8.6.1 根据使用要求确定总体指标

根据工业和医疗的使用要求，初步拟定该装置的噪声等效温差为不劣于 0.1K，这就是系统的温度分辨率了。又根据前述医用要求可确定系统的空间分辨率，即图像分辨元数。可这样来确定：为适应乳房热图像的检查，至少应覆盖上半身，因此视场线度不应低于 $A \times B =$

600mm×450mm。当工作距离 $s=1.5$m 时，可如下计算视场角 W_x 和 W_y：

$$\text{tg}\frac{W_x}{2} = \frac{A}{2s} = \frac{600}{1 \times 1500} = 0.20$$

$$\text{tg}\frac{W_y}{2} = \frac{B}{2s} = \frac{450}{1 \times 1500} = 0.15$$

这样 $W_x = 22.6°, W_y = 17°$，今取

$$W_x = 25°, \quad W_y = 20°$$

即系统的总视场角为 $\Omega = 25° \times 20°$。

使用要求提出系统瞬时视场线度不大于 $a \times b = 3\text{mm} \times 3\text{mm}$，及工作距离为 $s=1.5$m，则系统的瞬时视场角为 $\alpha(=\beta)$ 为

$$\text{tg}\frac{\alpha}{2} = \frac{\alpha}{2s} = \frac{3}{2 \times 1500} = 0.001$$

于是 $\alpha = 0.115°$，取瞬时视场平面角为

$$\alpha = \beta = 0.1° = 1.745\text{mrad}$$

检验一下这样取值是否符合使用要求。上述系统瞬时视场角在工作距离 $s=1.5$m 时，分辨元大小为 $a' = b' = 1.5\text{m} \times 1.745\text{mrad} = 2.6\text{mm}$，即瞬时视场线度为 $2.6\text{mm} \times 2.6\text{mm}$，显然是符合使用要求的。

在总视场为 $25° \times 20°$，瞬时视场为 $0.1° \times 0.1°$ 情况下，系统的图像分辨元数为 250×200。

帧时的确定，考虑到光机扫描成像的时间内人体表面温度的变化帧速不宜超过 $1/4\text{s}^{-1}$。再考虑到工业上使用，可取帧时为 2~8s。为确定起见，取帧时为 $T=2、4、8\text{s}$ 三档。

此外，因为热像仪实质为测温仪器，就人体测温需要，其测温范围定为 0~50℃足够了，再考虑到仪器在工业上的应用，取测温范围为 0~500℃，并可分档取定，今确定为分低、中两档：

$$0 \sim 100℃, \quad 50 \sim 500℃$$

又考虑到系统在正常工作距离下，还应有一定的场深，可取为 5cm（工作距离为 1.5m）。

归纳以上结果，初步拟定多用热像仪的主要技术指标为：

测温范围	0~100℃，50~500℃
噪声等效温差	≤0.1K
总视场	25°×200°
瞬时视场	0.1°（1.745mrad）
图像分辨元数	25°×20°
帧时	2、4、8s 三档
工作距离	1.5m

8.6.2 根据技术指标确定总体设计方案

按照 8.5 节所述，我们首先来确定系统的结构类型，之后进一步确定系统各环节的设计方案。

1. 系统的结构类型

由于本装置的总视场较大，为获得较好的像质，我们采用折射式光学系统，以小的瞬时视场用光机扫描方式摄取目标的热图像，低噪声信号检测，电视显示目标热图。

2. 工作波段、探测器及其制冷器

在医用情况下，目标人体的温度约为 310K 左右，如作为估计可看成黑体（实际上，人体的发射率约为 0.98），则其辐射峰值波长为 $\lambda_m = 2898/T = 9.5\mu m$。考虑到大气窗口，将系统的工作波段取为 $8 \sim 12\mu m$。

在这个波段，可供选择的探测器有：碲镉汞、碲锡铅、锗掺汞、锗掺金等多种。至于折射式光学系统采用锗或硅做透镜、滤光片或窗口等都是不成问题的。

探测器的选择，按照 8.5 节中的规定和本装置的情况，我们可选用光伏型碲锡汞探测器，这类探测器在我国的制造工艺上已达到相当的水平。它的性能参数如下：

光伏型碲镉汞探测器

工作波段	$8 \sim 12\mu m$
峰值响应波长 λ_p	$11.5\mu m$
峰值比探测率 $D^*_{\lambda_p}$	$0.1 \sim 1 \times 10^{10} cm \cdot Hz^{1/2} \cdot W^{-1}$
工作温度	77K
时间常数	$\sim 1 \times 10^{-8} s$
单个探测器尺寸	$0.20mm \times 0.20mm$

至于选用单元还是多元探测器，视它和其他环节所给出的整机性能而定，这要待对整机做出性能估计后最后确定。如果采用多元探测器阵列，仍可取上述单元尺寸，元件间隔在 $0.1 \sim 0.2mm$ 即可。

制冷器的确定。可冷却到该探测器工作温度 77K 的制冷剂有液氮、液氢、液氧，它们的气化温度分别为 77.3K、87.3K、90.2K，可选液氮制冷剂。制冷方式可选焦耳-汤姆逊开式循环方式，起动时间短，效能好，制冷剂易于储存。

3. 光学系统

考虑总体结构类型时已确定选折射式光学系统。具体在本装置设计中可选锗单晶为聚光物镜、透镜及窗口材料，并镀以硫化锌（ZnS）单层增透膜，以提高光能透射比。

结构参数光学系统的视场已经确定，现在选取通光孔径 D_0 和焦距 f'。对于本装置，可试取 $D_0 = 70mm$，$f' = \dfrac{a}{\alpha} = \dfrac{0.20}{1.745 \times 10^{-3}} = 115mm$（式中 a 为探测器尺寸，α 为系统瞬时视场角）。

这时，系统的 F 数为 $F = \dfrac{f'}{D_0} = 1.64$。这些参数尚待做过整机性能估计后再最后确定。

（1）透射比。

每块锗透镜加镀波长 $8 \sim 12\mu m$ 的增透膜，其平均透射比可达 90%左右。考虑包括聚光透镜、中继透镜、窗口等透射元件，以及扫描反射镜的反射损失（镀高反射膜其反射率可达 95%以上），光学系统的总效率可达 50%以上，今取光学系统的总效率为 $\tau_0 = 0.5$。

（2）扫描机构。

总体给出扫描帧时为 2、4、8s 三档，即帧速为 $1/2、1/4、1/8 s^{-1}$。

帧扫描器可选摆动平面反射镜，行扫描器选旋转八面反射镜鼓。下面计算这样的扫描机构的扫描效率和行扫描速度。

水平视场为 25°，采用旋转八面反射镜鼓扫描，每转过一个反射面时，镜鼓转过 $\theta_f = 360/8 = 45°$，又考虑到水平方向有二倍角关系，故水平扫描效率 η_H 为

$$\eta_H = \frac{25°/2}{45°} = 0.28$$

帧扫描摆镜每扫过一帧外加回扫时间 1s 时，则扫描效率 η_H 当帧时

$T_{f2} = 2\text{s}$ 时　　　　　　$\eta_V = \dfrac{2}{2+1} = 0.67$

$T_{f4} = 4\text{s}$ 时　　　　　　$\eta_V = \dfrac{4}{4+1} = 0.80$

$T_{f8} = 8\text{s}$ 时　　　　　　$\eta_V = \dfrac{8}{8+1} = 0.90$

于是，总扫描效率 η_{sc} 为

$$\eta_{sc} = \eta_H \cdot \eta_V$$

当 $T_f = 2、4、8\text{s}$ 时，η_{sc} 分别为

$$\eta_{sc} = 0.19,\quad 0.224,\quad 0.25$$

行扫描速度 p，当帧时

$T_{f2} = 2\text{s}$ 时，$p_2 = 200 \times \dfrac{1}{2} \times 25° \times \dfrac{\pi}{180°} = 43.63\text{rad/s}$

$T_{f4} = 4\text{s}$ 时，$p_4 = 200 \times \dfrac{1}{4} \times 25° \times \dfrac{\pi}{180°} = 21.82\text{rad/s}$

$T_{f8} = 8\text{s}$ 时，$p_8 = 200 \times \dfrac{1}{8} \times 25° \times \dfrac{\pi}{180°} = 10.91\text{rad/s}$

在最高扫描速度（p_2）下，行扫描电机转速为

$$p' = 200 \times \frac{1}{2} \times 60 \div 8 = 750\text{rad/min}$$

显然，这是可以实现的。

以上初步确定了系统的各参数，现在根据这些参数计算系统的噪声等效温差，对系统的温度分辨率做一估计，看是否满足总体要求。

系统的噪声等效温差改写成

$$NETD = \frac{4\sqrt{A_d \Delta f}}{\omega \tau_0 D_0^2 D_{\lambda_p}^* \left[\dfrac{C_2}{\lambda_p T_B^2} \int_{\lambda_1}^{\lambda_p} M_\lambda(T_B) \text{d}\lambda \right]} \tag{8-50}$$

式中　ω——系统的瞬时视场立体角；

　　　A_d——探测器面积；

其他各量的意义同前。

为计算 $NETD$，先计算噪声等效带宽 Δf 和分母中的积分。

$$\Delta f = \frac{\pi}{2} \cdot \frac{1}{2\tau_d} \tag{8-51}$$

式中：τ_d 为瞬时视场扫过探测器的驻留时间

$$\tau_d = \frac{n\omega T_f \eta_{sc}}{\Omega} \tag{8-52}$$

式中　n——并联探测器的元数；

其他各量的意义已知。

取 $n=1$，$T_f=2s$，再将其他各数据一并代入式（8-52），得

$$\tau_d = \frac{1\times(1.745\times10^{-3})^2\times2\times0.19}{(25\times20)\times\left(\dfrac{\pi}{180}\right)^2}$$

碲镉汞探测器时间常数 $\tau \approx 1\times10^{-8}s$，$\tau_d \gg \tau$。将些结果代入式（8-51），得

$$\Delta f = \frac{3.1416}{4\times7.60\times10^{-6}} = 103342\text{Hz}$$

式（8-50）分母中的积分可由查黑体辐射数据表得到

$$\int_8^{11.5} M(300K)\mathrm{d}\lambda = 1.066\times10^{-2}\text{cm}^{-2}\cdot\text{W}$$

于是

$$\frac{c_2}{\lambda_p T_B^2}\int_{\lambda_1}^{\lambda_p} M(T_B)\mathrm{d}\lambda = 1.48\times10^{-4}\text{W}\cdot\text{cm}^{-2}\cdot\text{K}^{-1}$$

将此结果和前面的 Δf 值以及其他已知数据一并代入式（8-50），得

$$NETD = \frac{4\times0.020\times\sqrt{102936}}{3.045\times10^{-6}\times0.5\times(7)^2\times0.8\times10^{10}\times1.48\times10^{-4}} = 0.29\text{K}$$

可以看到，以上结果是不符合原技术指标（$NETD\leq0.1$K）要求的，须要对原设计的某些参数进行修改。光学系统口径已经为 70mm，不便再增大了，唯一可利用的是增加探测器的数目。如果采用 10 元探测器做并联扫描，此时，每路带宽为

$$\Delta f_i = \frac{1}{10}\Delta f = 10294\text{Hz}$$

代入式（8-50），再计算 $NETD$，得

$$NETD = 0.09\text{K}$$

这就符合设计要求了。

4. 信号处理及显示

采用低噪声前置放大器和主放大器做电信号放大。由于行、帧扫描对红外辐射和可见光用同一块双面反射镜和同一个转鼓的正反两面做双面扫描，故自然地同步，探测器阵列和发光管阵列之间的电信号采用光电多路传输。对信号的处理采用定标、直流恢复、灰度等级、线性校正、灵敏度选择、等温显示、温度补偿等技术。目标的可见光热图像由摄像管摄像，电视显示。现将初步设计结果归纳如下：

整机

工作波段	8～12μm
测温范围	0～100℃，100～500℃两档
噪声等效温差	<0.1K
总视场	25°×20°
瞬时视场	0.1°（1.745mrad）
像面分辨元数	250×200
帧时	2、4、8s 三档
工作距离	1.5m

光学系统
  通光孔径   70mm
  焦距   115mm
  总效率   0.5
扫描机构
  行扫描   旋转八面反射镜鼓
    扫描角   12.5°（有二倍角关系）
    扫描速度   ≤4.363rad/s
    扫描效率   ≥0.28
  帧扫描   摆动平面反射镜
    扫描角   20°
    帧时   2、4、8s 三档
    扫描效率   ≥0.67
探测器   光伏型碲镉汞
  工作波段   8～12μm
  峰值响应波长   11.5μm
  峰值比探测率 $0.1\sim 1\times 10^{10} cm\cdot Hz^{1/2}\cdot W^{-1}$
  工作温度   77K
  时间常数 $\sim 1\times 10^{-8}$s
  单个元件尺寸   0.2mm×0.2mm
  十元阵列每元间隙   0.1mm
  制冷器   开环焦耳–汤姆逊制冷器，制冷剂：液氮
信号处理和显示   光电多路传输
  噪声等效带宽   每路 10294Hz
  显示   电视摄像显示

  根据以上初步设计，绘出整机系统原理方框图（图 8.4），系统包含聚光系统、光机扫描组件（帧扫描器和行扫描器）、探测器阵列、发光二极管阵列及其激励电路、信号处理系统、摄像及显示部分，图 8.5 所示绘出了光学系统结构图。

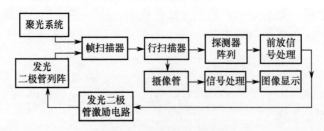

图 8.4 整机原理方框图

  以上只是总体设计的初步考虑，光学系统、电子线路及机械结构等各部分尚须分别进行设计计算。设计完成后可进行试制，做成样机进行实际检测和实验。根据检测和实验结果再对原设计进行修改。然后再进行试制，再检测实验，直至完全符合技术指标使用要求后，进行产品鉴定。

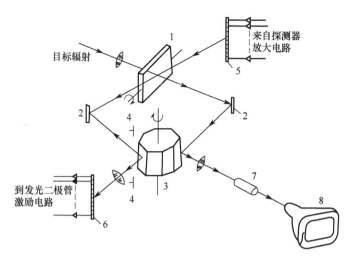

图 8.5 光学系统图
1—平面反射摆镜；2—平面反射镜；3—旋转八面反射镜鼓；4—黑体；
5—发光二极管阵列；6—探测器阵列；7—摄像管；8—显示器。

8.7 红外搜索系统的总体设计

要求设计一具在离地面高度为 12km 飞行的飞机上使用的红外探测系统、用来探测 1000km 外的重返大气层的宇宙飞船。飞船在再入大气层 10s 后达到表面焦蚀温度 1000K，以后最高时可达 2500K。希望在 1000K 时就能探测到飞船。焦蚀材料的发射率约为 0.8，可以看成灰体。飞船直径 D_0=5.50m。为了在夜晚间也能探测，不考虑反射辐射。

8.7.1 总体技术指标的确定

本装置的使用要求很简单：要求搜索系统在给定的条件下探测到 1000km 以外的给定目标。根据上述使用要求拟定：

1. 系统的作用距离 $s \geqslant 1000$km

2. 总搜索视场
为了保证飞船重返时落入搜索场内，取总搜索视场
$$\Omega = 2\pi sr$$

3. 瞬时视场
取瞬时视场 $\omega = 1\text{mrad} \times 3\text{mrad}$
这样，1000km 外所对应的面积为 $1\times 3\text{km}^2$，若采用 10 元探测器，则对应的面积为 $1\times 30\text{km}^2$。

8.7.2 系统的总体设计

1. 工作波段的选择
1000K 黑体辐射的峰值波长为 3μm，因此，选 3～5μm 大气窗口。在 12km 高空，3～5μm 波段的大气透射比很高。为保守起见，取 $\tau_a = 0.85$。查黑体辐射数据表可知，1000K 黑体在 3～5μm 波段所辐射的能量占 37%，即 $k_{3\sim 5\mu m} = 0.37$。

2. 探测器

选液氮制冷锑化铟探测器，$D^* = 1.3 \times 10^{10} \text{cm} \cdot \text{Hz}^{1/2} \cdot \text{W}^{-1}$，时间常数 $\tau = 10^{-6} \text{s}$。

3. 帧时和带宽

探测器驻留时间 τ_d 应大于探测器时间常数 τ，$\tau_d \geq k_\tau \tau$，取 $k_\tau = 2$，则 $\tau_d \geq 2 \times 10^{-6} \text{s}$。认为扫描效率 $\eta_{sc} = 1$ 代入（8-29），得

$$nT_f = \frac{\Omega \tau_d}{\omega \eta_{sc}} \geq \frac{2\pi \times 2 \times 10^{-6}}{1 \times 3 \times 10^{-6}} = \frac{4}{3}\pi$$

若取探测器元数 $n = 10$，则帧时 $T_f \geq 0.4\text{s}$。不妨将帧时取得大些以提高信噪比，增加探测距离，今取 $T_f = 4\text{s}$。

系统带宽由（8-31）有

$$\Delta f = \frac{1}{2\tau_d} = \frac{\Omega}{2n\omega T_f \eta_{sc}} = \frac{2\pi}{2 \times 10 \times 3 \times 4 \times 1} = 26.18 \times 10^3 \text{Hz}$$

4. 光学系统

根据作用距离方程计算光学系统通光孔径 D_0 再由选定 F 数后确定系统焦距 f'。

搜索系统的作用距离方程，由（8-14）并考虑到（8-27），有

$$s = \left[\frac{\pi I \tau_a \tau_0 D_0 D^* \delta}{4F(\omega \Delta f)^{1/2} U_s / U_n}\right]^{1/2}$$

解出 D_0

$$D_0 = \frac{4F(\omega \Delta f)^{1/2} s^2 U_s / U_n}{\pi I \tau_a \tau_0 D_0 D^* \delta}$$

先求出上式中的 I。

飞船的辐射强度为

$$I = \frac{1}{\pi} \varepsilon \sigma T^4 \frac{\pi}{4} D_c^2 k_{3\sim 5\mu m} = \frac{1}{4} \varepsilon \sigma T^4 D_c^2 k_{3\sim 5\mu m}$$

代入已知数据，得

$$I = \frac{1}{4} \times 0.8 \times 5.67 \times 10^{-12} \times (550)^2 \times (10^3)^4 \times 0.37 = 12.7 \times 10^4 \text{W} \cdot \text{sr}^{-1}$$

再取光学效率 $\tau_0 = 0.5$；信号过程因子占 $\delta = 0.67$。

设要求虚警时间 $\tau_{fa} = 200\text{s}$，则独立噪声脉冲数 $n' = \tau_{fa} \Delta f \approx 5 \times 10^6$。若要求系统的探测概率两 $P_d = 0.9$，则信噪比 U_s/U_n 至少应当等于 5。

将已选定的 τ_0、δ 和 U_s/U_n 各量值及 J 的计算值代入 D_0 式，得

$$D_0 = \frac{4 \times 1 \times (3 \times 10^{-6} \times 26.18 \times 10^3)^{1/2} \times 5 \times (10^8)^2}{3.1416 \times 12.7 \times 10^4 \times 0.85 \times 0.5 \times 1.3 \times 10^{10} \times 0.67} = 37.9 \text{cm}$$

光学系统焦距 f'

$$f' = D_0 F = 37.9 \times 1 = 37.9 \text{cm}$$

将计算结果归纳如下。

工作距离	$s > 1000\text{km}$
搜索视场	$\Omega = 2\pi$
瞬时视场	$\omega = 1\text{mrad} \times 3\text{mrad}$

工作波段	3～5μm
探测器	液氮制冷锑化铟探测器
帧时	$T_f=4s$
光学系统	$D_0=37.9cm$
	$F=1$
	$f'=37.9cm$

小　结

本章主要介绍了红外系统的分析与设计，首先讲解了红外系统探测能力的性能方程和灵敏度方程（包括红外系统的作用距离、扩展源情况下系统的信噪比方程、搜索系统和跟踪系统的作用距离方程以及测温仪器的温度方程），然后介绍了红外系统总体设计的内容和一般方法，最后结合两个具体示例系统展示了总体设计的具体步骤。

习　题

1. 在红外成像系统中，什么情况下两个物体显示同样的灰度？可见光成像系统中，什么情况下两个物体显示同样的灰度？
2. 阐述约翰逊准则及其意义。
3. 目标探测可分为探测、识别和辨认3个等级，如何定义？
4. 热成像系统全视场、瞬时视场、驻留时间、过扫比、扫描效率定义是什么？
5. 光机扫描红外热像仪的结构如习题5图所示，简述各部分的作用。假如要获得分辨率为320×240的图像，分析帧反射镜和线扫描转镜的工作状态（图中线扫描转镜为5棱镜）。

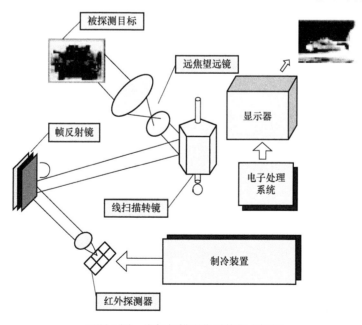

习题5图　光机扫描成像系统组成框图

6. 热成像系统对扩展源目标的作用距离的估算方法主要基于什么原理？包含有哪些修正因素？

7. 怎样估算热成像系统对点源目标的作用距离？

8. 怎样估算热成像系统对面源目标的作用距离？

9. 搜索系统的作用距离方程？

10. 跟踪系统的作用距离方程？

11. 红外系统的作用距离公式定义？

12. （1）能检测出病变部位与相邻正常部位体表 1℃的差异；（2）在人体表面能分辨出上述温差的最小范围不应大于 3mm×3mm；（3）仪器工作距离可在 1.5m 左右。设计一台满足上述条件的红外热成像系统。

参 考 文 献

[1] 刘景生. 红外物理[M]. 北京: 兵器工业出版社, 1992.
[2] 陈衡. 红外物理学[M]. 北京: 国防工业出版社, 1985.
[3] 美国国家大气和海洋局. 标准大气[M]. 北京: 科学出版社, 1982.
[4] 吴晗平. 红外搜索系统[M]. 北京: 国防工业出版社, 2013.
[5] 张建齐, 方小平. 红外物理[M]. 西安: 西安电子科技大学出版社, 2004.
[6] 杰哈. 红外技术应用[M]. 张孝霖, 译. 北京: 化工工业出版社, 2004.
[7] 周书铨. 红外辐射测量基础[M]. 上海: 上海交通大学出版社, 1991.
[8] 叶玉堂, 刘爽. 红外与微光技术[M]. 北京: 国防工业出版社, 2010.
[9] 陈永甫. 红外辐射红外器件与典型应用[M]. 北京: 电子工业出版社, 2004.
[10] 克里克苏诺夫. 红外技术原理手册[M]. 俞福堂, 译. 北京: 国防工业出版社, 1986.
[11] 杨风暴, 蔺素珍, 王肖霞. 红外物理与技术[M]. 北京: 电子工业出版社, 2014.
[12] 石晓光, 宦克为, 高兰兰. 红外物理[M]. 杭州: 浙江大学出版社, 2013.
[13] 宋贵才, 全薇, 王新. 物理光学理论与应用[M]. 北京: 北京大学出版社, 2012.
[14] 宋贵才, 全薇, 张凤东. 现代光学[M]. 北京: 北京大学出版社, 2014.
[15] 张建奇. 红外系统[M]. 西安: 西安电子科技大学出版社, 2018.
[16] 冯克成, 付跃刚, 张先徽. 红外光学系统[M]. 北京: 兵器工业出版社, 2006.
[17] ROGALSKI A, MAR/TYNIUK P, KOPYTKO M. Challenges of small-pixel infrared detectors: a review[J]. Rep Prog Phys, 2016, 79: 1-42.
[18] 周求湛, 胡封晔, 张利平. 弱信号检测与估计[M]. 北京: 北京航空航天大学出版社, 2007.
[19] 李志林, 肖功弼, 俞伦鹏. 辐射测温和检定/校准技术[M]. 北京: 中国计量出版社, 2009.
[20] 高稚允, 高岳. 军用光电系统[M]. 北京: 北京理工大学出版社, 1996.
[21] DANIELS A. Field guide to infrared systems, detectors, and FAPs[M]. 2nd ed. Bellingham: SPIE Press, 2007.